机工IT

BIG DATA ENGINEER INTERVIEW
AND WRITTEN EXAMINATION

大数据工程师

面试笔试宝典

杨俊 姜伟 许朋举／编著

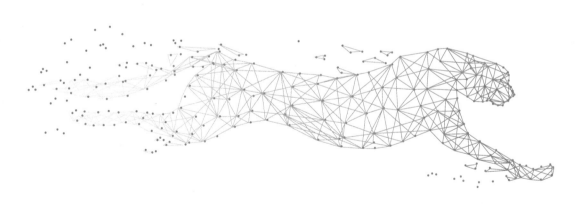

机械工业出版社
CHINA MACHINE PRESS

本书全面讲解了大数据的核心技术及如何解答大数据工程师面试笔试中的常见问题，还引入了相关知识点辅以说明，让读者对所学知识进行查漏补缺，帮助读者顺利通过大数据工程师面试笔试。

本书的题目均来自一线互联网公司面试笔试真题，涵盖大数据基础、大数据生态圈技术组件以及大数据不同岗位的面试笔试题。第 1～2 章主要介绍了职业道路如何选择、面试笔试前如何准备、面试笔试过程中如何应对，以及面试经常遇到的"坑"。第 3 章介绍了大数据基础面试笔试题，让读者学会利用大数据思维解决常见应用场景；第 4～10 章重点介绍了大数据生态圈核心技术的面试笔试题，让读者加强对大数据技术组件的理解；第 11～13 章介绍了大数据仓库、大数据项目、大数据运维方向的常见面试笔试题；第 14 章探讨了大数据与人工智能的交叉点，让读者可以轻松应对大数据工程师的面试笔试。

本书内容的深度和广度贴近实际，将帮助大数据领域的求职者为面试笔试做好充分的准备，提高面试成功率，同时，本书也可作为从业者的实用工具书，以加深对大数据技术和实践的理解。无论是初学者还是有经验的专业人士，都将从本书提供的详实信息和实用建议中受益。

本书配有面试笔试相关文档和视频，通过扫描封底二维码关注微信订阅号——IT 有得聊，回复 75387 即可获取。

图书在版编目（CIP）数据

大数据工程师面试笔试宝典 / 杨俊，姜伟，许朋举编著. —北京：机械工业出版社，2024.7
ISBN 978-7-111-75387-2

Ⅰ. ①大… Ⅱ. ①杨… ②姜… ③许… Ⅲ. ①数据处理-资格考试-自学参考资料 Ⅳ. ①TP274

中国国家版本馆 CIP 数据核字（2024）第 058061 号

机械工业出版社（北京市百万庄大街 22 号　邮政编码 100037）
策划编辑：解　芳　　　　　责任编辑：解　芳
责任校对：郑　雪　陈　越　　责任印制：刘　媛
唐山楠萍印务有限公司印刷
2024 年 7 月第 1 版第 1 次印刷
184mm×260mm・15.75 印张・385 千字
标准书号：ISBN 978-7-111-75387-2
定价：89.00 元

电话服务　　　　　　　　　网络服务
客服电话：010-88361066　　机 工 官 网：www.cmpbook.com
　　　　　010-88379833　　机 工 官 博：weibo.com/cmp1952
　　　　　010-68326294　　金 书 网：www.golden-book.com
封底无防伪标均为盗版　机工教育服务网：www.cmpedu.com

前言
PREFACE

编写本书的目标是为那些渴望在大数据领域取得成功的个人提供一份宝贵的资源。大数据领域发展迅猛，各种技术和概念层出不穷，这使得通过这个领域的面试笔试难度较大。无论您是正在寻找大数据工程师职位的新手，还是想要在职业生涯中再上一个台阶，本书都将帮助您为面试笔试做好充分准备。

本书的内容旨在帮助读者在以下几方面取得提升。

摆正求职心态：了解如何调整自己的心态，以便在面试中表现得自信且冷静。

做好自我介绍：掌握向面试官介绍自己的技巧，以便在一开始就给他们留下深刻的印象。

掌握关键知识点：深入了解大数据领域的重要概念、技术和工具，包括 Hadoop、Spark、Flink、Hive、HBase、Kafka 等。

应对常见问题：学习如何回答面试中的常见问题，以及如何处理突发状况。

熟悉大数据项目：熟悉大数据项目的不同阶段，从而为您的项目经验提供有力支持。

优化性能：掌握性能调优技巧，以确保您的大数据解决方案运行高效稳定。

我们的目标是为您提供全面、深入的知识，使您在面试笔试中能够自信地回答问题，并展现出您在大数据领域的专业知识和技能。无论您是初学者还是经验丰富的专业人士，本书都将为您提供有价值的信息和见解。

在编写本书时，我们参考了大量的面试笔试题目和真实面试经验，以确保内容与大数据领域的最新趋势和要求保持一致。我们还提供了详细的解答和示例，以帮助您更好地理解和掌握相关概念。

请注意，大数据领域发展迅猛，因此我们建议您读过本书后仍要不断更新您的知识，跟踪最新动态，并持续改进自己的技能。

最后，我们希望您通过阅读本书，为自己的大数据面试笔试做好准备，并取得成功。无论您的目标是进入大数据领域、提升职业生涯还是解锁新的职业机会，本书都将成为您的有力伙伴。

祝您在大数据领域取得卓越的成就！大数据面试笔试过程中如有疑问，可以添加本人微信号 john_1125，欢迎随时交流。

杨 俊
2023-09

目录

前言

第 5 章 Hadoop 大数据平台

第 6 章 Hive 数据仓库工具

第 7 章　HBase 分布式数据库

第 8 章　Kafka 分布式消息队列

第 9 章　Spark 内存计算框架

第 10 章　Flink 流式计算框架

第 14 章　大数据+人工智能

第1章 面试笔试心得交流

在职场求职的征途上，面试笔试是展现实力、获得机会的重要环节。"面试笔试心得交流"这一章节，为广大大数据工程师求职者提供宝贵经验。从摆正求职心态到面试笔试禁忌，我们将引导你做好求职准备，优雅自信地介绍自己，并探讨应对各种情况的策略。

本章涵盖面广，从求职前准备到面试笔试后的反思，都将为你提供有益指导。保持自信和冷静，展现加分项，规避坑，应对失败，是本章重要议题。无论你是职场新人或经验丰富的职场老人，这一章都能帮助你在面试中脱颖而出。

面试笔试是实现职业目标的一大步，本章将助你掌握面试笔试中的精髓，迎接挑战，收获成功。让我们一同进入面试笔试的精彩世界，共创职业辉煌！

1.1 摆正求职心态

在面试笔试过程中，摆正好求职心态非常重要，尤其是在面对一些不利因素，如裁员、毕业生多和行情不好等情况。形势虽严峻依然有人找到了工作，形势再乐观也有人找不到工作。职场老人不必纠结，骑驴找马是好办法，但不要太纠结工资，在职业不变的前提下找个更有前途的行业是关键。刚毕业的新人要提升自己的竞争力，一定要能突出自己的一技之长。已经失业的小伙伴一定要赶紧行动起来，做好长期准备。下面是一些好的建议，可以帮助你摆正求职心态。

1）了解行业现状：在面试之前，你需要深入了解目标行业的现状和挑战。了解行业中的裁员、毕业生多和行情不好等因素，并意识到这些因素是整个行业的共同挑战，而不仅仅是你个人的问题。

2）重视自身能力：审视自己的技能和经验，并认识到这些是你在求职过程中的优势。强调你在大数据工程方面的专业知识和实践经验，并且展示出你能够在这个岗位上为公司创造价值。

3）显示适应能力：面试官通常希望找到能够适应变化和克服困难的候选人。强调你在过去的工作或学习中所面对的挑战，并展示你是如何应对并取得成功的。举例说明你的适应能力，可以是解决复杂数据问题、应对紧急情况或适应新技术和工具等。

4）强调学习和发展态度：大数据行业发展迅速，技术不断更新，公司通常需要寻找那些有学习能力和发展潜力的候选人。表达出你对学习和发展的态度，并提到你愿意不断学习新知识、掌握新技能以适应行业变化。

5）展示解决问题的能力：大数据工程师通常需要解决各种复杂问题。在面试中，通过提供你在项目中遇到的挑战和你的解决方案，展示你的问题解决能力。强调你的分析能力、创造力和逻辑思维，并展示你在过去是如何利用这些能力解决问题的。

6）关注行业趋势和发展机会：了解大数据工程领域的最新趋势和前景，并在面试中表达出你对这些趋势的了解和兴趣。提到行业中的新技术、新方法或新市场，并展示你对这些方面的研究和探索。

7）保持积极态度：在面试中展示积极的态度和自信心。注意肢体语言和表情，保持微笑，回答问题时展示出自信和积极的心态。避免过于焦虑或消极的表现。

8）总结你的优势：在面试结束时，总结你在大数据工程方面的优势和对公司的价值。再次强调你的技能、经验、适应能力和解决问题的能力，并表示你渴望为公司做出贡献。

记住，摆正好求职心态不仅仅是面试笔试过程中的事情，而是一种持续的心态调整和思维方式。尽力做到最好，但同时也要认识到一切结果并不完全取决于你个人，而是由许多因素共同决定的。重要的是保持积极、专注和自信，不断努力追求自己的目标。

1.2 求职前准备

知己知彼，百战不殆，正确充分的准备是面试成功的关键。

1．面试面的是什么

（1）面试面的是心态

在面试中，面试官往往会注意候选人的心态。积极、自信、冷静的心态可以帮助你在面试中表现得更好。面试官希望找到那些能够应对挑战和压力的候选人，因为在大数据工程师的职位上，往往需要处理复杂的数据问题和应对紧急的情况。

积极心态：面试过程中，展现出对机会的积极态度，表达出对职位和公司的热情与兴趣。即使遇到棘手问题，也要保持乐观的态度，表现出你愿意接受挑战并学习新知识。

自信心态：在回答问题时，保持自信，坚信自己的能力和经验。自信的态度可以让面试官相信你有解决问题和完成任务的能力。

冷静心态：面试时可能会出现紧张的情况，但尽量保持冷静和理智。认真倾听问题，考虑清晰后回答，并避免急躁或过于冲动。

（2）面试面的是能力

除了心态，面试官也会重点关注候选人的能力，尤其是与大数据工程师职位相关的技术和专业知识。

职场新人：需要你有一技之长，不要求全能，但是在技术上要有亮点。

职场老人：会考查你的技能的广度和深度，基本技能要求都会，而且还需要有几个技能突出的亮点。

总之，面试面的是心态和能力。良好的心态可以帮助你在面试中表现得更好，而出色的能力则是脱颖而出的关键。在准备面试时，综合考虑这两个方面，做好充分的准备，提高自己的竞争力。

2．HR 的苦恼

熟悉 HR 对简历的筛选过程和挑选标准可以帮助你在简历中突出重点，提高面试邀约的概率。

（1）分析 HR 画像

HR 通常是招聘过程中的第一道关卡，他们往往没有技术背景，更加注重候选人的整体印象和与公司文化的匹配。他们可能是年轻的、富有活力的，更偏向感性和直觉的决策，所以面试前掌握 HR 的基本画像，能让面试事半功倍。

（2）HR 如何挑选简历

很多人的简历虽然写得很丰满，但最终面试邀约率却很低，究其原因就是不了解 HR 如何挑选简历。

关键技术字眼：HR 会根据 JD（职位描述）中的技术要求，在简历中寻找关键技术字眼。如果你的简历中包含与 JD 匹配的技术词汇，很可能会吸引 HR 的注意。

工作年限和经历：HR 会关注候选人的工作年限是否符合要求，并仔细查看候选人的工作经历。具有相关经验和成功项目经历的候选人更容易被选中。

跟 JD 要求吻合：HR 会将简历与 JD 中列出的具体要求进行对比。如果你的简历中展示出与 JD 匹配的技能和经验，会增加被选中的机会。

（3）HR 的苦恼

大家的简历投出去之后，经常会石沉大海。很多人可能会责怪 HR 有眼无珠，认为 HR 故意刁难自己，其实 HR 比求职人员更急于快速找到公司需要的人才。

被业务部门催促：HR 部门承担着招聘的压力，因为业务部门往往急需填补职位，他们需要在尽可能短的时间内找到合适的候选人。因此，简历筛选可能会相对匆忙。

符合要求的简历少：HR 可能会收到大量的简历，但其中符合要求的可能很少。这可能导致他们在挑选合适候选人时感到困难。

人才不一定来：HR 可能会对某些候选人非常满意，但最终他们不一定会选择来参加面试，因为候选人可能已经接受其他的职位邀约或者考虑到其他因素。

面试前，了解 HR 的挑选标准和苦恼可以帮助你在简历中更加准确地展示自己的优势和匹配度。突出与 JD 要求吻合的技能和经验，用简洁清晰的语言表达你的工作经历和成就，同时展示与公司文化的契合度，都有助于增加面试邀约的机会。

3．JD 的秘密

JD 中的确有一些秘密和细节，这些细节可能并不明确地呈现在招聘公告中，但是对于应聘者来说非常重要。

（1）技能匹配与要求

在 JD 中，公司往往列出了大量技能和要求。但实际上，招聘方清楚找到所有技能完全匹配的候选人是非常困难的，特别是对于高级职位。这些技能可能是他们所期望的"理想候选人"所具备的，但并不意味着他们要求所有候选人都具备这些技能。

秘密是：如果你匹配 JD 中一半以上的技能，那已经算是不错的。重要的是在你的简历中突出与 JD 相关的技能和经验，展示你有能力胜任这个职位，即使没有完全匹配。

（2）薪资范围

在 JD 中，通常会提供薪资范围，如 20～40k。然而，这个范围并不是一成不变的，招聘方可能倾向于给予较低的薪资，尤其是对于普通或一般的候选人。只有在你表现得非常优秀或对公司非常有价值时，才有可能得到较高的薪资。

秘密是：在面试中，如果你能展示出你的价值和对公司的贡献，有可能争取到较高的薪资。此外，谈判薪资时，你可以适度地争取更好的待遇，但要理性考虑，不要过于贪心。

JD 中的技能要求往往是"理想候选人"的描述，并不要求所有候选人都完全符合。重点是展示你的实际能力和经验，以及你如何为公司带来价值。薪资范围是一个参考，实际发放可能会根据你的表现和公司需求而有所调整。在面试中，做到自信、理性地展示自己的优势，并适度地与公司进行薪资谈判，有助于增加获得聘用和薪资提升的机会。

4．为什么没有面试邀请

没有面试邀请可能是这两个原因：一是简历写得不太好，二是简历没有投对。

（1）简历写得不太好

个人信息： 简历中的个人信息必须清晰明了，避免冗长废话，包括联系方式、教育背景等。

自我评价： 在自我评价中，突出你的亮点，如多年的大数据经验、带团队或组建团队的经验。避免使用虚假或夸大的词语，要实事求是。

技术点和项目经验： 将技术点按照条理分门别类列出，并附上相关的项目证明。在描述项目经验和工作经历时，直接突出重点，避免废话，准确说明时间、地点、单位、具体负责内容和解决的重大问题。请勿以虚词掩盖重要事项，要实事求是，展示真实的项目成果和经验。

技术栈： 根据公司要求列出技术栈，要能够提供实际项目中的证明和应用经验，以证明你的技能水平。

形式上有所突破： 可以在简历中使用一些创意，如自己画的简略架构图，突出自己的技术优势和亮点。

（2）简历没有投对

投递时间： 合适的投递时间很重要，上午 9:30～10:00 是较为适宜的时间段，避免简历淹没在大量投递的简历中，提高被 HR 注意的概率。

投递平台： 选择合适的招聘平台也至关重要。智联招聘、前程无忧等平台可能越来越不适合 IT 求职者。Boss 直聘是一个不错的选择，适合职场老人；拉勾网也比较适合，是专为互联网从业者提供工作机会的招聘网站；而猎聘网则适合猎头招聘，你需要与猎头打交道。根据自身特点，选择合适的招聘平台以提高面试机会。

内推： 内推在招聘过程中非常靠谱，合适的候选人通过内推更容易得到面试机会。此外，内推也可以省掉一些招聘成本，因此更可能受到重视。

综上所述，没有面试邀请的两个主要原因是简历质量不高和投递平台不合适。解决办法是优化简历内容，突出个人优势和真实的项目经验，使用创意形式突出技术亮点。同时，要选择合适的招聘平台，适时投递简历，也可以尝试通过内推来获得面试机会。

1.3 做好自我介绍

当面试官让你进行自我介绍时，你可以按照以下方式组织语言，展现出你的逻辑思维、语言表达和总结能力。

1．介绍个人基本信息

"您好，我是[姓名]，[年龄]岁。我毕业于[毕业院校]，专业是[专业名称]。"

2．职业发展历程

"我的职业发展历程可以概括为以下几步：我起初从[起始职位]开始，在[公司/项目名称]负责[工作内容]。通过不断的努力和学习，我逐渐晋升到[职位]，在[上一个公司/项目名称]负责[工作内容]。"

3．最大优势

"我的最大优势在于[列举不超过 5 句话的关键优势]。特别擅长[列举具体技能或领域]，同时对[公司正在招聘的核心要求，如大数据架构等]有深刻的理解。"

4. 目标与愿景

"对于这个岗位，我非常向往能够成为[公司名称]的大数据架构师。我希望能够带领大数据团队，不断优化架构为公司业务做出贡献，体现团队的价值，同时提高自己的技术管理能力。相信通过我的努力，我能为公司的发展做出积极的贡献。"

注意事项：

1）避免谈论与工作无关的个人爱好或星座等话题。

2）在自我介绍中保持条理清晰，按照时间顺序或职业发展轨迹依次介绍。

3）注意语速，尽量保持自信而不过于急躁，以确保语言清晰明了。

通过以上方式，你可以有条理地进行自我介绍，准确地展示自己的优势与招聘要求的匹配度，同时表达出对公司岗位的热情和愿景，给面试官留下良好的印象。

1.4　职业规划是什么

面试官询问你的职业规划，其实你需要提前明白面试官的真实意图，他们的真实意图可能包括以下方面。

1）自我定位：面试官想了解你对自己的定位和认知。通过你的回答，他们希望了解你是否清楚自己的职业目标和发展方向，是否对所应聘的岗位有明确的认知。

2）岗位认知：面试官希望确认你是否对所申请的职位有深入了解，是否清楚岗位职责和所需技能，以及你是否认为自己适合这个岗位。

3）对公司的了解：面试官想了解你是否对公司有足够的了解，是否愿意将自己的职业规划与公司的发展目标相结合，是否对公司文化和价值观有认同感。

4）个人稳定性：面试官希望知道你是否对职业发展有长远规划，是否有足够的稳定性和责任感。他们想确认你是否会长期投入到该公司并为其发展做出贡献。

当明白了面试官的真实意图之后，你可以提前组织好语言展示自己的职业规划。下面给出一个职业规划范本，大家可以根据自己的情况进行修改和完善。

（1）自我定位和岗位认知

"我之所以选择[行业/职业]，是因为它与我的兴趣和优势相匹配。经过了解和学习，我认识到这个行业/职业能够为我提供发展的舞台，同时也符合我的职业目标和发展愿望。"

（2）一到两年内的计划

"我的短期职业规划是在接下来的一到两年内，努力打好基础，充实自己的专业知识和技能，使自己能够达到公司要求的水平。我计划通过学习和实践，不断提高自己在相关领域的能力，并获取经验。"

（3）三到五年的计划

"接下来的三到五年，我希望在[行业/职业]中取得更高的成就。我计划在该行业中达到[具体职位或职业目标]，并持续学习和发展。我希望能够成为该领域中的专家，为公司提供更多的价值，并为团队带来积极的影响。"

（4）长期目标

"长期来看，我希望能够独当一面，独立负责重要事务，解决复杂问题，为公司创造更高

的价值。我希望在自己的领域里取得更高的职位和地位，并为公司的发展做出贡献。同时，我也愿意不断学习和提升自己，保持敏锐的洞察力和适应力，以应对未来行业的挑战和变化。"

总之，在回答职业规划时，可以强调与公司岗位的匹配，明确自己的短期、中期和长期规划，展示你对该行业的认知和愿景。同时，表达你对不断学习和发展的态度，以及为公司创造价值的决心，给面试官留下积极向上的印象。

1.5 为什么离开上一家公司

当面试官询问你为什么离开上一家公司时，他的真实意图其实是考查你的稳定性，你可以从以下三个方面进行详细阐述。

1. 面试官意图

面试官询问你为什么离开上一家公司，主要是想了解你的离职原因，以考查你的稳定性、职业规划和对工作的态度。他们希望了解你对前公司的评价和离职决策是否合理，以及你是否对未来的职业发展有明确的规划。

2. 积极正面回复

积极正面的回答能够展现你的专业素养和自我认知，以下是一些可行的回答方案。

职业发展原因：强调在前公司工作期间遇到的职业发展瓶颈，导致目前的发展与所处岗位冲突，尝试改变但未能成功。表现出离开是为了寻找更好的机会，发挥自己更大的价值，实现个人职业目标。

公司经营调整：说明公司经营不善，导致岗位调整或公司状况不稳定。强调自己希望在一个更稳定且有良好发展前景的公司中工作，为新公司带来更多价值。

薪资和福利问题：提及之前公司发薪和薪资待遇的问题，如工资延误或长期没有涨薪。重申你重视职业稳定性和合理的薪酬待遇，因此选择了离开，希望在新公司找到更好的职业发展机会。

3. 禁忌

在回答时要避免以下禁忌。

不要过于情绪化：避免提及个人情绪和怨恨，保持客观和理性。

不要批评前公司或同事：不要说前公司或同事的坏话，这会让面试官觉得你缺乏职业素养。

不要涉及机密信息：避免透露前公司的机密信息或负面事件，保持积极和专业的形象。

总之，在回答面试官关于离开上一家公司的问题时，以积极、客观、专业的态度回复，强调离职原因与职业发展规划的相关性，以及对稳定性和职业价值的重视。避免涉及个人情绪或批评他人，保持专业和正面的形象。

1.6 被面试官否定怎么办

在面试过程中，当面试官否定你的回答时，其实不一定是真的否定，很可能是考查你的应变能力。你可以从以下三个方面进行应答，展示你的应变能力和职业素养。

1. 面试官意图

面试官否定你的回答，很可能是考查你的应变能力和承受压力的能力，不一定是真的否定你的观点。他们想了解你是否能够灵活应对不同情况，是否能够听取意见并做出合理的回应。

2. 禁忌

在应对面试官否定时，有两个禁忌需要避免。

反驳面试官：不要直接反驳面试官的观点，这样可能会显得不尊重或不合作。

全盘接受：不要完全接受面试官的否定，这会显得缺乏自信和主动性。

3. 经典话术举例

在回答时，你可以采用以下经典话术。

"说的确实对，但是不够全面"：首先肯定面试官的观点，然后补充你的回答。例如，"可能是我对公司的业务理解得不够准确，您说得确实对，但我觉得要是这样就更好了。"

"否决你的技术方案"：先倾听面试官的否定原因，然后再给出你的解释。例如，"先感谢您给予我的反馈。您说的确实是一种比较好的解决方案，只是我们当时基于公司数据量和团队技术储备，选择了另一种方案。"

总之，在被面试官否定回答时，保持冷静和谦逊，先肯定他们的观点。然后，你可以适当给出你的解释，并提供合理的理由。避免争论或直接反驳，展示你的应变能力和积极态度，给面试官留下良好的印象。

1.7　加分项一定要呈现出来

在当前就业压力大、竞争大的情况下，如何在众多求职者中突出重围，展现出自己的优势尤为重要。我们可以从以下 5 个方面呈现加分项，给面试官留下深刻的印象。

1. JD 切合度

在回答问题时，重点强调你与 JD 的切合度。突出自己具备 JD 所需的技能和经验，以及能够为公司带来何种价值。使用具体的例子来说明你过去的工作和项目经验如何与 JD 密切相关，表现出你对这个职位的认真和热情。

2. 稳定性

强调你的忠诚度和稳定性。如果你在之前的公司有较长的工作经历，可以突出强调对该公司的忠诚度和对公司的贡献。稳定性高的员工对企业来说是宝贵的资源，因为他们能够带来稳定的业绩和更好的团队协作。

3. 技术能力

展示你的技术能力，特别是在过去的工作中解决了重大技术问题的经验。描述你在前公司如何应用技术解决了具有挑战性的问题，并说明解决方案对公司的影响。这将表现出你的技术能力和解决问题的能力。

4. 团队经验

如果你有组建团队和带领团队的经验，一定要突出强调。说明你在过去的工作中如何成功地组建团队，如何管理和激励团队成员，以及团队取得的成就。这样能够展示你的领导才能和团队合作能力。

5．人脉

如果你有能力带来其他人才或团队，要明确表达。解释你在现有社交网络中的影响力和关系，以及如何能够带来优秀的人才或团队。这样的加分项能够显示出你在人脉方面的优势。

总之，在面试过程中，要善于展现与JD切合度高、稳定性、技术能力、团队经验以及带来其他人才的优势。结合具体的例子和成就来支撑你的回答，这将使你在面试中脱颖而出，增加获得职位的机会。

1.8 面试禁忌

在面试过程中，应避免以下四个面试禁忌，否则可能会对你的面试结果产生负面影响。

1．见面先问工资

避免在刚开始的时候主动询问工资待遇，这会显得过于着急和功利。应该等待合适的时机，通常是在面试官先提及薪资待遇或者在最后阶段谈论薪资问题。更重要的是，你应该把重点放在展示你的技能和经验以及与公司的匹配度上。

2．说谎

在面试中避免说谎，可以适当夸大自己的优势，但不要虚构经历或技能。面试官很可能会通过其他方式核实你的背景信息，一旦发现你说谎，会对你的诚信度产生负面影响，使你失去机会。

3．"江湖习气"重

在面试中要避免使用过于"江湖化"的语言和态度。职业化的表达方式更能展现你的专业素养和职业态度。尽量避免过多使用俚语、方言或口头禅，而是以专业、清晰的语言回答问题。

4．废话连篇

避免在面试中废话连篇，过多地介绍之前公司或项目的背景，而忽略了你在其中的具体贡献。在介绍工作经历和项目经验时，应重点突出自己的角色、负责的任务和取得的成绩。用简明扼要的语言阐述你的工作经历，着重强调你在其中的价值和能力。

总之，避免以上面试禁忌，保持专业、真诚和职业化的态度，重点突出自己的技能和优势，能够更好地展示你的个人价值和适应性，增加面试成功的概率。在面试中要注重与面试官的交流和沟通，展示你的专业素养和求职热情，将有助于给面试官留下良好的印象。

1.9 面试会有哪些"坑"

在面试中，遇到这些"坑"，需要谨慎回答，以展现稳定性、对公司的认可和职业规划。以下是针对每个"坑"的建议。

1．怎么看待我们公司

在面试前了解公司业务，展现对公司的认知和兴趣，表达希望在公司稳定发展的意愿。

2．你的未来规划是什么

强调稳定性和职业规划，表示希望在行业深耕，成为架构师或技术管理者，并愿意与公司共同成长。

3. 你是否还有其他问题要问

问公司与竞争对手的优势，表现对公司的重视和研究，展示你希望"在一条船上"的态度。

4. 你对薪资有什么期望

不要直接透露底线，强调希望得到有市场竞争力的合理待遇，重点在于认可公司，而不是过于强调薪资。

总之，在面试中，遇到这些"坑"，要冷静应对，不要透露过多私人信息，以展现稳定性、对公司的认可和职业规划。在回答问题时，积极展示自己的专业知识和技能，并表达与公司共同成长的意愿，以提高获得职位的概率。

1.10 如何应对自己不会回答的问题

在面试中遇到自己不会回答的问题是很正常的，尤其是在大数据领域，技术面广泛且深度较高。如何应对这种情况，可以采取以下策略。

1. 诚实回答

首先，诚实回答面试官。如果你对某个问题不了解或不清楚，不要试图敷衍或编造答案。面试官通常能够察觉到你是否在说真话。

2. 承认技术盲区

当你遇到不会回答的问题时，可以委婉地承认这是你的技术盲区，但同时表示你愿意学习和掌握这方面的知识。态度积极、愿意学习是面试官所看重的特质之一。

3. 引导面试官

如果你对问题的某部分有一定了解，可以先回答你所知道的部分，并试着引导面试官进一步对你熟悉的相关知识领域提问。这样你可以回答一部分问题，并展示你的知识广度。

4. 强调学习能力

当面试官询问你不熟悉的领域时，可以强调你的学习能力和适应能力。说明你有快速学习新知识和技能的能力，以及愿意主动学习来填补技术盲区。

5. 关注问题意图

有时候，面试官可能会提出深入复杂的问题来考查你的反应和解决问题的能力，而并不期望你完全答对。在回答时，可以分析问题的意图，尝试用自己的理解和思维过程来回答。

6. 沟通技巧

在回答不会的问题时，可以尝试使用沟通技巧，如重述问题、澄清问题，以确保自己理解正确，并给自己争取一些思考时间。

7. 自信与冷静

面对不会回答的问题，保持冷静和自信，不要因为一个问题而影响整场面试表现。一个问题的回答并不能代表你的全部能力。

最重要的是，在面试中展现积极的学习态度和解决问题的意愿。面试官通常会理解你的技术盲区，他们更看重你的潜力、学习能力和适应能力。面试是一个相互了解的过程，你可以通过应对问题的方式展示自己的专业素养和学习潜力。

1.11 如何应对某一次面试失败

面试失败可能是一次很沮丧的经历，但是不管何种原因，我们都应该放下包袱，总结经验，准备下一场面试。下面给出一些面试失败常见的原因以及如何应对的建议。

1. 技能和经验不匹配

失败原因：面试官可能发现你的技能水平或工作经验与岗位要求不符合，导致他们对你的能力产生疑虑。

应对办法：分析面试中涉及的技术和职责，了解自己的不足之处。通过学习和实践提升技能，争取下次面试更加匹配。

2. 沟通能力不佳

失败原因：在面试过程中，如果你表达不清晰或回答问题不够具体，面试官可能难以了解你的实际能力和潜力。

应对办法：反思面试中的回答是否表达清晰，逻辑是否有条理。与他人进行模拟面试，提高自己的沟通能力。

3. 缺乏自信或紧张

失败原因：过度紧张或缺乏自信可能导致你的表现不佳，影响面试结果。

应对办法：面试前进行适当的放松和冥想，缓解紧张感。做好面试前的充分准备，增加自信心。

4. 对公司和职位了解不够

失败原因：如果你对面试的公司和职位的了解不够深入，面试官可能会认为你对这份工作不够重视。

应对办法：在面试前深入了解公司的文化、业务和职位要求。准备问题，向面试官提问，展示你对公司的兴趣。

5. 不合适的态度和个性

失败原因：面试官不仅关注你的技能和经验，还会注意你的态度和个性是否与公司文化和团队相匹配。

应对办法：调整态度，保持积极、开放和合作的心态。在面试中展示你具备团队合作和适应能力。

6. 面试准备不足

失败原因：如果你没有充分准备面试，无法回答面试官的问题或展示自己的优势，可能会导致面试失败。

应对办法：提前了解公司和职位要求，准备面试可能涉及的问题。进行面试模拟，确保能够清晰、自信地表达自己。

7. 薪资和福利期望过高

失败原因：如果薪资和福利期望超出了公司的承受范围，可能会导致面试失败。

应对办法：在面试前了解行业薪资水平，做出合理的薪资期望。强调你对工作内容和公司发展的兴趣，而不仅仅是薪资。

8．简历不清晰或虚假

失败原因：面试官可能会对简历中的内容进行质疑，如果发现简历不够清晰或包含虚假信息，会影响面试结果。

应对办法：确保简历真实准确，突出与职位相关的经验和技能。面试过程中诚实回答问题，不夸大或虚构自己的能力和经历。

在面试失败时，不要自责或灰心丧气。相反，积极看待这次失败，反思自己的表现和不足之处，找到提升的方向。继续努力学习和准备，充分准备下一场面试。

1.12　面试成功是否就高枕无忧

面试成功之后，拿到一个公司的offer当然是一件值得高兴的事情。但在入职前我们也要做好充分准备，防止出现意外情况。下面给出入职前可能会遇到的问题，以及应对的方式。

1．公司突然停止招聘

尽管获得了offer，但是公司可能在入职前停止招聘，导致你无法入职。为了应对这种情况，建议你在手里保持更多的offer备选，以防止出现意外。

2．虚假简历引发的问题

1）无法拿到公司离职证明：如果你在简历中提供虚假的工作经历或职位，可能无法获取离职证明，这会影响入职。

2）无法获取工资流水：虚假的工作经历可能导致你无法提供与面试时描述的工资相符的流水证明，进而让你丧失入职资格。

3）第三方公司背调失败：一些公司会委托第三方进行背景调查，如果发现你的简历不真实，可能会导致offer被撤销。

应对这些问题的方法：

1）保持真实：在简历和面试中提供真实准确的信息，避免虚假的工作经历或能力描述，确保你的资料和经历是可靠的。

2）提前准备：在拿到offer后，尽早与前公司联系，确保可以拿到离职证明和工资流水等必要文件，以备入职时使用。

3）与HR沟通：如果公司进行背景调查，与HR保持沟通，解释任何可能引起疑问的地方，提供必要的解释和支持材料。

总之，虽然成功拿到offer是一件值得庆贺的事情，但在入职前仍需谨慎应对潜在的问题。保持诚信和真实，做好充分准备，可以帮助你顺利入职。

第2章　大数据工程师面试笔试攻略

本章旨在为广大大数据工程师提供全面的面试笔试指南和攻略，帮助你在面试笔试中展现自己的优势，获得理想的职位。在本章中，我们将深入探讨大数据职业的岗位划分和典型工程师的职业发展路径，让你了解不同职位的职责和规划自己的职业生涯。同时，我们也会揭示公司大数据部门的划分与人员编制，帮助你了解不同公司大数据团队的组织结构和需求。

对于大数据工程师的工作职责，我们将详细介绍不同岗位的要求，帮助你了解每个岗位的挑战和应对策略。此外，我们也会分享简历的编写技巧，以及缺乏项目经验时的解决方法。面试需要掌握一定的技巧，我们将列举大数据面试所需的技能清单，帮助你在面试笔试中更从容应对。同时，我们还会分享如何把握面试笔试重点，引导面试官提问，展示自己擅长的技术。

在本章中，我们将为你提供丰富的面试笔试攻略和实用建议，希望能助你在面试笔试中脱颖而出，实现职业目标。面试笔试是一场挑战，让我们共同探索大数据工程师面试笔试的奥秘，迈向更高的职业高度。

2.1　大数据职业的岗位划分

大数据行业涵盖广泛的职位，可分为三大主要方向：运维方向、工程方向和数据分析/算法方向。每个方向都有特定的职位，且在职业发展上，均有晋升的机会。大数据行业职位典型划分如图 2-1 所示。

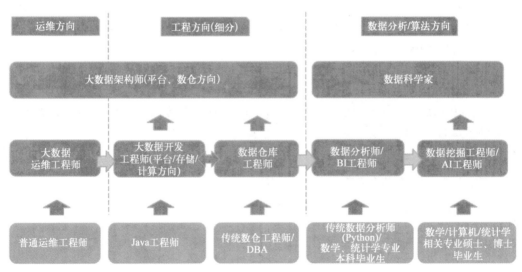

图 2-1　大数据行业职位典型划分

1. 运维方向

大数据运维工程师：负责搭建、维护和优化大数据平台，确保数据系统的高可用性和稳定性。这些专业人员通常负责监控和解决系统故障，调整配置，保障数据处理的高效性。

2．工程方向

大数据开发工程师：专注于开发大数据应用和处理流程。他们使用编程语言（如 Java、Python 等）构建数据管道、数据转换和数据处理程序，将数据从源头导入到数据存储和分析系统中。

数据仓库工程师：负责设计和维护数据仓库，建立数据模型，将数据从各个数据源整合到数据仓库中，以便数据分析和决策支持。

3．数据分析/算法方向

数据分析师/BI 工程师（商业智能工程师）：处理和分析大数据，帮助企业进行业务决策。他们使用数据可视化工具和数据挖掘技术来将数据转化为有意义的洞察和报告。

数据挖掘工程师/AI 工程师（人工智能工程师）：专注于利用数据挖掘技术和人工智能算法来挖掘数据中的模式和知识。他们开发和实现算法，构建预测模型和机器学习模型。

晋升方向：

1）运维方向（大数据运维工程师）的晋升方向为大数据架构师。这意味着他们在架构设计和规划方面扮演更重要的角色，领导大型项目的实施和管理。

2）工程方向（大数据开发工程师和数据仓库工程师）的晋升方向同样是大数据架构师。他们在构建整个大数据系统方面具有更高级别的职责和技能。

3）数据分析/算法方向（数据分析师/BI 工程师和数据挖掘工程师/AI 工程师）的晋升方向为数据科学家。数据科学家负责更复杂的数据分析、模型构建和深入的数据洞察，对业务决策产生重要影响。

总的来说，大数据行业的职位划分主要包括运维方向、工程方向和数据分析/算法方向。在每个方向上，有各自的职位，并且在职业发展上都有晋升的机会，从初级职位逐步发展为高级职位，为大数据行业的专业人员提供广阔的发展空间。

2.2 典型大数据工程师的职业发展路径

随着大数据技术应用越来越广泛，大数据人才缺口越来越大，很多技术岗位的人才也都涌入大数据行业。由于不同人的技术基础不同，所以每个人的最佳职业发展路径也不尽相同。根据不同人的背景和职业起点，大数据工程师的典型职业发展路径可以总结为如图 2-2 所示。

1．Java 工程师的典型职业发展路径

Java 工程师→大数据开发工程师→大数据架构师

对于已经具备 Java 编程技能的工程师，他们可以通过转向大数据领域，成为大数据开发工程师。在这个阶段，他们将学习使用 Java 及相关技术来处理大规模的数据，构建数据处理流程。随着经验的积累，他们可以晋升为大数据架构师，负责设计和规划大数据系统，领导复杂的大数据项目。

2．传统数仓工程师、DBA 的典型职业发展路径

传统数仓工程师、DBA→数据仓库工程师→大数据架构师（数仓方向）

传统数仓工程师和 DBA 有着处理数据和数据库管理的经验，在进入大数据领域后，他们可以成为数据仓库工程师，学习如何构建和管理大规模的数据仓库系统。对于那些在数仓方向有更深入专业知识的人员，可以晋升为大数据架构师，专注于设计和管理大数据仓库及相关技术。

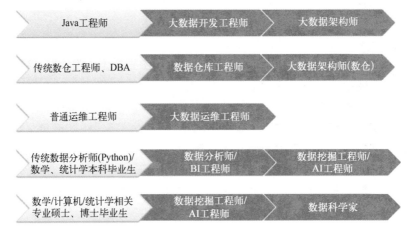

图 2-2　大数据工程师典型职业发展路径

3．普通运维工程师的典型职业发展路径

普通运维工程师→大数据运维工程师

普通运维工程师可以转向大数据运维工程师，学习如何管理和维护大数据平台，确保其高可用性和稳定性。在这个领域，他们可以成为大数据平台的专家，为企业提供稳定、高效的数据处理服务。

4．传统数据分析师（Python）/数学、统计学本科毕业生的典型职业发展路径

传统数据分析师（Python）/数学、统计学本科毕业生→数据分析师/BI 工程师→数据挖掘工程师/AI 工程师

对于有 Python 编程技能或数学、统计学背景的本科毕业生，他们可以进入大数据领域成为数据分析师或 BI 工程师。在这个角色中，他们会处理和分析大数据，提取有意义的信息，并进行数据可视化。随着技能的提升，他们可以转向数据挖掘工程师或 AI 工程师，专注于运用数据挖掘和人工智能技术来挖掘数据的模式及知识，开发预测模型和机器学习模型。

5．数学/计算机/统计学相关专业硕士、博士毕业生的典型职业发展路径

数学/计算机/统计学相关专业硕士、博士毕业生→数据挖掘工程师/AI 工程师→数据科学家

对于有硕士或博士学位的毕业生，他们可以直接进入大数据领域成为数据挖掘工程师或 AI 工程师。在这个领域中，他们会运用高级的数据挖掘和人工智能技术，挖掘数据中的模式和知识，构建复杂的预测模型和机器学习模型。对于那些有更高级别的技能和经验的人，可以成为数据科学家，负责复杂的数据分析、建模和解决实际业务问题。

总的来说，大数据工程师的典型职业发展路径因个人背景和技能而异。无论是从开发、运维、数据分析还是数学领域起步，都有机会在大数据领域取得成功。持续学习和不断提升技能是实现职业发展的关键。

2.3 公司大数据部门划分与人员编制

在不同类型的公司中，大数据部门的划分和人员编制会有所不同。以下是根据公司类型对大数据部门的划分和人员编制情况进行的归纳总结。

1. 初创公司

在初创公司中，由于规模较小，大数据部门通常相对简单且紧凑。通常可能只有一两名大数据专业人员，这些人员需要具备全栈能力，能够同时承担大数据开发、运维和数据分析等任务。他们需要处理公司的几乎所有数据需求，从数据采集、存储、处理到分析报告都由这个小团队来负责。这些人员需要灵活适应，快速学习和实践，并充分发挥多方面的能力。

2. 中小型公司

在中小型公司中，大数据部门会相对成熟。大数据团队可能会扩展为以下几个职能部门。

1）**数据工程师团队**：负责大数据平台的搭建和维护，数据仓库的设计和管理，以及数据的采集、清洗和转换。

2）**数据分析团队**：负责从大数据中提取有意义的信息，进行数据挖掘、数据分析和可视化报表，为业务决策提供支持。

3）**数据科学家团队**：在一些较为高级的中小型公司，可能设有数据科学家团队，专注于应用机器学习和人工智能技术来解决复杂的业务问题。

在中小型公司中，大数据团队的人员编制会相对有限，每个部门可能只有几名专业人员。这些人员需要具备较高水平的技能，能够独立负责各自领域的工作，并协作配合处理数据相关任务。

3. 大型公司

在大型公司中，大数据部门通常非常庞大且复杂。大数据部门的划分可能更为细致，可以包括以下几个主要职能部门。

1）**大数据平台团队**：负责构建、维护和优化大数据平台，确保数据的高可用性、安全性和性能。

2）**大数据开发团队**：包括数据工程师和开发工程师，负责开发数据处理流程、数据应用和数据服务等。

3）**数据分析和洞察团队**：负责数据分析、数据挖掘、业务智能等工作，将数据转化为对业务有价值的洞察。

4）**人工智能和机器学习团队**：在一些大型科技公司或数据驱动型企业中，可能会有专门的团队致力于人工智能、机器学习和深度学习等前沿技术的研究及应用。

5）**数据治理和合规团队**：负责确保数据隐私和合规性，以及数据治理的规范执行。

在大型公司中，大数据团队的人员编制相对较多，每个部门可能有数十到数百名专业人员。这些人员需要在各自领域有深入的专业知识，并能够协作配合完成复杂的大数据项目。

需要注意的是，以上的划分和人员编制仅是一种常见的情况，实际上，每家公司根据其业务需求和发展阶段都可能有所不同，大数据部门的划分和人员编制会根据公司的特定情况进行灵活调整。

2.4 大数据工程师的工作职责

大数据工程师在不同岗位上具有不同的工作职责，以下是针对每个大数据岗位的工作职责进行的归纳总结。

1. 大数据开发工程师

1）负责设计、开发和维护大数据处理流程和数据管道，从多个数据源采集、清洗和转换数据。

2）编写高效的数据处理代码，使用编程语言（如 Java、Python、Scala 等）和大数据技术（如 Hadoop、Spark、Flink 等）。

3）确保大数据平台的高可用性和性能，优化数据处理的速度和效率。

4）配合数据分析师和数据科学家，提供可靠的数据支持和数据基础设施。

2. 数据仓库工程师

1）负责设计、构建和维护数据仓库，确保数据仓库的数据质量和数据一致性。

2）设计数据模型，制定数据存储和数据访问策略，以便业务部门可以方便地访问和分析数据。

3）整合不同数据源的数据，并进行数据清洗、转换和归档，确保数据仓库的数据更新和同步。

4）解决数据仓库的性能问题，优化查询性能，以提供高效的数据检索。

3. 大数据运维工程师

1）负责大数据平台的日常运维和管理，包括监控系统健康状态、故障排查和问题解决。

2）配置和管理集群资源，进行负载均衡和性能调优，确保大数据系统的稳定运行。

3）执行备份和恢复策略，确保数据的安全性和完整性。

4）实施安全措施，保护大数据平台免受安全威胁。

4. 大数据架构师

1）设计和规划大数据系统架构，包括选择合适的技术栈和组件，以满足业务需求。

2）领导大型项目的架构设计和实施，确保大数据平台的扩展性和可靠性。

3）指导大数据开发工程师和数据仓库工程师的工作，确保开发和维护过程遵循最佳实践和架构标准。

4）跟踪大数据技术的最新发展，并在必要时引入新技术和工具。

5. 数据分析师/BI 工程师

1）进行数据分析和挖掘工作，将大数据转化为有价值的信息和洞察。

2）创建数据可视化报表和仪表盘，帮助业务部门理解和解释数据，做出更明智的决策。

3）支持业务需求，提供及时的数据分析和报告，并跟踪业务指标和趋势。

4）协助数据科学家和数据挖掘工程师进行数据预处理和特征提取。

6. 数据挖掘工程师/AI 工程师

1）运用数据挖掘和机器学习技术，探索数据中的模式和知识，构建预测模型和机器学习模型。

2）解决复杂的业务问题，包括推荐系统、预测分析、自然语言处理等。

3）优化模型性能和调整算法参数，以提高模型的准确性和效率。

4）实施部署和集成，将模型应用到实际生产环境中。

7．数据科学家

1）设计和执行数据科学项目，从数据收集和清洗到模型建立和评估。

2）开发和实施高级分析算法，利用统计学、机器学习和人工智能技术解决复杂问题。

3）进行数据预测和模型优化，提供实时洞察和决策支持。

4）向业务部门解释数据科学结果，推动数据驱动的决策和战略。

总的来说，不同的大数据岗位拥有各自独特的工作职责，但他们共同的目标是处理、分析和利用大数据，为企业决策和业务发展提供有价值的支持。

2.5　大数据工程师简历如何编写

写好大数据工程师简历，一是要懂得面试官重点关注简历的哪些方面，二是不同基础的求职者需要根据自己的过往经历有针对性地去写简历，而不是所有人照搬同一个简历模板。

1．面试官重点关注简历三个方面的内容

公司、学校背景和专业： 面试官通常关心候选人所属公司的知名度和背景，以及候选人的学校背景和所学专业。这些信息可以反映出候选人所受的教育和培训背景，对应聘者的综合素质和基础知识有一定的参考意义。

技术栈是否符合公司要求： 面试官会对候选人所掌握的技术栈进行评估，看是否符合公司招聘岗位的要求。特别是针对大数据工程师这一岗位，技术栈的广度和深度对应聘者的胜任程度至关重要。

项目经验是否丰富、是否与公司需求相贴切： 候选人在过往的项目经验中是否有涉及大数据领域的实际经历，以及这些项目经验是否与公司岗位需求相匹配。拥有丰富的项目经验并能够将其与公司的需求紧密结合，会增加候选人的竞争力。

2．不同基础的求职者如何把握好简历内容的关键点及重点内容

1）在校学生：对于在校学生，重点突出实习经历和项目经验是关键。将实习期间参与的大数据相关项目描述清楚，特别是涉及 Java、SQL 和数据结构算法等方面的内容。此外，学校导师带领的项目也应该展示出来，以突显学术和研究能力。

2）无开发经验：对于无开发经验的求职者，需要将自己的工作经历与 IT 领域尽量关联起来，如数据库、语言开发、数据爬虫等方面的经历。同时，展示在公司内部或学习过程中进行的与大数据相关的项目经验，如使用 SQL 或爬虫技术进行数据处理。重点突出自己对大数据领域的学习和实践。

3）有开发经验：有开发经验的求职者可以直接突出自己在大数据领域的工作经历，尤其是与目标岗位相关的开发项目。此外，将自学过的项目经验转化为大数据项目经验也是一个不错的选择。可以将自己的项目经历与大数据技术对应，强调技术栈的广度和深度，以及解决实际业务问题的能力。

无论是哪种基础的求职者，简历中都需要突出强调自己的技术栈，包括熟练掌握的编程语言、数据库技术、大数据技术等，并且在项目经验描述中注重强调与大数据相关的实际经历和项目成果。简历需要针对目标公司的需求进行调整和优化，确保重点内容与公司岗位要求相匹配，以增加被面试的机会。同时，简历应该简洁明了，重点突出，突显个人优势和与岗位的匹配度，吸引面试官关注并进一步了解候选人的能力和潜力。

2.6 缺少大数据项目经验如何应对

在大数据简历中，项目经验是展示你在实际工作中应用大数据技术的重要部分。对于不同基础的求职者（在校学生、无开发经验、有开发经验），可以采取不同的方式来编写项目经验的内容。

1. 在校学生

由于在校学生通常缺少实践经验，大数据项目经验可能主要来自以下几个方面。

工作实习： 如果你在大数据相关企业或部门进行过实习，可以详细描述你在实习期间参与的项目和你在项目中承担的角色。强调在项目中所使用的大数据技术、解决的问题以及取得的成果。

导师带做项目： 如果你在学校或实验室中由导师指导进行过大数据项目，要说明项目的背景和目标，并详细描述你在项目中的贡献和技术实现。

自学项目： 如果你通过自学完成了一些大数据项目，可以列出这些项目并简要描述项目的内容、使用的技术和你在项目中的收获及体会。

2. 无开发经验

虽然缺少语言开发经验，但你可以突出以下几个方面的大数据项目经验。

本职工作： 如果你在非开发岗位上参与过与大数据相关的项目，可以描述你在项目中负责的任务，如数据分析、数据爬虫等，并说明项目的结果和影响。

公司相关项目改造： 如果你曾经在本公司内参与过项目改造，如将传统数据库应用迁移到大数据平台上，可以详细描述你在项目中的工作内容和技术实现。

自学项目： 如果你通过自学完成了一些大数据项目，要突出这些项目的技术难点和解决方案，以及项目对你在技能提升上的帮助。

3. 有开发经验

对于有语言开发经验的求职者，如 Java，你可以将大数据项目经验体现在以下方面。

Java 项目： 当涉及大数据项目经验时，具备丰富的 Java 项目经验无疑是一项非常重要的优势。在实际的大数据项目开发过程中，许多项目都以 Java 语言为主要开发语言，因此，将具备的 Java 项目经验加入大数据项目经验中，不仅可以突显开发者的技能优势，还能够让招聘方更有信心将其纳入大数据项目开发团队，共同推动项目取得成功。

公司相关项目改造： 详细描述你在实际项目中结合大数据技术改造业务流程、优化性能等工作。强调你所使用的大数据技术栈以及对业务带来的影响。

自学项目： 如果你利用个人时间进行过大数据项目自学，可以将这些项目列为以往经验，并在简历中展示你在这些项目中所学到的技术和应用场景。

无论你的基础如何，编写项目经验时要突出实际应用和取得的成果。描述清楚项目的背景、目标、你的角色、所使用的技术和解决方案，以及项目对你个人成长和技能提升的意义。尽量使用**量化指标**和**具体案例**来支持你的描述，让招聘者更加了解你的能力和潜力。

2.7 大数据面试笔试需要掌握哪些技能

以下针对每个大数据岗位的面试笔试所需技能进行归纳总结。

1. 大数据开发工程师

大数据开发工程师是负责大数据平台的搭建、数据处理和应用开发的专业人员。为了在这个岗位上表现出色，大数据开发工程师需要掌握以下技能。

1）编程语言和开发工具：熟练掌握至少一门编程语言，如 Java、Python、Scala 等，并熟悉相关的开发工具和集成开发环境（IDE）。

2）大数据处理技术：掌握大数据处理技术，如 Hadoop、Spark、Flink 等，能够进行大规模数据的分布式处理和计算。

3）数据存储技术：了解大数据存储技术，如 HDFS、HBase、Cassandra 等，能够存储和管理大量的结构化和非结构化数据。

4）数据处理框架和组件：熟悉数据处理框架和组件，如 MapReduce、Hive、Pig、Sqoop 等，能够使用这些工具进行数据的清洗、转换和分析。

5）数据传输和集成：了解数据传输和集成的工具，如 Kafka、Flume 等，能够将数据从不同数据源导入到大数据平台。

6）数据安全和权限控制：理解数据安全的重要性，熟悉数据的权限控制机制，确保数据的保密性和完整性。

7）Linux 和 Shell 脚本：熟悉 Linux 操作系统，能够进行基本的系统管理和 Shell 脚本编写。

8）数据可视化工具：了解数据可视化工具，如 Tableau、Power BI 等，能够将数据可视化并制作报表。

9）数据库和 SQL 查询：具备数据库基础知识，熟悉 SQL 查询语言，能够对数据库进行操作和优化。

10）业务理解和沟通能力：具备业务理解能力，能够与业务部门有效沟通，理解他们的需求，并将数据处理和分析结果应用到实际业务中。

11）版本控制工具：熟练使用版本控制工具，如 Git，以便与团队协作和进行代码管理。

12）性能优化和调优：能够对大数据处理流程和应用进行性能优化及调优，提高处理速度和效率。

综合来看，大数据开发工程师需要具备编程技能，熟练运用大数据处理技术、数据存储和处理框架，同时还需要理解数据安全和权限控制，并能够与业务部门进行良好的沟通，将数据处理结果转化为有价值的应用。

2. 数据仓库工程师

数据仓库工程师是负责设计、构建和维护数据仓库的专业人员。为了在这个岗位上表现出色，数据仓库工程师需要掌握以下技能。

1）数据仓库设计和建模：了解数据仓库的设计原理和方法，包括维度建模和事实建模，能够设计合适的数据模型来满足业务需求。

2）ETL（Extract，Transform，Load）工具和技术：熟悉常用的 ETL 工具，如 Informatica、

Talend 等，能够使用这些工具进行数据的抽取、转换和加载。

3）数据清洗和数据质量管理：理解数据清洗的重要性，能够采取适当的方法来处理数据中的噪声和缺失值，确保数据的准确性和完整性。

4）关系型数据库和 SQL：熟悉关系型数据库，如 MySQL、Oracle 等，并能够编写高效的 SQL 查询语句，优化数据的读取和写入操作。

5）大数据存储和处理技术：了解大数据存储技术，如 HDFS、HBase 等，以及大数据处理技术，如 MapReduce、Spark、Flink 等，能够使用这些技术来处理大规模的数据。

6）数据仓库工具和平台：熟悉常用的数据仓库工具和平台，如 Teradata、Amazon Redshift 等，了解它们的特点和使用场景。

7）数据仓库架构和性能优化：了解数据仓库架构的设计，包括物理架构和逻辑架构，能够进行性能优化和调优，提高查询性能和系统稳定性。

8）数据仓库安全和权限控制：理解数据仓库的安全机制，包括用户权限管理和数据访问控制，确保数据的保密性和安全性。

9）多维数据分析和 OLAP：熟悉多维数据分析和在线分析处理（OLAP）的概念及技术，如 Hive、Spark SQL、Flink SQL、Kylin、Doris、ClickHouse 等，能够进行复杂的数据分析和查询。

10）业务理解和沟通能力：具备业务理解能力，能够与业务部门有效沟通，理解他们的需求，并将数据仓库的解决方案应用到实际业务中。

综合来看，大数据仓库工程师需要具备数据库设计、ETL 技术、大数据技术、数据清洗和数据质量管理等多方面的技能。此外，与其他团队和业务部门的良好沟通与协作能力也是非常重要的。

3. 大数据运维工程师

大数据运维工程师是负责大数据平台的日常运维和管理的专业人员。为了在这个岗位上表现出色，大数据运维工程师需要掌握以下技能。

1）大数据平台管理：熟悉大数据平台的搭建和配置，能够对集群进行部署、扩展和维护。

2）大数据集群管理：掌握大数据集群的资源调度和管理，能够进行负载均衡和性能调优。

3）Linux 操作系统：熟悉 Linux 操作系统，能够进行基本的系统管理、故障排查和性能监控。

4）Shell 脚本编程：具备 Shell 脚本编程能力，能够编写脚本来简化运维操作和自动化任务。

5）大数据平台监控：了解大数据平台的监控工具和技术，能够对集群健康状态进行实时监控和故障排查。

6）安全管理：了解数据安全的重要性，具备安全管理技能，包括用户权限管理、数据加密和防火墙设置等。

7）容灾备份：掌握容灾备份策略，能够制订数据备份和恢复计划，确保数据的安全性和可靠性。

8）网络知识：了解网络基础知识，能够配置网络设置和解决网络故障。

9）数据库管理：熟悉关系型数据库和 NoSQL 数据库，能够进行数据库的安装、配置和优化。

10）大数据组件管理：了解大数据组件的工作原理和配置方法，能够进行组件的安装和升级。

11）故障排除：具备快速故障排查和解决问题的能力，确保系统稳定运行。

12）版本控制工具：熟练使用版本控制工具，如 Git，以便与团队协作和进行代码管理。

13）团队合作：良好的团队合作能力，与开发团队和其他运维人员密切合作，共同解决问题。

综合来看，大数据运维工程师需要具备大数据平台的管理和监控技能，熟悉 Linux 系统和 Shell 脚本编程，了解安全管理和容灾备份策略，并具备故障排除和团队合作能力。这些技能将帮助他们保证大数据平台的稳定运行和高可用性，确保数据的安全和完整性。

4．大数据架构师

大数据架构师是负责设计和规划大数据系统架构的高级专业人员。为了在这个岗位上表现出色，大数据架构师需要掌握以下技能。

1）全面的大数据技术：熟悉各类大数据技术，包括大数据处理框架（如 Hadoop、Spark、Flink）、大数据存储技术（如 HDFS、HBase）、数据仓库技术（如 Hive、Kylin、ClickHouse、Doris）等。

2）数据架构设计：能够设计复杂的大数据系统架构，包括数据处理流程、数据存储方案、数据传输和集成等。

3）数据模型设计：具备设计数据模型的能力，包括维度建模和事实建模，以及多维数据分析和 OLAP 技术。

4）数据安全和隐私保护：了解数据安全和隐私保护的重要性，能够制定合适的数据安全策略和权限控制方案。

5）大数据系统性能优化：具备优化大数据系统性能的能力，包括集群资源管理、查询性能优化等。

6）大数据平台搭建：能够规划和搭建大数据平台，包括选择合适的硬件和云服务提供商、配置集群环境等。

7）高可用性和容错设计：了解高可用性和容错设计的原理，确保大数据系统的稳定运行。

8）业务理解和需求分析：具备业务理解和需求分析能力，能够与业务部门有效沟通，理解他们的需求，为业务提供合适的解决方案。

9）新技术调研和引入：跟踪大数据技术的最新发展，对新技术进行调研和评估，有必要时引入新技术和工具。

10）项目管理和团队协作：具备项目管理和团队协作能力，领导大数据项目的实施，并与开发团队和运维团队密切合作。

11）数据治理和规范：了解数据治理的概念和方法，制定数据规范和治理策略，确保数据的质量和合规性。

12）跨部门沟通与推广：与公司的其他部门进行有效的沟通，推广大数据架构和解决方案，推动大数据战略的落地和实施。

综合来看，大数据架构师需要具备全面的大数据技术知识，能够设计和规划复杂的大数据系统架构，并与业务部门和团队紧密合作，为企业提供可靠的大数据解决方案。在不断发展的大数据领域，持续学习和更新技术知识是大数据架构师必不可少的素养。

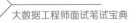

5．数据分析师/BI 工程师

数据分析师/BI 工程师是负责从数据中提取有价值信息、制作数据报表和仪表盘，并为业务决策提供支持的专业人员。为了在这个岗位上表现出色，数据分析师/BI 工程师需要掌握以下技能。

1）数据分析和统计学：具备数据分析和统计学的基本知识，能够运用统计方法和数据挖掘技术，从数据中发现模式和洞察。

2）数据可视化工具：熟悉数据可视化工具，如 Tableau、Power BI 等，能够将数据可视化并制作交互式报表和仪表盘。

3）数据查询和处理：熟练使用 SQL 查询语言，能够从数据库中提取数据并进行数据清洗和处理。

4）BI 工具和平台：了解常用的 BI 工具和平台，如 SAP BusinessObjects、QlikView 等，能够利用这些工具进行数据分析和报表制作。

5）数据仓库和 ETL 技术：了解数据仓库和 ETL 技术，能够理解数据仓库的设计原理和 ETL 过程，从不同数据源提取数据并加载到数据仓库中。

6）Excel 和数据处理：熟练使用 Excel 进行数据处理、数据透视表和图表制作，进行数据分析和报表展示。

7）业务理解和需求分析：具备业务理解能力，能够与业务部门有效沟通，理解他们的需求，并将数据分析结果应用到实际业务中。

8）数据解释和沟通能力：具备解释数据结果和数据洞察的能力，能够向非技术人员清晰地传达数据分析的结果。

9）数据预处理和特征提取：掌握数据预处理和特征提取技术，清洗数据、填补缺失值，并为模型构建提取合适的特征。

10）基本编程技能：了解编程基础，如 Python、R 等，可以进行一些数据分析的自动化处理和脚本编写。

11）版本控制工具：熟练使用版本控制工具，如 Git，以便与团队协作和进行代码管理。

12）数据质量管理：了解数据质量管理的重要性，能够制定数据质量标准和清洗策略，确保数据的准确性和完整性。

综合来看，数据分析师/BI 工程师需要具备数据分析和统计学基础，掌握数据可视化工具和 BI 平台的使用，熟悉 SQL 查询和数据处理技术，同时也需要业务理解和沟通能力，以便将数据分析结果应用到实际业务中并向业务部门传递洞察。具备编程基础和数据预处理技术也能提高其工作效率和数据处理能力。

6．数据挖掘工程师/AI 工程师

数据挖掘工程师/AI 工程师都是负责从大量数据中挖掘有价值信息、构建和优化机器学习模型的专业人员。为了在这两个岗位上表现出色，数据挖掘工程师/AI 工程师需要掌握以下技能。

1）数据处理和预处理：熟练使用数据处理和清洗技术，处理数据中的噪声、缺失值和异常值，确保数据的质量和可用性。

2）编程技能：具备编程技能，如 Python、R 或其他编程语言，用于数据处理、模型构建和自动化工作流程。

3）数据挖掘和机器学习算法：熟悉数据挖掘和机器学习算法，包括分类、聚类、回归、决策树、支持向量机、深度学习等。

4）机器学习框架和工具：熟悉常用的机器学习框架和工具，如 Scikit-Learn、TensorFlow、PyTorch 等。

5）特征工程：了解特征工程的重要性，能够提取和选择合适的特征，并对特征进行转换和归一化处理。

6）模型评估和优化：掌握模型评估和优化方法，包括交叉验证、超参数调整等，提高模型的性能和泛化能力。

7）数据可视化：具备数据可视化技能，能够将数据和模型结果可视化，展示分析和预测结果。

8）神经网络和深度学习：了解深度学习的基本原理，能够构建和训练神经网络模型。

9）自然语言处理（NLP）：对于 AI 工程师，熟悉自然语言处理技术，如文本分类、情感分析、命名实体识别等。

10）版本控制工具：熟练使用版本控制工具，如 Git，以便与团队协作和进行代码管理。

11）数据库和 SQL 查询：了解关系型数据库和 SQL 查询语言，能够对数据进行查询和操作。

12）业务理解和解决问题的能力：具备业务理解能力，能够将数据挖掘和 AI 技术应用到实际业务场景中，解决实际问题。

综合来看，数据挖掘工程师/AI 工程师需要具备数据处理和编程技能，熟悉机器学习算法和框架，理解特征工程和模型评估方法，并能将数据挖掘和 AI 技术与业务场景相结合，解决实际问题。对于 AI 工程师而言，还需要掌握自然语言处理技术，处理文本数据。不断学习和跟踪行业最新发展也是这两个岗位的重要要求，因为数据挖掘和 AI 领域在不断进步和演进。

7．数据科学家

数据科学家是大数据领域中的高级专业人员，负责从大量的数据中提取知识和洞察、构建预测模型和解决复杂的业务问题。为了在这个岗位上表现出色，数据科学家需要掌握以下技能。

1）数据分析和统计学：具备数据分析和统计学的深入知识，能够运用各种统计方法和数据挖掘技术，进行数据清洗、探索和分析。

2）机器学习和深度学习：熟练掌握各类机器学习算法，如分类、回归、聚类、决策树、支持向量机等，并了解深度学习的原理和应用。

3）编程技能：具备编程技能，如 Python、R 或其他编程语言，能够实现数据分析和机器学习算法，以及构建自动化工作流程。

4）数据可视化：能够使用数据可视化工具，如 Matplotlib、Seaborn 等，将数据和模型结果可视化，展示洞察和分析结果。

5）特征工程：掌握特征工程技术，能够对原始数据进行特征提取、选择和转换，以提高模型的性能。

6）数据处理和清洗：熟练运用数据处理和清洗技术，处理数据中的异常值、缺失值和噪声，确保数据质量。

7）大数据技术：了解大数据处理技术，如 Hadoop、Spark、Flink 等，能够处理大规模的数据集。

8）数据库和 SQL 查询：了解关系型数据库和 SQL 查询语言，能够对数据进行查询和操作。

9）模型评估和优化：具备模型评估和优化的方法，包括交叉验证、网格搜索等，提高模型的性能和泛化能力。

10）自然语言处理（NLP）：对于涉及文本数据的场景，掌握自然语言处理技术，如文本分类、情感分析、文本生成等。

11）时间序列分析：了解时间序列分析的原理和方法，应用于对时间序列数据进行建模和预测的场景。

12）实践经验和业务理解：具备实际项目经验，能够将数据科学技术应用于实际业务场景，解决复杂的业务问题。

13）版本控制工具：熟练使用版本控制工具，如 Git，以便与团队协作和进行代码管理。

14）沟通和团队合作：良好的沟通和团队合作能力，能够与业务部门和团队有效合作，理解业务需求并交流分析结果。

数据科学家需要综合运用数学、统计学、编程和领域知识，将数据分析和机器学习技术应用于实际业务场景，从而为企业提供有价值的洞察和解决方案。因此，综合性和实践经验都是数据科学家的核心素养。随着数据科学领域的不断发展，不断学习和跟踪最新技术和方法也是数据科学家的必备能力。

2.8 如何把握大数据工程师的面试笔试重点

对于不同基础的求职者（在校学生、无开发经验、有开发经验），在面试大数据工程师职位时，可以根据他们的背景和经验有针对性地把握面试笔试重点。下面分别为这三类求职者提供面试笔试重点的建议。

1. 在校学生

在校学生通常缺乏实际工作经验，但可以侧重以下方面来准备面试笔试。

1）理论知识：重点复习与大数据相关的理论知识，包括分布式计算、数据存储、数据处理等概念。了解 Hadoop、Spark、Flink 等大数据框架的基本原理。

2）项目经历：强调在课程或个人项目中使用大数据技术解决问题的经历。准备好介绍项目的细节、技术难点以及你的贡献。

3）编程能力：学习至少一门编程语言（如 Python 或 Java），并能展示基本的编码能力。面试官可能会询问一些简单的编程题目。

4）数据库知识：了解关系型数据库和 NoSQL 数据库的区别，并掌握 SQL。

5）沟通技巧：培养良好的沟通能力，清晰表达你的观点和想法。

2. 无开发经验

虽然没有直接的开发经验，但是一般有其他相关经历，可以在面试中突出以下方面。

1）学习自愿：展示你对大数据工程师职位的热情，并强调你正在主动学习相关知识和技能。

2）自学能力：强调你的自学能力，如通过在线课程、教程和项目学习大数据技术。

3）数据分析技能：如果有数据分析的经验，可以强调数据处理和数据分析的能力，解释如何使用数据进行决策和解决问题。

4）实践项目：尽可能在个人项目或开源项目中尝试应用大数据技术，以证明你对实际应用的理解。

此外，在进行面试笔试准备时，还可以在网上寻找大数据工程师面试笔试实际问题，并准备好如何回答这些问题。

3．有开发经验

如果你已经有一定的开发经验，可以在面试中突出以下方面。

1）大数据技术栈：强调你熟悉的大数据技术栈，如 Hadoop、Spark、Flink 等，以及它们在实际项目中的应用。

2）分布式系统：解释你对分布式计算的理解，如数据切分、分布式存储和并行计算等。

3）实际项目：详细介绍你在过去项目中如何使用大数据技术解决挑战和优化性能。

4）编程能力：展示你在编程方面的实力，包括数据处理、数据清洗和性能优化等。

5）数据库知识：除了大数据技术，还要掌握数据库知识，包括 SQL 优化和索引设计等。

6）团队合作：强调你在团队中的合作能力和项目管理经验。

总体上，对于不同基础的求职者来说，除了技术知识外，重视项目经历、实践能力和沟通技巧也是面试笔试中的关键。无论你的背景如何，充分准备、展示自己的潜力和适应性，是面试成功的关键。

2.9　引导面试官提问自己擅长的技术

在大数据面试中，面试官可能会在广泛而深入的技术领域进行提问，这对面试者来说可能是一项巨大的挑战。为了更好地发挥自己擅长的技术优势，可以采取以下策略来引导面试官对自己擅长的技术进行提问。

1）开场自我介绍：在面试一开始，可以简要介绍自己的技术背景和擅长的技术领域。这样一来，面试官就会知道你的专长，有可能在后续的提问中会更加关注这些方面。

2）突出关键项目：当面试官询问你过去的项目经历时，有针对性地强调与你擅长技术相关的项目。解释你在这些项目中所做的技术工作，以及在解决相关挑战时采取的方法。

3）主动引导：如果面试官在提问过程中未能涉及你擅长的技术领域，你可以适当地引导面试，例如，"在过去的项目中，我使用了×××技术来处理类似的挑战，您是否有相关问题想了解？"这样的引导可能使面试官更有针对性地提问你擅长的技术。

4）实际应用案例：在回答问题时，尽量结合实际应用案例来说明你的技术优势。这有助于展示你对技术的深刻理解和在实践中的能力。

5）自信与谦虚：当谈论自己擅长的技术领域时，保持自信，但也要注意不要过度夸大自己的能力。诚实地表达自己的经验和知识水平，同时展现学习和成长的态度。

6）解答问题时展示深度：如果面试官提问到你擅长的技术领域，尽量展示你在该领域的知识深度。回答问题时，可以逐步深入解释相关概念和原理。

7）关注面试官的反应：在面试过程中，留意面试官的反应。如果面试官对你擅长的领域表现出兴趣，可以适当地展开更多讨论。

总体上，在面试过程中要善于引导面试官对自己擅长的技术进行提问，同时展现出对技术的热情和理解深度。通过有针对性地回答问题和展示实际应用经验，你可以更好地表达自己擅长的技术优势，从而在面试中有更好的表现。同时，也要注意对其他技术领域保持基本的了解，以便应对综合性的问题。

第 3 章　大数据基础应用

本章将带你深入探索大数据的基础知识和应用，帮助你掌握大数据生态体系，了解大数据技术的核心，以及发现大数据在商业应用中的巨大价值。在本章中，我们将围绕大数据的基础知识，从大数据的生态体系开始，为你详细介绍云计算的重要性，以及海量数据作为大数据的基石所扮演的角色。我们将深入探讨大数据技术的灵魂，让你了解大数据技术在处理海量数据中的关键作用。

随后，我们将进入大数据算法的世界。通过一系列实例，学习如何从海量数据中高效地找出最高频词和访问最多的 IP 地址、寻找不重复整数、判断数是否存在于庞大数据集中等。我们将教你如何应用算法来解决实际的大数据问题。

本章的目标是帮助你建立坚实的大数据基础知识和算法应用能力，让你在面试笔试和工作中能够游刃有余。大数据是当今信息时代的核心，掌握好基础知识和应用技巧将为你拓宽职业发展之路。让我们一同进入大数据的精彩世界，开启探索的旅程吧！

3.1　大数据基础知识

3.1.1　大数据生态体系

说起大数据，我们不得不提的是 Hadoop 技术。Hadoop 起源于 Google 的三篇著名论文：

1）2003 年，Google 发表的论文 "The Google File System" 中，GFS（Google 文件系统）是一个面向大规模数据密集型应用的、可伸缩的分布式文件系统。

2）2004 年，Google 发表的论文 "MapReduce：Simplified Data Processing on Large Clusters" 中，MapReduce 是一种处理和生成超大数据集的分布式计算模型。

3）2006 年，Google 发表的论文 "BigTable：A Distributed Storage System for Structured Data" 中，BigTable 是一个用来处理海量数据的分布式、结构化数据存储系统。

GFS、MapReduce 与 BigTable 并称为 Google 的三驾马车，而 Hadoop 则是 Google 三驾马车的开源实现。

2004 年左右，Doug Cutting 基于 Google 的论文开发出初始版本的 Hadoop，作为 Nutch 项目的一部分，用于处理海量网页的存储问题和索引计算问题。经过不断的发展和应用，2008 年 Hadoop 成为 Apache 的顶级项目，紧接着 Hadoop 进入了快速发展阶段。除了 Hadoop 的三驾马车之外，还有很多开源组件都可以归入大数据生态体系之下，大数据核心生态体系如图 3-1 所示。

大数据核心生态系统包含以下组件。

1）HDFS：是 Hadoop 的基石，是具有高容错性的文件系统，适合部署在廉价的机器上，同时能提供高吞吐量的数据访问，非常适合大规模数据集的存储。

2）MapReduce：是一种编程模型，利用函数式编程的思想，将数据集处理的过程分为

Map 和 Reduce 两个阶段，MapReduce 这种编程模型非常适合分布式计算。

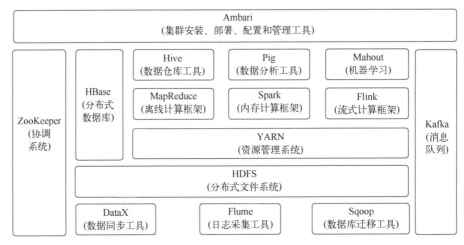

图 3-1 大数据核心生态体系

3）YARN：是 Hadoop 2.0 中的资源管理系统，它的基本设计思想是将 MRv1（Hadoop 1.0 中的 MapReduce）中的 JobTracker 拆分成两个独立的服务：一个全局的资源管理器 ResourceManager 和每个应用程序特有的 ApplicationMaster。其中，ResourceManager 负责整个系统的资源管理和分配，而 ApplicationMaster 负责单个应用程序的管理。

4）HBase：是一个分布式的、面向列的、开源的 NOSQL 数据库，擅长大规模数据集的随机读写，它的实现源于谷歌的 BigTable 论文。

5）Hive：由 Facebook 开发，是基于 Hadoop 的一个数据仓库工具，可以将结构化的数据文件映射为一张表，提供简单的类 SQL 查询功能，并能将 SQL 语句转换为 MapReduce 作业运行。Hive 技术学习成本低，极大降低了 Hadoop 的使用门槛，非常适合大规模结构化数据的统计分析。

6）Pig：和 Hive 类似，Pig 也是对大型数据集进行分析和评估的工具，但它提供了一种高层的、面向领域的抽象语言（Pig Latin）。Pig 也可以将 Pig Latin 脚本转化为 MapReduce 作业运行。与 SQL 相比，Pig Latin 更加灵活，但学习成本稍高。

7）Mahout：是一个机器学习和数据挖掘库，它利用 MapReduce 编程模型实现了 K-means、Collaborative Filtering 等经典的机器学习算法，并且具有良好的扩展性。

8）DataX：是一个在异构的数据库/文件系统之间高速交换数据的工具，实现了在任意的数据处理系统（RDBMS、HDFS 或 Local FileSystem）之间的数据交换，由淘宝数据平台部门完成。

9）Flume：是 Cloudera 提供的一个高可用、高可靠、分布式的海量日志采集、聚合和传输系统，它支持在日志系统中定制各类数据发送方采集数据，同时提供对数据进行简单处理，并写到各种数据接收方的能力。

10）Sqoop：是连接传统数据库和 Hadoop 的桥梁，可以把传统关系型数据库中的数据导入到 Hadoop 中，也可以将 Hadoop 中的数据导出到传统关系型数据库中。Sqoop 利用 MapReduce 并行计算的能力，可以加速数据的导入和导出。

11）Kafka：是由 LinkedIn 开发的一个分布式的消息系统，使用 Scala 语言编写，它以可水平扩展和高吞吐率的特点而被广泛使用。目前，越来越多的开源分布式处理系统（如 Spark、Flink 等）都支持与 Kafka 的集成。

12）ZooKeeper：是一个针对大型分布式系统的可靠协调系统，它提供的功能包括配置维护、命名服务、分布式同步、组服务等；它的目标是封装好复杂、易出错的关键服务，将简单易用的界面和性能高效、功能稳定的系统提供给用户。ZooKeeper 已经成为 Hadoop 生态系统中的重要基础组件。

13）Spark：是基于内存计算的大数据并行计算框架。Spark 基于内存计算的特性，提高了在大数据环境下数据处理的实时性，同时保证了高容错性和高可伸缩性，允许用户将 Spark 部署在大量的廉价硬件之上形成集群，提高了并行计算能力。

14）Flink：是一个开源的分布式、高性能、高可用的大数据处理引擎，支持实时流（stream）处理和批（batch）处理。可部署在各种集群环境（如 K8s、YARN、Mesos），并对各种大小的数据规模进行快速计算。

15）Ambari：是一种基于 Web 的大数据集群管理工具，支持 Hadoop 集群的创建、管理和监控。Ambari 目前已支持大多数 Hadoop 生态圈组件的集成，包括 HDFS、YARN、Hive、HBase、ZooKeeper、Sqoop 和 HCatalog 等。

3.1.2　大数据基石——云计算

云计算自从诞生之日起，短短几年的时间就在各个行业产生了巨大的影响。那么什么是云计算？云计算是一种可以通过网络方便地接入共享资源池，按需获取计算资源（包括网络、服务器、存储、应用、服务等）的服务模型。共享资源池中的资源可以通过较少的管理代价和简单业务交互过程而快速部署和发布。

云计算主要有以下几个特点。

1. 按需提供服务

云计算以服务的形式为用户提供应用程序、数据存储、基础设施等资源，并可以根据用户需求自动分配资源，而不需要管理员的干预。比如亚马逊弹性计算云（Amazon EC2），用户可以通过 Web 表单提交自己需要的配置给亚马逊，从而动态获得计算能力，这些配置包括 CPU 核数、内存大小、磁盘大小等。

2. 宽带网络访问

用户可以通过各种终端设备，比如智能手机、笔记本等，随时随地通过互联网访问云计算服务。

3. 资源池化

资源以共享池的方式统一管理。云计算通过虚拟化技术，将资源分享给不同的用户，而资源的存放、管理以及分配策略对用户是透明的。

4. 高可伸缩性

服务的规模可以快速伸缩，以自动适应业务负载的变化。这样就保证了用户使用的资源与业务所需要的资源的一致性，从而避免了因为服务器超载、冗余造成的服务质量下降或资源的浪费。

5. 可量化服务

云计算服务中心可以通过监控软件来监控用户的使用情况，从而根据资源的使用情况对提供的服务进行计费。

6. 大规模

承载云计算的集群规模非常巨大，一般达到数万台服务器以上。从集群规模来看，云计算赋予了用户前所未有的计算能力。

7. 服务非常廉价

云服务可以采用非常廉价的 PC Server 来构建，而不是需要非常昂贵的小型机。另外，云服务的公用性和通用性极大地提升了资源利用率，从而大幅降低了使用成本。

云计算包含三种运营模式：

1）IaaS（Infrastructure as a Service）：它的含义是基础设施即服务。例如，阿里云主机提供的就是基础设施服务，用户可以直接购买阿里云主机服务。

2）PaaS（Platform as a Service）：它的含义是平台即服务。例如，阿里云主机上已经部署好大数据集群，可以提供大数据平台服务，用户直接购买平台的计算能力并运行自己的应用即可。

3）SaaS（Software as a Service）：它的含义是软件即服务，例如，阿里云平台已经部署好具体的项目应用，用户直接购买账号使用它提供的软件服务即可。

由云计算的运营模式可以看出，大数据基本处于 PaaS 层，侧重于海量数据的存储和处理，可以类比为数据库。云计算基本处于 IaaS 层，侧重于硬件资源的虚拟化，可类比为操作系统。所以云计算可以看作大数据的基石。大数据与云计算的关系如图 3-2 所示。

图 3-2　大数据与云计算的关系

3.1.3　大数据核心——海量数据

我们生活在这个数据大爆炸的时代，很难估算全球电子设备中存储的数据总共有多少。国际数据公司（IDC）发布报告称，2013 年全球数据总量为 4.4ZB，而 2020 年全球数据总量达到了 44ZB。1ZB 相当于 10 亿 TB，远远超过了全世界每人一块硬盘中所能保存的数据总量。

数据"洪流"有很多来源，以下面列出的为例：

1）纽约证交所每天产生的交易数据大约为 4～5TB。

2）FaceBook 存储的照片超过 2400 亿张，并以每月至少 7PB 的速度增长。

3）家谱网站存储的数据约为 10PB。

4）互联网档案馆存储的数据约为 18.5PB。

5）瑞士日内瓦附近的大型强子对撞机每年产生的数据约为 30PB。

随着互联网的发展，移动设备的普及，个人成长过程中产生的所有数据似乎逐渐成为主流，如微信、微博、抖音等，但更重要的是，作为物联网一部分的机器设备产生的数据可能远远超过个人所产生的数据。机器日志、RFID 读卡器、传感器网络、车载 GPS 和零售交易数据等，所有这些都将产生巨量的数据。

在网上公开发布的数据也在逐年增加，组织或企业要想在未来取得成功，不仅需要管理好自己的数据，更需要从其他组织或企业的数据中获取有价值的信息。

有句话说得好："大数据胜于好算法。"意思就是说对于某些应用，如根据以往的偏好来推荐电影和音乐，无论你的算法有多好，基于小数据的推荐效果往往都不如基于大量可用数据的一般算法的推荐效果好。所以大数据的核心首先需要有海量数据，然后基于海量数据才会带来意外的效果。

3.1.4　大数据灵魂——大数据技术

虽然海量数据是大数据的核心，但是大数据的灵魂却是大数据技术，我们利用大数据技术对海量数据进行分析和挖掘，才能获取有价值的信息。

大数据技术按照实时程度可划分为批量计算和实时计算两类：

1）批量计算能一次性处理大量数据，吞吐量大，但延时较高，适合数据 ETL 等场景。

2）实时计算能以秒级或毫秒级延时对数据进行实时处理，但单次处理数据量较少，适合搜索等场景。

大数据技术按照所处的层次可以划分为：

1．数据采集

数据采集是从外部数据源，比如文件、数据库等，经过 ETL 写入大数据的文件系统或者数据存储中。数据采集有时也称为数据摄取，是所有大数据中位于最前端的工作。常见的数据采集技术包含 Flume、Logstash、StreamSets 等。

2．文件系统

文件系统是将数据以某种格式持久化下来以便反复使用，是所有大数据应用的原材料，位于大数据技术栈的底层。常见的数据存储技术包含 HDFS、S3、Alluxio 等。

3．数据存储

文件系统中存放的数据需要以某种方式被检索，根据数据索引方式的不同可以将数据存储分为 SQL 和 NOSQL 等。常用的数据存储技术包含 HBase、Redis 等。此外，像 Kafka 这样的消息队列也可以看作一种数据存储，因为它涉及在文件系统上持久化和重复检索。

4．计算框架

文件系统和数据存储层的海量数据，通常都需要以并行计算的方式来处理。计算框架就为我们提供了一种编写这种程序的原语，它位于大数据技术栈的中间层。常用的技术框架包含 MapReduce、Spark、Flink 等。

5．资源分配

大数据集群的计算资源是有限的，一个计算作业是否能运行，多少计算作业可同时运行？资源分配的组件就是用来管理这个问题的，它们是大数据技术的心脏。常见的资源分配组件

包含 YARN、Mesos 等。

6．数据仓库/分析/挖掘

海量数据经过处理和提炼之后，形成面向主题的、集成的、稳定的、随时间变化的数据集合就是数据仓库。基于数据仓库又可以支持数据分析、数据挖掘等应用。涉及的常用组件包含 Hive、Impala、Spark SQL/Mahout、Spark Mllib 等。

3.1.5 大数据价值——商业应用

随着互联网的发展、移动互联网的广泛应用以及 5G、人工智能技术的兴起，大数据技术变得越来越重要。但大数据最重要的价值，还是在于大数据在商业中的应用。接下来我们介绍几种大数据常见的典型应用。

1．移动数据

Cloudera 运营总监称，美国有 70%的智能手机数据服务背后都是由 Hadoop 来支撑的，也就是说，包括数据的存储以及无线运营商的数据处理等都在利用 Hadoop 技术。

2．电子商务

Hadoop 在这一领域应用非常广泛，eBay 就是最大的实践者之一。国内的电商平台在Hadoop 技术储备上也非常雄厚。

3．在线旅游

目前，全球范围内 80%的在线旅游网站都是在使用 Cloudera 公司提供的 Hadoop 发行版，SearchBI 网站曾经报道过的 Expedia 也在其中。

4．诈骗检测

这个领域普通用户接触得比较少，一般只有金融服务或者政府机构会用到。利用 Hadoop来存储所有的客户交易数据，包括一些非结构化的数据，能够帮助机构发现客户的异常活动，预防欺诈行为。

5．医疗保健

医疗行业也会用到 Hadoop，例如，IBM 的 Watson 就会使用 Hadoop 集群作为其服务的基础，包括语义分析等高级分析技术。医疗机构可以利用语义分析为患者提供医护人员，并协助医生更好地为患者进行诊断。

6．能源开采

美国 Chevron 公司是美国第二大石油公司，它们的 IT 部门主管介绍了 Chevron 使用Hadoop 的经验，利用 Hadoop 进行数据的收集和处理，其中一些数据是海洋的地震数据，以便找到油矿的位置。

3.2 大数据算法

3.2.1 如何从海量数据中找出最高频词

1．题目描述

有一个 1GB 大小的文件，文件中每一行是一个英文单词，每个单词的大小不超过 16 字节，内存限制是 1MB。请设计一个算法思路，返回词频数最高的 100 个单词（Top100）。

2．分析与解答

题目中文件的大小为 1GB，由于内存大小的限制，我们无法直接将这个大文件的所有单词一次性读入内存中。因此需要采用分治法，将一个大文件分割成若干个小文件，并且每个小文件的大小不超过 1MB，从而能将每个小文件分别加载到内存中进行处理。然后使用 HashMap 分别统计出每个小文件的单词词频数，并获取每个小文件词频最高的 100 个单词。最后使用小顶堆统计出所有单词中词频最高的 100 个单词。

3．实现方式：分治法

步骤 1：首先遍历这个大文件，对文件中遍历到的每个单词 word，执行 n=hash(word)%5000 操作，然后将结果为 n 的单词存放到第 fn 个文件中。整个大文件遍历结束之后，我们可以得到 5000 个小文件，每个小文件的大小约为 200KB。如果有的小文件大小仍然超过 1MB，则采用同样的方式继续进行分解，直到每个文件的大小都小于 1MB 为止。文件分割过程如图 3-3 所示。

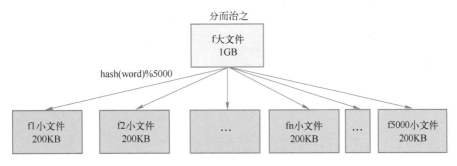

图 3-3　文件分割过程

步骤 2：分别统计每个小文件中词频数最高的 100 个单词，最简单的实现方式是使用 HashMap 来实现，其中 key 为单词，value 为该单词出现的词频数。

具体做法是：遍历文件中的所有单词，对于遍历到的单词 word，如果 word 在 map 中不存在，那么就执行 map.put(word,1)，将该词频设置为 1；如果 word 在 map 中存在，那么就执行 map.put(word,map.get(word)+1)，将该单词词频数加 1。遍历完成之后，可以很容易找出每个文件中出现频率最高的 100 个单词。词频统计逻辑如图 3-4 所示。

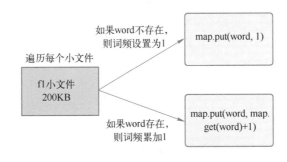

图 3-4　词频统计逻辑

步骤 3：因为步骤 2 已经找出了每个文件中出现频率最高的 100 个单词，接下来可以通过维护一个小顶堆来找出所有单词中出现频率最高的 100 个单词。

具体做法是：依次遍历每个小文件，构建一个小顶堆，堆大小为 100。如果遍历到的单词出现的次数大于堆顶单词出现的次数，那么就用新单词替换堆顶的单词，然后重新调整为小顶堆。当遍历完所有文件后，小顶堆中的单词集合就是出现频率最高的 100 个单词。小顶堆构建过程如图 3-5 所示。

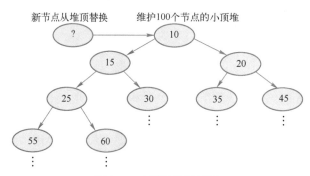

图 3-5　小顶堆构建过程

4．方法总结

针对限定内存，求解海量数据的 TopN 问题，可以采取以下几个步骤。

1）分而治之，利用哈希函数取余，将大文件分割为小文件。

2）使用 HashMap 集合统计每个单词的词频。

3）求解词频最大的 TopN，使用小顶堆；求解词频最小的 TopN，使用大顶堆。

3.2.2　如何找出访问百度次数最多的 IP 地址

1．题目描述

现在有一个 1 亿条记录的超大文件，里面包含着某一天海量用户访问日志，但已有内存存放不下该文件，现要求从这个超大文件中统计出某天访问百度次数最多的 IP 地址。

2．分析与解答

因为题目中只关心访问百度次数最多的 IP 地址，所以需要对原始文件进行遍历，将这一天访问百度的 IP 的相关记录输出到一个单独的大文件中。由于内存大小的限制，无法将这个大文件一次性加载到内存中，所以需要采用分治法将大文件分割为若干个小文件，直到内存中可以装下每个小文件为止。然后使用 HashMap 分别统计出每个小文件中每个 IP 地址出现的次数，并找出每个小文件中出现次数最多的 IP 地址。最后比较所有小文件中出现次数最多的 IP 地址，从而最终统计出这个超大文件中访问百度次数最多的 IP 地址。

3．实现方式：分治法

步骤 1：首先遍历超大原始日志文件，将包含百度 URL 地址的相关日志记录输出到一个单独的大文件中，那么这个新生成的大文件中只包含访问百度的相关日志记录。文件过滤过程如图 3-6 所示。

图 3-6　文件过滤过程

步骤 2：然后遍历新生成的大文件，对文件中遍历到的每个 IP 地址执行 n=hash(IP)%1000 操作，将结果为 n 的日志记录放到第 fn 个文件中。整个大文件遍历结束后，我们可以得到 1000 个小文件。那么相同的 IP 记录会存储到同一个文件中，分割后的每个小文件大小为大文件的 1/1000。如果分割后的文件中仍然有部分文件无法装载到内存中，可以对该文件继续进行分割，直至内存可以装下为止。文件分割过程如图 3-7 所示。

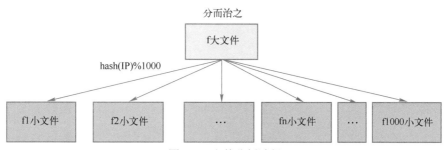

图 3-7　文件分割过程

步骤 3：接着统计每个小文件中出现次数最多的 IP 地址，最简单的方法是通过 HashMap 来实现，其中 key 为 IP 地址，value 为该 IP 地址出现的次数。

具体做法是：遍历每个小文件中的所有记录，对于遍历到的 IP，如果 IP 地址在 map 中不存在，那么就执行 map.put(IP,1)，将该 IP 出现次数设置为 1；如果 IP 地址在 map 中存在，那么就执行 map.put(IP,map.get(IP)+1)，将该 IP 出现的次数加 1。然后再遍历 HashMap，可以很容易分别统计出每个文件中访问百度次数最多的 IP 地址。IP 词频统计逻辑如图 3-8 所示。

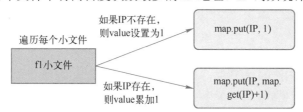

图 3-8　IP 词频统计逻辑

步骤 4：最后比较所有小文件中访问百度次数最多的 IP 地址，便可以统计出整个超大文件中某日访问百度次数最多的 IP 地址。统计结果汇总过程如图 3-9 所示。

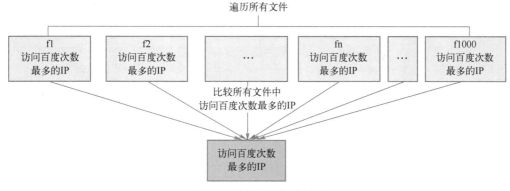

图 3-9　统计结果汇总过程

4. 方法总结

针对限定内存，求解海量数据的最大值问题，可以采取以下几个步骤。

1）分而治之，利用哈希取余，将大文件分割为小文件。

2）使用 HashMap 集合统计每个 IP 地址出现的次数。

3）求解 IP 地址出现次数的最大值，遍历 HashMap 集合即可。

3.2.3 如何从 2.5 亿个整数中找出不重复的整数

1. 题目描述

在包含 2.5 亿个整数的文件中找出不重复的整数。

备注：现有内存无法容纳 2.5 亿个整数。

2. 分析与解答

题目中已经说明现有内存无法容纳 2.5 亿个整数，所以我们无法一次性将所有数据加载到内存中进行处理。

3. 实现方式

（1）分治法

由于无法直接将 2.5 亿个整数一次性加载到内存中处理，所以我们需要采用分治法，将一个大文件分割成若干个小文件，从而能将每个小文件分别加载到内存中进行处理，然后使用 HashMap 分别统计出每个小文件中每个整数出现的次数，最后遍历 HashMap 输出 value 值为 1 的整数即可。

步骤 1：首先遍历这个大文件，对文件中遍历到的每个整数 digit 执行 n=hash(digit)%1000 操作，将结果为 n 的整数存放到第 fn 个文件中。整个大文件遍历结束之后，我们就可以将 2.5 亿个整数划分到 1000 个小文件中。那么相同的整数会存储到同一个文件中，分割后的每个小文件的大小为大文件的 1/1000。如果有的小文件仍然无法加载到内存中，则可以采用同样的方式继续进行分解，直到每个小文件都可以加载到内存中为止。文件分割过程如图 3-10 所示。

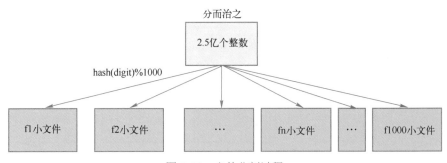

图 3-10　文件分割过程

步骤 2：然后在每个小文件中找出不重复的整数，最简单的方法是通过 HashMap 集合来实现，其中 key 为整数，value 为该整数出现的次数。

具体做法是：遍历每个小文件中的所有记录，对于遍历到的整数 digit，如果 digit 在 map 中不存在，那么就执行 map.put(digit,1)，将 digit 出现次数设置为 1；如果 digit 在 map 中存在，那么就执行 map.put(digit,map.get(digit)+1)，将 digit 出现的次数加 1。整数出现次数统计逻辑如图 3-11 所示。

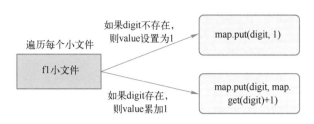

图 3-11　整数出现次数统计逻辑

步骤 3：最后针对每个小文件，遍历 HashMap 输出 value 为 1 的所有整数，就可以找出这 2.5 亿个整数中所有的不重复的整数。这里不需要再对每个小文件输出的整数进行筛重，因为每个整数经过 hash 函数处理后，相同的整数只会被划分到同一个小文件中，不同的文件中不会出现重复的整数。

（2）位图法

对于整数相关算法的求解，位图法是一种非常实用的算法。假设整数占用 4B，即 32bit，那么可以表示的整数的个数为 2^{32}。那么对于本题目来说，我们只需要查找不重复的数，而无须关心具体整数出现的次数，所以可以分别使用 2bit 来表示各个整数的状态：00 表示这个整数没有出现过；01 表示这个整数出现过一次；10 表示这个整数出现过多次。那么这 2^{32} 个整数，总共需要的内存为 $2^{32} \times 2b = 1GB$。因此，当可用内存超过 1GB 时，可以采用位图法求解该题目。

步骤 1：首先需要开辟一个用 2Bitmap 法标志的 2^{32} 个整数的桶数组，并初始化标记位为 00，其存储的数据量远远大于 2.5 亿个整数。开辟并初始化位图如图 3-12 所示。

图 3-12　开辟并初始化位图

步骤 2：然后遍历 2.5 亿个整数，并查看每个整数在位图中对应的位，如果位值为 00，则修改为 01；如果位值为 01，则修改为 10；如果位值为 10，则保持不变。整数遍历过程如图 3-13 所示。

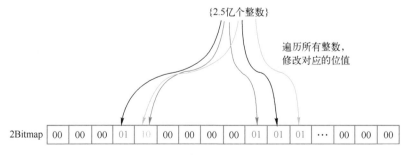

图 3-13　整数遍历过程

步骤 3：当所有数据遍历完成之后，可以再遍历一次位图，把对应位值为 01 的整数输出，即可统计出 2.5 亿个整数中所有不重复的整数。

4．方法总结

判断整数是否重复的问题，位图法是一种非常高效的方法，当然前提是内存要满足位图法所需要的存储空间。

3.2.4 判断一个数在 40 亿数据中是否存在

1．题目描述

给定 40 亿个不重复的没有排序过的整数，然后再给定一个整数，如何快速判断这个整数是否包含在这 40 亿个整数当中？

备注：现有内存不足以容纳这 40 亿个整数。

2．分析与解答

题目中已经说明现有内存无法容纳 40 亿个整数，所以我们无法一次性将所有数据加载到内存中进行处理，那么最容易想到的方法还是分治法。

3．实现方式

（1）分治法

根据实际内存大小情况，确定一个 hash 函数，比如 hash(digit)%1000，通过这个 hash 函数将 40 亿个整数划分到 1000 个小文件（f1，f2，f3，…，f1000），从而确保每个小文件都能加载到内存中进行处理。然后再对待查找的整数使用相同的 hash 函数求出 hash 值，假设计算出的这个 hash 值为 n，如果这个整数存在的话，那么它一定存在于 fn 文件中。接着将 fn 文件中所有的整数都加载到 HashSet 中，最后判断待查找的整数是否存在。由于详细步骤与前面分治法类似，这里就不再赘述了。

（2）位图法

假设整数占用 4B，即 32bit，那么可以表示的整数的个数为 2^{32}。那么对于本题目来说，我们只需要判断整数是否存在，而无须关心整数出现的次数，所以可以使用 1bit 来标记整数是否存在：0 表示这个整数不存在；1 表示这个整数存在。那么这 2^{32} 个整数，总共需要的内存为 $2^{32} \times 2b = 1GB$。因此，当可用内存超过 1GB 时，可以采用位图法求解该题目。

步骤 1：首先需要开辟一个用 1Bitmap 法标记的 2^{32} 个整数的桶数组，并初始化标记位为 0，其存储的数据量大于 40 亿个整数。开辟并初始化位图的操作如图 3-14 所示。

图 3-14　开辟并初始化位图

步骤 2：然后遍历 40 亿个整数，并在位图中将对应的位值设置为 1。整数遍历过程如图 3-15 所示。

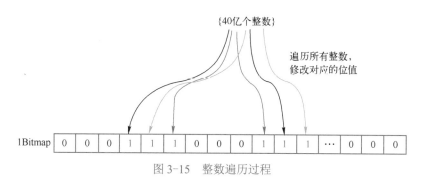

图 3-15　整数遍历过程

步骤 3：最后再读取要查询的整数，查看对应的位值是否为 1，如果位值为 1 则表示该整数存在；如果位值为 0 则表示该整数不存在。

4．方法总结

判断数字是否存在以及是否重复的问题，位图法是一种非常高效的方法。

3.2.5　如何找出 CSDN 网站最热门的搜索关键词

1．题目描述

CSDN 网站搜索引擎会通过日志文件，把用户每次搜索使用的关键词都记录下来，每个查询关键词限定长度为 1～255B。假设目前有 1000 万个搜索记录，要求统计出最热门的 10 个搜索关键词。

备注：现有内存不超过 1GB。

2．分析与解答

从题目中给出的信息可知，每个搜索关键词最长为 255B，1000 万个搜索记录需要占用约 10000000×255B≈2.55GB 内存，因此，我们无法将搜索记录全部读入内存中进行处理。

3．实现方式

（1）分治法

分治法是一个非常实用的方法。首先将整个搜索记录文件分割为多个小文件，保证单个小文件中的搜索记录可以全部加载到内存中进行处理，然后统计出每个小文件中出现次数最多的 10 个搜索关键词，最后设计一个小顶堆统计出所有文件中出现次数最多的 10 个搜索关键词。在本题目中，分治法虽然可行，但不是最好的方法，因为需要两次遍历文件，分割文件的 hash 函数被调用 1000 万次，所以性能不是很好，这里就不再赘述。

（2）HashMap 法

虽然题目中搜索关键词的总数比较多，但是一般关键词的重复度比较高，去重之后搜索关键词不超过 300 万个，因此可以考虑把所有搜索关键词及出现的次数保存到 HashMap 中，由于存储次数的整数一般占用 4B，所以 HashMap 所需要占用的空间为 300 万×(255+4)≈800MB，因此题目中限定的 1GB 内存完全够用。

步骤 1：首先遍历所有搜索关键词，如果关键词存在于 map 中，则 value 值累加 1；如果关键词不在 map 中，则 value 值设置为 1。关键词出现次数的统计逻辑如图 3-16 所示。

步骤 2：然后遍历 map 集合，构建一个包含 10 个元素的小顶堆，如果遍历到关键词出现的次数大于堆顶关键词出现的次数，则进行替换，并将堆调整为小顶堆。小顶堆构建过程如

图 3-17 所示。

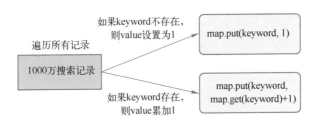

图 3-16 关键词出现次数的统计逻辑

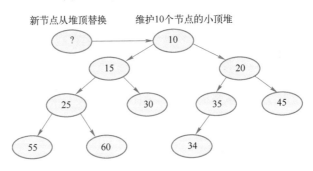

图 3-17 小顶堆构建过程

步骤 3：最后直接读取小顶堆中的 10 个关键词，即为 CSDN 网站最热门的 10 个搜索关键词。

（3）前缀树法

前缀树，又称为字典树、单词查找树，是一种哈希树的变种。典型应用是用于统计、排序和保存大量的字符串，所以经常被搜索引擎系统用于文本词频统计。

实现方式 2 使用了 HashMap 来统计关键词出现的次数，当这些关键词有大量相同的前缀时，可以考虑使用前缀树来统计搜索关键词出现的次数，树的节点可以保存关键词出现的次数。

步骤 1：首先遍历所有搜索关键词，针对每个关键词在前缀树中查找，如果能找到，则把节点中保存的关键词次数加 1，否则就为这个关键词构建新的节点，构建完成之后把叶子节点中关键词的出现次数设置为 1。当遍历完所有关键词之后，就可以知道每个关键词出现的次数了。前缀树的构建过程如图 3-18 所示。

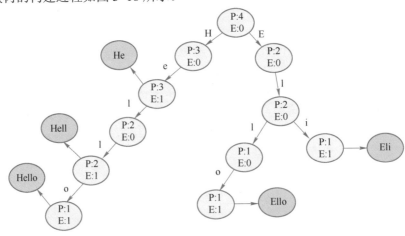

图 3-18 前缀树的构建过程

备注：每个节点中的 P 表示所有字符添加到树的过程中这个节点到达过几次，E 表示当前节点有多少个字符串是以它结尾。

步骤 2：然后遍历前缀树，就可以找出出现次数最多的关键词。

4．方法总结

前缀树经常被用来统计字符串的出现次数，它的另外一个用途是字符串查找，判断是否有重复的字符串等。

3.2.6　如何从大量数据中统计不同手机号的个数

1．题目描述

已知某个文件内包含海量的电话号码，每个号码为 8 位数字，要求统计有多少个不同的电话号码。

2．分析与解答

这类题目其实就是求解数据重复的问题，一般来说，对于这类问题首先会考虑使用位图法处理。就本题目而言，8 位电话号码的范围为 00000000～99999999，那么可以表示的电话号码个数为 10^8，即 1 亿个。如果用 1bit 表示一个号码，那么总共需要 1 亿 bit，大约占用 10MB 的内存。

3．实现方式：位图法

步骤 1：首先需要开辟一个用 1Bitmap 法标记的 1 亿个整数的桶数组，并初始化标记位为 0。开辟并初始化位图的过程如图 3-19 所示。

图 3-19　开辟并初始化位图

步骤 2：然后遍历所有电话号码，将电话号码对应的位值设置为 1。遍历完成之后，如果位图中对应的位值为 1，则表示这个电话号码在文件中存在；否则表示电话号码不存在。数据遍历过程如图 3-20 所示。

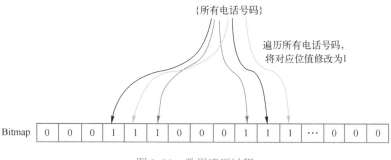

图 3-20　数据遍历过程

步骤 3：最后再遍历一遍位图，统计位值为 1 的数量，即为不同电话号码的个数。

4．方法总结

求解数据重复问题，在内存有限的情况下，一般选择使用位图法。

3.2.7　如何从大量数据中找出重复次数最多的一条数据

1．题目描述

给定内存 500KB，现在有一百万条查询数据，每条数据 20B，现在要求找出重复次数最多的那一条数据。

2．分析与解答

题目中每条数据大小为 20B，一共有一百万条查询记录，那么数据总大小约为 1000000×20B≈20MB，由于给定内存限制为 500KB，所以我们无法直接一次性将所有查询数据加载到内存。因此我们一般需要采用分治法，将一百万条查询数据使用 hash 函数分割为 100 个小文件，每个小文件大约占用内存 200KB，同时相同的字符串会存储在同一个文件中。然后使用 HashMap 分别统计出每个小文件中相同字符串的个数，并找出字符串出现次数最多的 100 条数据。最后遍历每个小文件中出现次数最多的 100 个字符串，只需要使用一个变量即可统计出重复次数最多的字符串。

3．实现方式：分治法

步骤 1：首先遍历一百万条查询数据，对每条查询记录的字符串 str，执行 n=hash(str)%100 操作，然后将结果为 n 的字符串存放到第 fn 个文件中。所有数据遍历结束之后，我们可以得到 100 个小文件，每个小文件的大小为 200KB 左右。如果部分小文件的大小仍然超过 500KB，则采用同样的方式继续进行分解，直到每个小文件的大小都小于 500KB 为止。文件分割过程如图 3-21 所示。

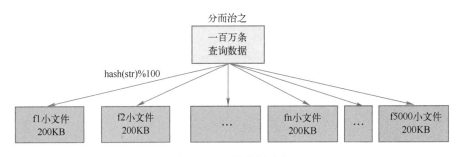

图 3-21　文件分割过程

步骤 2：统计每个小文件中出现次数最多的 100 个字符串，最简单的实现方式是使用 HashMap 来实现，其中 key 为字符串，value 为该字符串出现的次数。具体做法是：遍历文件中的所有字符串，对于遍历到的字符串 str，如果 str 在 map 中不存在，那么就执行 map.put(str,1) 操作，将字符串出现次数设置为 1；如果 str 在 map 中存在，那么就执行 map.put(str,map.get(str)+1) 操作，将字符串出现次数加 1。遍历完成之后，可以很容易找出出现次数最多的 100 个字符串。字符串出现次数统计逻辑如图 3-22 所示。

步骤 3：基于步骤 2 我们求解出了每个文件中出现次数最多的 100 个字符串，接下来只需要遍历步骤 2 的统计结果，使用一个变量就可以找出重复次数最多的字符串。

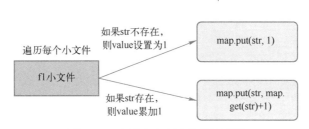

图 3-22   字符串出现次数统计逻辑

4．方法总结

在内存限定的情况下，求解海量数据的 TopN 或 Top1 问题，都可以使用分治法来解决。

3.2.8   如何对大量数据按照 query 的频度排序

1．题目描述

有 10 个文件，每个文件大小为 1GB，每个文件的每一行存放的都是用户的 query，每个文件的 query 都可能重复，现在要求按照 query 的频度排序。

2．分析与解答

针对本题目要考虑两种情况：

第 1 种情况：给定的内存足够大或者文件中的 query 重复度比较高，可以一次性把所有文件的 query 加载到内存中进行处理。

第 2 种情况：给定的内存不够或者文件中的 query 重复度不高，可用的内存无法存放所有文件中的 query，那么就需要使用分治法来解决。

3．实现方式

（1）HashMap 法

针对第 1 种情况，文件中的 query 重复度比较高，表明 query 的种类比较少，而且内存足够大，所以可以考虑把文件中所有的 query 都加载到内存中进行处理。

步骤 1：首先遍历所有文件中的 query，如果 query 存在于 map 中，则 value 值累加 1；如果 query 不在 map 中，则 value 值设置为 1。query 出现次数统计逻辑如图 3-23 所示。

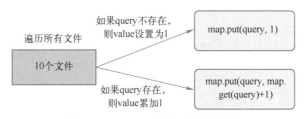

图 3-23   query 出现次数统计逻辑

步骤 2：基于步骤 1 统计完所有 query 出现的次数之后，接下来对 HashMap 按照 query 出现的次数进行排序即可完成题目要求。

（2）分治法

针对第 2 种情况，文件中 query 重复度不高，而且内存无法存储所有 query 数据，所以需要利用分治法来解决问题。

步骤 1：首先需要根据数据量和现有内存的大小，来确定问题划分的规模。目前就本题目来说，假设给定的内存为 500MB，可以遍历这 10 个文件中的 query，通过 hash 函数 hash(query)%100 将这些 query 划分到 100 个文件中，通过这样的划分，每个文件的大小约为 100MB，完全可以加载到 500MB 的内存中进行处理。如果划分后的部分文件大小仍然超过 500MB，则采用同样的方式继续进行分解，直到划分后的每个小文件的大小都小于 500MB 为止。文件分割过程如图 3-24 所示。

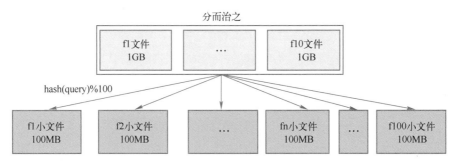

图 3-24　文件分割过程

步骤 2：然后统计每个 query 出现的次数，最简单的实现方式是使用 HashMap 来实现，其中 key 为 query，value 为该 query 出现的次数。

具体做法是：针对每个小文件，遍历文件中的 query，对于遍历到的 query，如果 query 在 map 中不存在，那么就执行 map.put(query,1)操作，将 query 出现次数设置为 1；如果 query 在 map 中存在，那么就执行 map.put(query,map.get(query)+1)操作，将 query 出现次数加 1。接着按照 query 出现的次数 value 值排序，并将排序好的 query 以及 value 值输出到另外一个单独的文件中。那么针对每个输出文件，都是按照 query 的出现次数进行排序的。query 出现次数统计逻辑如图 3-25 所示。

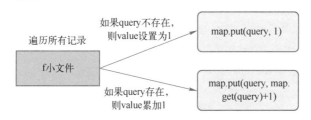

图 3-25　query 出现次数统计逻辑

步骤 3：最后使用归并排序，对所有输出文件按照 query 的出现次数进行排序，就可以得到按照 query 的频度进行排序的结果。

4. 方法总结

若内存足够，直接读入进行排序；若内存不够，先划分为小文件，小文件排好序后，整体使用归并排序。

3.2.9　如何从大量的 URL 中找出相同的 URL

1. 题目描述

给定 a、b 两个文件，各存放 50 亿个 URL，每个 URL 各占 64B，内存限制为 4GB，现要求找出 a、b 两个文件中共同的 URL。

2．分析与解答

由于内存大小限制为 4GB，而每个 URL 占 64B，那么 50 亿个 URL 占用的空间大小约为 50 亿×64B≈320GB，因此我们无法一次性将所有 URL 加载到内存中进行处理，所以我们首先想到的是利用分治法来解决问题。

3．实现方式：分治法

步骤 1：首先遍历 a 文件，对文件中遍历到的每个 URL 执行 n=hash(URL)%1000 操作，根据计算结果 n 将遍历到的 URL 映射存储到 a0，a1，a2，a3，…，a999 文件中，那么分割后的每个文件大小约为 300MB。a 文件分割过程如图 3-26 所示。

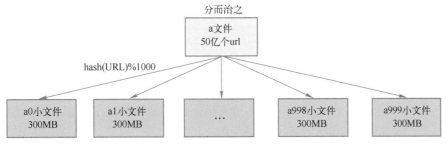

图 3-26　a 文件分割过程

步骤 2：然后使用同样的方法遍历 b 文件，将 b 文件中的 URL 映射存储到 b0，b1，b2，b3，…，b999 文件中。这样处理完成之后，与 ai 文件中 URL 相同的 URL 一定在 bi 文件中，它们的对应关系为：a0 对应 b0，a1 对应 b1，a2 对应 b2，…，a999 对应 b999，ai 和 bi 不对应的小文件不可能有相同的 URL，因为它们使用的 hash 函数是一样的。那么后续我们只需要统计出 a 和 b 对应的 1000 个小文件中相同的 URL 就可以了。b 文件分割过程如图 3-27 所示。

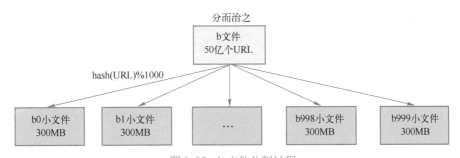

图 3-27　b 文件分割过程

步骤 3：最后遍历 ai 文件，将遍历到的 URL 存储到一个 HashSet 集合中，接着遍历 bi 文件中的 URL，如果这个 URL 在 HashSet 中存在，那么就说明这是 ai 和 bi 文件共同的 URL，可以把这个 URL 保存到一个单独的文件中。当遍历完从 a0～a999 的所有文件后，a 和 b 两个文件中所有共同的 URL 都找到了。

4．方法总结

分治策略：分而治之，进行哈希取余，对每个子文件进行 HashSet 统计。

3.2.10 如何从 5 亿个数中找出中位数

1. 题目描述

从 5 亿个数中找出中位数。对数据进行排序后，位置在最中间的数就是中位数。当样本数为奇数时，中位数为第（N+1）/2 个数。当样本数为偶数时，中位数为第 N/2 个数与第 N/2+1 个数的均值。

2. 分析与解答

本题目中，有 5 亿个数字，每个数字在内存中占 4B，那么 5 亿个数字需要的内存空间为 5 亿×4B≈2GB 内存。如果现有内存不足以加载所有数字，则可以采用分治法来解决问题。反之，我们可以采用双堆法。

3. 实现方式

（1）分治法

步骤 1：首先遍历这 5 亿个数字，针对读取到的数字 digit，可以将其转换为二进制，二进制最高位为符号位，0 表示正，1 表示负。如果它对应的二进制中最高位为 1，那么就把这个 digit 输出到 fmin 文件中；如果最高位为 0，那么 digit 就输出到 fmax 文件中。经过这一步的处理，5 亿个数字被分割为两个部分，并且 fmax 中的数字都大于 fmin 中的数字。文件分割过程如图 3-28 所示。

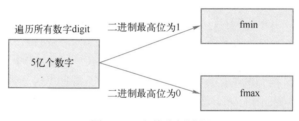

图 3-28 文件分割过程

步骤 2：经过步骤 1 的处理之后，假设 fmin 中有 1 亿个数字，那么中位数一定在 fmax 文件中，而且为 fmax 文件中的第 2 亿个数开始的连续两个数求得的平均值。

步骤 3：针对 fmax 文件可以使用同样的思路，使用二进制的次高位继续将 fmax 划分为两个文件。从而确定中位数是哪个文件的第几个数。类似的操作可以迭代进行，直到划分后的文件可以完全加载到内存中为止。

步骤 4：经过上述操作之后，找到中位数所在的文件，并将该文件中的数据加载到内存中使用 List 集合进行排序，很容易找出中位数。还有一种特殊情况需要注意，当数字总数为偶数时，如果分割后的两个文件 fmin 和 fmax 的数字总数相同，那么中位数为 fmin 文件中的最大值与 fmax 文件中的最小值的平均值。

（2）双堆法

当给定的内存可以完全加载 5 亿个数字时，我们可以选择双堆法来解决问题。这种方法的思路就是维护两个堆，一个大顶堆，一个小顶堆，而且这两个堆需要满足两个条件。

1）大顶堆中最大的数字小于或等于小顶堆中最小的数字。

2）保证这两个堆中的数字个数的差值不能超过 1。

当数字总数为偶数时，中位数就是两个堆顶元素的平均值。当数字总数为奇数时，比较两个堆的大小，中位数就是数字总数最多堆的堆顶元素。

步骤 1：首先遍历 5 亿个数字，维护两个堆 max-Heap（大顶堆）和 min-Heap（小顶堆），其堆大小分别为 maxSize 和 minSize，针对遍历到的每个数字 digit，如果 digit<max-Heap 的堆顶元素，那么只能将 digit 插入到 max-Heap 中，但为了满足第二个条件，还需要分情况进行处理。

1）当 maxSize≤minSize 时，表明 max-Heap 的元素个数小于或等于 min-Heap 的元素个数，此时将 digit 插入到 max-Heap 中，并重构 max-Heap 大顶堆。

2）当 maxSize>minSize 时，为了满足第二个条件，此时需要将 max-Heap 堆顶的元素移动到 min-Heap 中，然后将 digit 插入到 max-Heap 中，最后还需要重构 min-Heap 小顶堆和 max-Heap 大顶堆。

步骤 2：如果 max-Heap 堆顶元素≤digit≤min-Heap 堆顶的元素，此时情况较为复杂，我们需要分情况进行处理。

1）当 maxSize<minSize 时，就将 digit 插入到 max-Heap 中。

2）当 maxSize>minSize 时，就将 digit 插入到 min-Heap 中。

3）当 maxSize=minSize 时，将 digit 插入到任意堆中都可以。

步骤 3：如果 digit>min-Heap 堆顶元素，那么只能将 digit 插入到 min-Heap 中，但为了满足第二个条件，还需要分情况进行处理。

1）当 maxSize≥minSize 时，就将 digit 插入到 min-Heap。

2）当 maxSize<minSize 时，首先需要将 min-Heap 的堆顶元素移到 max-Heap 中，然后再将 digit 插入到 min-Heap 中，然后重构 min-Heap 小顶堆和 max-Heap 大顶堆。

步骤 4：经过上述步骤处理，遍历完 5 亿个数字之后，就构造好了一个大顶堆（max-Heap）和一个小顶堆（min-Heap）。如果数据总数为奇数，就比较两个堆的大小，中位数就是数据量多的堆的堆顶元素。如果数据总数为偶数，那么中位数就是两个堆顶元素的平均值。双堆构造示意图如图 3-29 所示。

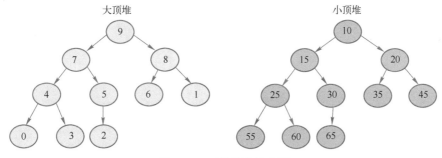

图 3-29　双堆构造示意图

4．方法总结

如果内存不足以容纳所有数据，则选择分治法。如果所有数据可以加载到内存中处理，则可以选择双堆法。

第 4 章　ZooKeeper 分布式协调服务

ZooKeeper 是大数据和分布式系统领域中不可或缺的高性能、高可靠的分布式协调服务框架。本章将为读者准备一系列涵盖 ZooKeeper 的面试笔试题目，深入探讨其关键特性与应用场景。

在本章中，我们将深入探讨 ZooKeeper 的特性，包括高可用性、一致性和实时性，并探究其在分布式协调服务中的重要作用。

我们还将研究 ZooKeeper 的核心模块——Znode 节点类型，集群节点个数的选择，以及 ZooKeeper 的 CAP 原则和 ZAB 协议的应用。同时，我们将深入了解 ZooKeeper 的监听器原理和选举机制，以及如何保证事务的顺序一致性。最后，我们将探讨 ZooKeeper 集群的动态添加机器和数据读写流程，以及集群的迁移过程。

通过本章的面试笔试题目，读者将全面了解 ZooKeeper 分布式协调服务框架的核心概念与应用。无论是准备面试笔试还是学习分布式系统技术，本章都将为读者提供宝贵的学习资源。

4.1　简述 ZooKeeper 包含哪些重要特性

1. 题目描述

简述 ZooKeeper 包含哪些重要特性。

2. 分析与解答

ZooKeeper 是一个开源的、分布式的协调服务框架，专为分布式应用而设计。它提供了一组强大的功能，使得分布式应用程序能够更加高效地进行数据发布与订阅、负载均衡、命名服务、分布式协调与通知、集群管理、Leader 选举、分布式锁、分布式队列等操作。

ZooKeeper 具备以下重要特性。

全局数据一致性：ZooKeeper 集群中的每台服务器都保存着完全相同的数据副本，无论客户端连接到 ZooKeeper 集群的哪个节点，其看到的目录树状态都是一致的。这种全局数据一致性是 ZooKeeper 最为重要的特性之一，为分布式应用提供了可靠的数据基础。

可靠性：ZooKeeper 保证了消息的可靠传递，即一旦某条消息被 ZooKeeper 的任意一台服务器接收，那么这条消息将会被所有服务器接收。这样的设计确保了消息的可靠性和一致性。

顺序性：ZooKeeper 支持全局有序和偏序两种顺序性。全局有序是指一台服务器上，如果消息 A 在消息 B 之前发布，那么所有服务器上的消息 A 都将在消息 B 之前被发布。偏序是指如果一个消息 B 在消息 A 后被同一个发送者发布，那么消息 A 必将排在消息 B 的前面。这种顺序性保证了 ZooKeeper 全局数据的有序状态，有助于处理分布式系统中的顺序问题。

原子性：ZooKeeper 保证客户端对数据进行更新的操作要么成功，要么失败，不存在中间状态。这种原子性确保了分布式系统对数据更新的正确性和可靠性。

实时性：ZooKeeper 确保客户端能够在一定的时间间隔内获取服务器的更新信息或者服务器失效的信息。这种实时性保证了分布式应用能够及时地获取最新的状态信息。

总体而言，ZooKeeper 的设计目标是提供一个高度可靠、具有全局数据一致性和顺序性的分布式协调服务，为分布式应用程序解决了许多复杂的问题，使得开发人员能够更加专注于应用逻辑的实现，而不必过多考虑分布式环境下的数据一致性和协调管理等挑战。

4.2　简述 ZooKeeper 包含哪些应用场景

1. 题目描述

简述 ZooKeeper 包含哪些常见的应用场景。

2. 分析与解答

ZooKeeper 作为一个强大的分布式协调服务框架，应用场景非常丰富。以下是几种常见的 ZooKeeper 应用场景。

（1）数据发布与订阅

数据发布与订阅系统，就是将数据发布到 ZooKeeper 的一个或一系列节点上，供订阅者进行数据订阅，从而达到动态获取数据的目的。

发布与订阅系统一般有两种设计模式：一种是推（Push），另一种是拉（Pull）。在 ZooKeeper 中采用的是推拉结合的方式：客户端向服务端注册节点，一旦该节点数据发生变化，服务端就会向相应的客户端发送 Watcher 事件通知，客户端收到消息后，会主动到服务端获取最新的数据。

（2）负载均衡

在分布式系统中，负载均衡是一种普遍的技术。ZooKeeper 作为一个分布式集群，可以负责数据的存储以及一系列分布式协调。对于所有的客户端请求，ZooKeeper 会通过一些调度策略去协调调度哪一台服务器来处理。

（3）命名服务

在分布式系统中，通过使用命名服务，客户端应用能够根据指定名字来获取资源或者服务的地址等信息。被命名的实体可以是集群中的机器、提供的服务地址、远程对象等，统称它们为名字（Name）。其中较为常见的应用是分布式服务框架中的服务地址列表，通过调用 ZooKeeper 提供的 API，能够很容易创建一个全局唯一的 Path，这个 Path 就可以作为一个名称来提供服务。

（4）分布式通知/协调

ZooKeeper 中特有的 Watcher 注册与异步通知机制，能够很好地实现分布式环境下不同系统之间的通知与协调，实现对数据变更的实时处理。使用方法是不同系统都对 ZooKeeper 上同一个 Znode 进行注册，并监听 Znode 的变化（包括 Znode 本身内容及其子节点）。如果其中一个系统更新了 Znode，那么另一个系统能够收到通知并做出相应处理。

分布式通知/协调服务是在分布式系统中将不同的分布式组件结合起来。通常需要一个协调者来控制整个系统的运行流程，这个协调者可以将分布式协调的职责从应用中分离出来，从而极大地减少系统之间的耦合性，而且能够显著提高系统的可扩展性。

（5）配置管理

配置管理服务在分布式应用环境中很常见，比如同一个应用系统需要运行在多台服务器中，而且应用系统的配置项是相同的。如果需要更新应用系统的配置项，通常的做法是到每台服务器中逐个修改，这样操作非常麻烦而且容易出错。

因此，可以将这些公共的配置信息交给 ZooKeeper 来管理，将配置信息保存在 ZooKeeper 的某个 Znode 节点中。然后每台服务器监听 Znode 内容变化，一旦修改了 Znode 中的配置信息，每台服务器都会收到 ZooKeeper 的通知，并分别从 ZooKeeper 的 Znode 中获取最新配置信息并加载到应用系统中。

（6）集群节点监控

集群节点监控适用于对集群中机器状态、机器在线率有较高要求的场景，能够快速对集群中机器变化做出响应。这样的场景中往往需要有一个监控系统，实时检测集群机器是否存活。

利用 ZooKeeper 实时监控机器上下线，主要分为两步。

1）监控系统首先在 ZooKeeper 中的 Znode 节点上注册监视器，监听 Znode 子节点的变化情况。

2）当每台机器上线时会向以 IP 地址为名称的 Znode 下创建临时会话，此时 Znode 子节点数发生变化（增多），从而触发监视器通知监控系统。当机器宕机或者失联时，该机器对应的临时会话消失，此时 Znode 子节点数发生变化（减少），从而触发监视器通知监控系统。

（7）分布式锁

分布式锁是控制分布式系统之间同步访问共享资源的一种方式。如果不同的系统或是同一个系统的不同主机之间共享一个或一组资源，那么访问这些资源的时候，往往需要通过一些互斥手段来防止彼此之间的干扰以保证一致性，在这种情况下，需要使用分布式锁。分布式锁主要得益于 ZooKeeper 保证了数据的强一致性。

ZooKeeper 锁服务可以分为两类，一类是独占锁服务，另一类是时序锁服务。

1）独占锁服务就是所有试图获取这个锁的应用服务，最终只有一个可以成功获得这把锁。通常的做法是把 ZooKeeper 上的一个 Znode 看作一把锁，所有应用服务都去创建这个 Znode 节点，最终成功的那个应用服务就拥有了这把锁。

2）时序锁服务就是所有试图获取这个锁的应用服务，最终都会被安排执行，只不过它有一个全局时序。与独占锁服务不同的是，应用服务需要在 Znode 下面创建临时有序子节点，Znode 节点维持一个 sequence 序列，保证创建 Znode 子节点的时序性，从而形成了每个应用服务的全局时序。

（8）分布式队列

ZooKeeper 可以处理两种类型的队列：同步队列和先进先出队列。

1）同步队列：当一个队列的成员都聚齐时，这个队列才可用，否则要一直等待所有成员到达。

2）先进先出队列：队列按照先进先出的方式进行入队和出队操作，如可以实现生产者和消费者模型。

综上所述，ZooKeeper 的广泛应用场景涵盖了数据管理、分布式通知/协调、负载均衡、

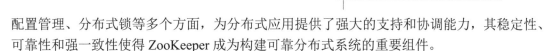

配置管理、分布式锁等多个方面，为分布式应用提供了强大的支持和协调能力，其稳定性、可靠性和强一致性使得 ZooKeeper 成为构建可靠分布式系统的重要组件。

4.3　简述 ZooKeeper 包含哪几种 Znode 节点类型

1. 题目描述

简述 ZooKeeper 包含哪几种 Znode 节点类型。

2. 分析与解答

ZooKeeper 是一个分布式协调服务，它在服务端包含多种 Znode 节点类型，用于实现不同的数据存储和协调应用场景。

在 ZooKeeper 的不同版本中，支持的 Znode 节点类型会有所变化。在 ZooKeeper 3.5 版本之前，主要包含以下 4 种 Znode 节点类型。

1）持久节点（Persistent Node）：持久节点是一种在 ZooKeeper 上创建的永久性节点，不依赖于客户端会话。即使客户端会话结束，持久节点仍然存在。只有当客户端显式执行删除操作时，持久节点才会被删除。

2）临时节点（Ephemeral Node）：临时节点是在客户端会话期间存在的节点。当创建临时节点的客户端会话结束时，ZooKeeper 会自动删除该节点。临时节点非常适合于实现临时性的数据存储，如临时状态标记或临时任务节点等。

3）持久顺序节点（Persistent Sequential Node）：持久顺序节点是持久节点的一种变种，ZooKeeper 会自动为节点路径添加一个单调递增的数字后缀，保证节点路径的唯一性。持久顺序节点常用于实现分布式队列、公平锁等应用场景。

4）临时顺序节点（Ephemeral Sequential Node）：临时顺序节点是临时节点的一种变种，同样会为节点路径添加一个单调递增的数字后缀。临时顺序节点通常用于需要按照节点创建顺序进行处理的场景。

在 ZooKeeper 3.6.2 版本之后，又增加了 3 种 Znode 节点类型，使得 ZooKeeper 服务端支持了总共 7 种节点类型。

1）容器节点（Container Node）：容器节点的表现形式和持久节点相同，但是在 ZooKeeper 服务端启动后，会有一个单独的线程扫描所有的容器节点，当发现容器节点的子节点数量为 0 时，会自动删除该节点。容器节点主要应用在 Leader 选举、锁等应用场景中。

2）持久 TTL 节点（Persistent TTL Node）：持久 TTL 节点是持久节点的另一种变种，它引入了 TTL（Time to Live）的概念，即存活时间。当该节点下没有子节点时，超过了 TTL 指定的时间后，该节点会被自动删除。

3）持久顺序 TTL 节点（Persistent Sequential TTL Node）：持久顺序 TTL 节点是持久顺序节点的 TTL 版本，同样支持节点路径的唯一性和节点自动删除功能。

综上所述，ZooKeeper 分布式协调服务支持 7 种 Znode 节点类型，每种节点类型都有特定的用途和适用场景，可以根据业务需求灵活选择。这些节点类型的灵活组合与使用，为构建分布式应用提供了强大的支持。

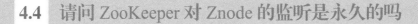

4.4 请问 ZooKeeper 对 Znode 的监听是永久的吗

1.题目描述

请问 ZooKeeper 对 Znode 节点的监听是永久的吗？

2.分析与解答

ZooKeeper 对 Znode 节点的监听不是永久有效的。一个监听事件是一次性的触发器，如果一个 Znode 节点设置了监听器，那么当 Znode 节点数据发生改变时，ZooKeeper 服务器将这个消息通知给设置了监听器的客户端。

ZooKeeper 的监听是一种重要的特性，允许客户端在 Znode 节点发生变化时得到通知，从而实现数据的实时同步和事件的处理。然而，监听是临时性的，一旦监听器接收到通知，它会被触发一次，然后自动失效。这意味着客户端在收到节点数据变更的通知后，如果想要继续监听节点的变化，就需要重新设置监听器。

这种设计有两个主要原因。

1）减轻集群网络压力。如果监听是永久性的，即每次节点数据变动都会通知所有设置了监听器的客户端，这将给集群的网络造成巨大的压力，尤其在节点数据频繁变动的情况下。通过临时性的监听机制，客户端只在需要的时候设置监听器，从而可以灵活控制通知的频率，有效降低了网络负载。

2）避免资源泄露。ZooKeeper 集群可能同时服务于大量的客户端，如果监听是永久性的，客户端可能会忘记取消监听，导致不再需要监听的客户端仍然占用资源，从而造成资源泄露。通过临时性的监听机制，客户端不再需要监听时，监听器会自动失效，释放相关的资源，避免了资源泄露的问题。

因此，ZooKeeper 监听机制的临时性是为了保证集群的高效运行和资源的合理利用。客户端在使用 ZooKeeper 监听功能时，需要根据业务需要灵活设置和管理监听器，确保实时获取数据变更通知的同时，避免不必要的资源浪费。

4.5 请问 ZooKeeper 集群包含多少节点合适

1.题目描述

在生产环境中，ZooKeeper 集群节点数为多少合适？为什么 ZooKeeper 集群节点个数选择奇数而不是偶数？

2.分析与解答

（1）ZooKeeper 集群节点个数选择

在生产环境中，ZooKeeper 集群节点个数需要谨慎选择。一般情况下，ZooKeeper 集群由 2n+1 个节点组成，其中 n 为一个正整数。这种奇数个节点的设计考虑了集群的高可用性。只要超过一半以上的节点能够正常工作，整个 ZooKeeper 集群就能对外提供服务。过多的节点可能导致性能下降，因为写操作需要超过一半的节点写成功才算成功，节点数越多，等待写成功的时间就越长，从而影响性能。

根据经验，可以考虑以下节点数选择。

1）当大数据集群在 100 个节点以下时，选择 3 个节点的 ZooKeeper 集群。

2）当大数据集群在 100～1000 个节点时，选择 5 个节点的 ZooKeeper 集群。

3）当大数据集群在 1000 个节点以上时，选择 7 个节点的 ZooKeeper 集群。

（2）ZooKeeper 集群节点个数选择奇数的原因

选择奇数个节点组建 ZooKeeper 集群是因为 ZooKeeper 的投票机制。在 ZooKeeper 集群中，节点需要进行 Leader 选举，选举过程涉及投票。奇数个节点有一个很重要的优势：在出现网络分区或节点失效的情况下，奇数个节点能够确保有过半数的节点仍然可用，从而保持集群的正常运行。例如，一个由 3 个节点组成的集群，允许一个节点宕机；一个由 5 个节点组成的集群，允许两个节点宕机。这样的设计保证了 ZooKeeper 集群的高可用性。

相比之下，如果选择偶数个节点，如 4 个节点，那么在出现网络分区或节点失效的情况下，只允许最多一个节点宕机。如果两个节点同时宕机，集群将无法继续提供服务，导致集群不可用。

综上所述，ZooKeeper 集群节点个数选择奇数能够提供更好的高可用性，确保在节点宕机或网络分区情况下，集群仍然能够正常运行。

4.6　简述 ZooKeeper 集群节点包含哪些角色

1．题目描述

简述 ZooKeeper 集群节点包含哪些角色。

2．分析与解答

在 ZooKeeper 集群中，节点可以扮演 3 种不同的角色，分别是 Leader、Follower 和 Observer。

（1）Leader 角色

Leader 是 ZooKeeper 集群中的领导者角色，担负着核心的管理职责。主要包含以下工作职责。

1）处理客户端的写请求和读请求，负责对 ZooKeeper 数据树的更新和查询。

2）发布集群事务，确保数据的一致性。

3）协调和管理集群内部的各个服务，保持集群的稳定运行。

（2）Follower 角色

Follower 是 ZooKeeper 集群中的跟随者角色，对 Leader 进行支持和辅助。主要包含以下工作职责。

1）处理客户端的非事务性读请求，如节点数据的查询。

2）将客户端的事务性写请求转发给 Leader 服务器，因为只有 Leader 才有权利处理写请求。

3）参与集群的 Leader 选举过程，进行投票来选举新的 Leader。

（3）Observer 角色

Observer 是 ZooKeeper 集群中的观察者角色，主要用于提高集群的读取性能和扩展性。主要包含以下工作职责。

1）提升非事务性读请求的性能，直接响应这些读请求，而不需要转发给 Leader。

2）将客户端的事务性写请求转发给 Leader 服务器，因为只有 Leader 才能处理写请求。

3）不参与投票选举，也不参与集群事务半数投票，从而减轻集群的投票压力。

4）动态扩展 ZooKeeper 集群，而不会影响集群的性能和稳定性。

需要注意的是，当 ZooKeeper 集群中 Follower 节点数量较多时，集群的投票过程可能成为性能瓶颈。Observer 角色的引入旨在解决投票过程对集群性能的影响，使得集群能够更好地应对高并发读取请求和动态扩展需求。通过合理配置节点角色，可以优化 ZooKeeper 集群的性能，如可用性和扩展性，确保系统的稳定运行。

4.7　简述 ZooKeeper 集群节点有哪几种工作状态

1. 题目描述

简述 ZooKeeper 集群节点有哪几种工作状态。

2. 分析与解答

在 ZooKeeper 集群中，每个服务器（节点）可以处于 4 种不同的工作状态，分别是 LOOKING、FOLLOWING、LEADING 和 OBSERVING。

（1）LOOKING（寻找 Leader 状态）

当 ZooKeeper 服务器启动或当前 Leader 节点失效时，处于 LOOKING 状态。在这种状态下，服务器认为当前集群没有 Leader，因此需要进入 Leader 选举状态，参与 Leader 选举过程，以决定新的 Leader 节点。在选举成功之前，服务器将一直保持 LOOKING 状态。

（2）FOLLOWING（跟随者状态）

在正常情况下，当 Leader 节点选举成功后，其他非 Leader 节点将进入 FOLLOWING 状态。跟随者不参与集群的 Leader 选举，而是持续监听 Leader 节点的消息和状态变化，并根据 Leader 的指令执行操作。跟随者主要用于处理客户端请求，但不具备对集群的写操作权限。

（3）LEADING（领导者状态）

经过 Leader 选举成功的节点将成为 Leader。Leader 节点负责处理客户端的写请求（如创建、修改、删除节点等），并将这些写请求同步到其他跟随者节点。Leader 节点是集群的核心，它会不断地发送心跳消息来维持集群的稳定性。

（4）OBSERVING（观察者状态）

观察者是一种特殊的状态，不参与集群的 Leader 选举，也不处理客户端的写请求。观察者主要用于被动地接收 Leader 节点的状态信息，以便在不影响集群性能的前提下，提供更高的读取性能。观察者不参与投票、不保存快照，只是被动复制 Leader 的数据。

总之，了解 ZooKeeper 服务器的 4 种工作状态以及它们的作用对于理解 ZooKeeper 集群的运行机制以及故障恢复过程非常重要。在一个 ZooKeeper 集群中，合理配置节点的状态是保障集群高可用性和性能的关键之一。

4.8　请问 ZooKeeper 节点宕机后内部如何处理

1. 题目描述

请问 ZooKeeper 节点宕机之后内部如何处理？

2．分析与解答

ZooKeeper 集群是一个高可用的分布式协调服务，在设计上至少需要 3 台服务器组成一个集群。这样设计的目的是保证在节点宕机的情况下，集群仍然能够对外提供服务。

首先，让我们回顾 ZooKeeper 集群节点的最低配置：3 个节点。在这个配置下，只要超过半数的节点（即两个节点）正常工作，ZooKeeper 集群就能够继续提供服务。

（1）宕机情况一：两个节点宕机

当 ZooKeeper 集群中有两个节点宕机时，剩下的节点数可能只剩下一个。在这种情况下，ZooKeeper 无法继续对外提供服务，因为无法满足超过半数节点的正常工作要求。因此，如果一个 3 节点的 ZooKeeper 集群有两个节点宕机，集群将无法正常工作。

（2）宕机情况二：一个节点宕机

当 ZooKeeper 集群中有一个节点宕机时，剩下的节点数仍然有两个，超过了半数节点的要求。在这种情况下，ZooKeeper 集群仍然可以对外提供服务。具体处理方式取决于宕机节点的角色。

1）Follower 节点宕机：Follower 节点主要用于处理客户端的读请求，其宕机并不会影响集群的正常运行。ZooKeeper 集群无须进行 Leader 选举，数据也不会丢失，仍然可以继续对外提供服务。

2）Leader 节点宕机：Leader 节点是 ZooKeeper 集群的核心，负责处理客户端的写请求和协调集群内部服务。当 Leader 节点宕机时，ZooKeeper 集群会自动触发 Leader 选举过程。在 Leader 选举完成后，新的 Leader 节点会被选举出来，集群进行数据同步，保持数据的一致性，然后仍然可以对外提供服务。

综上所述，ZooKeeper 集群节点宕机后的处理取决于宕机的节点数量以及宕机节点的角色。在任何情况下，只要集群中超过半数节点正常工作，ZooKeeper 集群就能继续对外提供高可用的服务。

4.9　请问 ZooKeeper 集群是否支持动态添加机器

1．题目描述

请问 ZooKeeper 集群是否支持动态添加机器？

2．分析与解答

从 ZooKeeper 的 3.5 版本开始，ZooKeeper 集群支持动态添加机器，也就是支持节点的动态扩缩容。在此之前，ZooKeeper 的节点扩缩容需要通过一些比较烦琐的方式才能实现。

在 3.5 版本及以后的 ZooKeeper 版本中，动态添加机器变得更加简单和灵活。通过动态扩容，可以方便地增加新的机器节点来增强集群的性能和可用性。而且，这个过程无须停止整个集群，不会影响到集群对外提供服务。

具体的动态扩容方式如下。

1）增加新节点：准备一台新的机器，并在该机器上安装好 ZooKeeper 的相关软件和配置文件。

2）修改配置：在新节点的配置文件中，指定集群中已知的其他节点（可以是任意一个节点）的地址，以便新节点可以加入到集群中。

3）启动新节点：启动新节点的 ZooKeeper 服务。

4）数据同步：新节点会自动和已知的节点进行数据同步，以确保其与集群中其他节点的数据一致性。

5）完成扩容：当新节点和其他节点同步完成后，新节点就成功加入到 ZooKeeper 集群中，集群拥有了更多的节点资源，提升了性能和可用性。

动态扩缩容使得 ZooKeeper 集群管理更加灵活和便捷，可以根据实际需求在运行时动态地增加或减少节点，从而满足不同规模和负载的应用需求。这使得 ZooKeeper 更加适合大规模和高性能的分布式应用场景。

4.10 简述 ZooKeeper 集群的数据读写流程

1．题目描述

简述 ZooKeeper 集群的数据读写流程。

2．分析与解答

ZooKeeper 是一个高可用的分布式协调服务，数据读写流程涉及 Leader 和 Follower 两个角色之间的协作。

（1）写数据流程

当客户端需要向 ZooKeeper 集群写入数据时，写数据流程如下。

1）客户端发送写请求给 ZooKeeper 集群中的任意一个节点，不必关心是 Leader 节点还是 Follower 节点。

2）接收请求的节点将写请求转发给 Leader 节点，Leader 节点负责处理所有客户端的事务请求。

3）Leader 节点接收到写请求后，将该请求以 Proposal（提议）的形式广播给所有 Follower 节点。

4）Follower 节点接收到 Proposal 后，会对该事务请求进行 ACK 反馈给 Leader 节点，表示已成功接收该请求。

5）当集群中超过半数的 Follower 节点反馈 ACK（写成功）时，Leader 节点再次向所有 Follower 节点发送 Commit 消息（提交事务），将该事务进行提交。

最终，Leader 节点将处理结果返回给客户端，客户端收到成功响应后，即可确认写入操作成功。

（2）读数据流程

ZooKeeper 的读数据流程相对简单，因为所有 ZooKeeper 服务器中的数据都是一样的，所以客户端可以向任意一个节点发起读请求。

1）客户端发送读请求给 ZooKeeper 集群中的任意一个节点，无须关心是 Leader 节点还是 Follower 节点。

2）接收请求的节点直接返回对应数据给客户端，无须再广播给其他节点。

值得注意的是，由于 ZooKeeper 的数据在集群中保持一致性，所以无论读请求发给哪个节点，返回的数据都是相同的。因此，客户端可以从任意节点读取数据，提高了读取的灵活性和性能。

综上所述，ZooKeeper 集群的数据读写流程涉及客户端、Leader 节点和 Follower 节点之间的协作，保证了数据的一致性和高可用性。客户端通过向任意节点发送读写请求，与 ZooKeeper 集群进行交互，实现了分布式数据存储和协调。

4.11　简述 ZooKeeper 的监听器原理

1. 题目描述

简述 ZooKeeper 的监听器原理。

2. 分析与解答

ZooKeeper 的监听器（Watcher）是其重要的特性之一，它允许客户端在 Znode 节点数据发生变化时得到通知，从而实现数据的实时同步和事件的处理。理解 ZooKeeper 的监听器原理对于使用 ZooKeeper 构建分布式系统非常重要。

ZooKeeper 的监听器原理如图 4-1 所示。

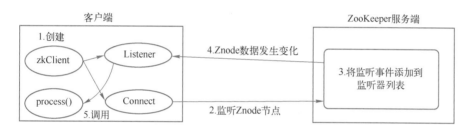

图 4-1　ZooKeeper 的监听器原理

ZooKeeper 的监听器原理可以简述如下。

1）客户端创建 zkClient：当客户端需要与 ZooKeeper 集群交互时，首先会创建一个 zkClient，该 zkClient 负责与 ZooKeeper 集群建立连接，并维持与集群的通信。

2）注册监听事件：在 zkClient 创建完成后，客户端可以通过调用相应的 API，在 Znode 节点上注册监听事件（Watcher）。

3）监听器列表：ZooKeeper 服务端维护一个监听器列表，用于保存所有注册了监听事件的客户端和其对应的 Znode 节点。当 Znode 节点的数据发生变化时，ZooKeeper 会遍历该节点的监听器列表，并将相应的通知发送给对应的客户端。

4）通知客户端：一旦 Znode 节点数据发生变化，ZooKeeper 服务端将通知客户端。这个通知是一次性的触发器，也就是说，一旦客户端收到通知，监听器会被触发一次，然后就自动失效。

5）逻辑处理：在监听器被触发后，客户端的 Listener 线程会调用 process()方法，进行相应的逻辑处理。通过这种机制，客户端可以及时获取 Znode 节点的变化，并根据实际业务需求做出相应的响应。

需要注意的是，ZooKeeper 的监听器是一种一次性的触发器，因此客户端在处理完监听事件后，如果还需要继续监听节点的变化，就要重新注册监听器。同时，监听器处理的逻辑应该尽量简洁，避免阻塞或耗时操作，以保证 ZooKeeper 的高性能和高可用性。

4.12 谈谈你对 CAP 原则的理解

1．题目描述

谈谈你对 CAP 原则的理解。ZooKeeper 符合哪种 CAP 原则？

2．分析与解答

（1）什么是 CAP 原则

CAP 原则，又称 CAP 定理，是分布式系统设计中的重要原则。CAP 指的是 Consistency（一致性）、Availability（可用性）、Partition Tolerance（分区容错性）。CAP 原则指出，在分布式系统中，这三个特性最多只能同时满足两个，无法同时满足全部三个特性。CAP 关系如图 4-2 所示。

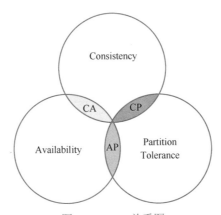

图 4-2　CAP 关系图

（2）C、A、P 的含义

1）Consistency：在分布式系统中，所有节点访问同一份数据的时候，数据保持一致，即数据更新操作成功后，所有节点的数据都应该是最新的，实现强一致性。

2）Availability：分布式系统中的节点出现故障或网络分区时，系统仍然能够对外提供服务，即保证用户的请求能够得到响应，实现高可用性。

3）Partition Tolerance：分布式系统中的节点通过网络通信进行数据传输，在网络分区或消息丢失的情况下，系统仍然能够继续运行，实现分区容错性。

（3）如何理解 CAP

CAP 原则告诉我们，在分布式系统中，由于网络通信的不确定性和节点故障的可能性，无法同时满足一致性、可用性和分区容错性这三个特性。因此，在设计分布式系统时，需要根据实际需求和应用场景来权衡、选择满足的特性。

（4）ZooKeeper 符合哪种 CAP 原则

ZooKeeper 是一个分布式协调服务，其核心目标是保证数据的一致性和高可用性。在 CAP 原则中，ZooKeeper 选择了满足一致性（C）和分区容错性（P）这两个特性，牺牲了可用性（A）。

具体来说，ZooKeeper 在出现网络分区或节点故障时仍然能够保持数据的一致性，即所有节点读取到的数据都是最新的，保证了强一致性。同时，ZooKeeper 具备分区容错性，即在网络分区或消息丢失的情况下，仍然能够继续运行，不会因为部分节点失效而导致整个系统不可用。

然而，为了实现一致性和分区容错性，ZooKeeper 在进行写操作时需要等待所有节点的数据同步，这可能导致写操作的响应时间较长，从而牺牲了可用性。因此，ZooKeeper 在 CAP 原则中符合 CP 原则。

4.13　谈谈 ZAB 协议在 ZooKeeper 中的作用

1. 题目描述

谈谈 ZAB 协议在 ZooKeeper 中的作用。

2. 分析与解答

（1）ZAB 定义

ZAB 协议的全称为 ZooKeeper Atomic Broadcast（ZooKeeper 原子广播）协议，通过 ZAB 协议来保证分布式事务的最终一致性。

ZAB 是专门为 ZooKeeper 设计的支持崩溃恢复的原子广播协议，在 ZooKeeper 中主要依赖 ZAB 协议实现数据一致性。基于 ZAB 协议，ZooKeeper 实现了一种主备（Leader 与 Follower）的系统架构来保证集群中各个副本之间的数据一致性。

（2）ZAB 协议的核心

在 ZooKeeper 集群中只有一个 Leader 服务器，并且只有 Leader 服务器可以处理外部客户端的事务请求，并将其转换成一个事务 Proposal（写操作），然后 Leader 服务器将事务 Proposal 操作的数据同步到所有 Follower 服务器（数据广播/数据复制）。

ZooKeeper 采用 ZAB 协议的核心就是只要有一台服务器提交了事务 Proposal，就要确保所有服务器最终都能正确提交事务 Proposal，这也是 ZooKeeper 在 CAP 原则中实现最终一致性的体现。

（3）ZAB 协议的模式

ZAB 协议有两种模式：一种是消息广播模式，另一种是崩溃恢复模式。

1）消息广播模式。

在 ZooKeeper 集群中，数据副本的传递策略就是采用消息广播模式，ZooKeeper 中的数据副本同步方式与 2PC（两阶段提交）方式相似但却不同，2PC 要求协调者必须等待参与者全部反馈 ACK 确认消息后，再发送 Commit 消息。它要求参与者要么全成功要么全失败，2PC 方式会产生严重的阻塞问题。

而在 ZooKeeper 中，Leader 服务器等待 Follower 服务器的 ACK 反馈消息是指：只要半数以上的 Follower 服务器成功反馈消息给 Leader 服务器即可，Leader 服务器不需要收到全部 Follower 服务器的反馈消息。

ZooKeeper 中广播消息的步骤如下。

a）客户端发起一个写操作请求。

b）Leader 服务器处理客户端请求后将请求转换成 Proposal，同时为每个 Proposal 分配一个全局唯一 ID，即 ZXID。

c）Leader 服务器与每个 Follower 服务器之间都有一个队列，Leader 服务器将消息发送到该队列。

d）Follower 服务器从队列中取出消息并处理完（写入本地事务日志中）后，向 Leader 服务器发送 ACK 确认消息。

e）Leader 服务器收到半数以上的 Follower 服务器的 ACK 后，即认为可以发送 Commit 消息提交事务。

f）Leader 服务器向所有的 Follower 服务器发送 Commit 消息。

2）崩溃恢复模式。

在 ZooKeeper 集群中，为保证所有进程能够顺序执行，只能由 Leader 服务器接收写请求，即使 Follower 服务器先接收到客户端的请求，也会转发给 Leader 服务器进行处理。如果 Leader 服务器发生崩溃，则 ZAB 协议要求 ZooKeeper 集群进行 Leader 选举和数据同步。

ZAB 协议崩溃恢复模式要求满足如下两个要求。

1）确保已经被 Leader 服务器提交的 Proposal，必须最终被所有的 Follower 服务器接收。

2）确保丢弃已经被 Leader 服务器发出的但是没有被提交的 Proposal。

根据这两个要求，新选举出来的 Leader 服务器不能包含未提交的 Proposal，同时拥有最高的 ZXID。这样做的好处就是可以避免 Leader 服务器检查 Proposal 的提交和丢弃工作。

Leader 服务器发生崩溃时分为如下两种场景。

1）Leader 在已经提交 Proposal 但未 Commit 之前崩溃，则经过崩溃恢复之后，新选举的 Leader 服务器一定不能是刚才的 Leader 服务器，因为这个 Leader 服务器存在未 Commit 的 Proposal。

2）Leader 服务器在提交 Commit 消息之后崩溃，即 Commit 消息已经发送到队列中。进入崩溃恢复模式之后，在参与选举的 Follower 服务器中，所有 Follower 节点已经消费了队列中所有的 Commit 消息，即此类 Follower 节点将会被选举为最新的 Leader。Leader 选举出来之后，剩下动作就是数据同步过程。

当 Leader 宕机后，ZAB 就进入了崩溃恢复模式，这个过程包含 Leader 选举和数据同步。Leader 选举过程不再赘述，这里重点介绍数据（状态）同步过程。新 Leader 选举成功之后，Leader 会将自身提交 Proposal 的最大事物 ZXID 发送给其他的 Follower 节点。Follower 节点会根据 Leader 的消息进行回退或者数据同步操作，从而保证集群中所有节点的数据副本一致。

4.14 谈谈你对 ZooKeeper 选举机制的理解

1. 题目描述

谈谈你对 ZooKeeper 选举机制的理解。

2. 分析与解答

Leader 选举是保证分布式数据一致性的关键所在，在 ZooKeeper 3.4.x 之后的版本中，只保留了 FastLeaderElection 选举算法来选举 Leader。当 ZooKeeper 集群中的一台服务器出现以下两种情况之一时，需要进入 Leader 选举。

1）ZooKeeper 集群初始启动。

2）ZooKeeper 集群中 Leader 节点失联或者宕机。

ZooKeeper Leader 选举过程中包含如下核心投票信息。

1）ZXID：表示事务 ID。ZXID 是一个事务 ID，用来标识一次服务器状态的变更。在某一时刻，集群中每台机器的 ZXID 值不一定完全一致，这跟 ZooKeeper 服务器对于客户端更新请求的处理逻辑有关。

2）SID：表示服务器 ID。用来唯一标识一台 ZooKeeper 集群中的机器，每台机器不能重复，与 ZooKeeper 配置文件中的 myid 文件内容一致。

ZooKeeper Leader 选举的投票比较规则如下。

1）优先比较 ZXID，ZXID 大的胜出，否则进行步骤 2）。

2）然后比较 SID，SID 大的胜出。

3）当某台服务器获得超过一半的投票时，它会被选举为 Leader。

（1）ZooKeeper 集群初始启动时的 Leader 选举

假设 ZooKeeper 集群一共有三个节点，分别为 hadoop01、hadoop02 和 hadoop03，ZooKeeper 节点有 LOOKING、LEADING、FOLLOWING、OBSERVING 四种状态。

1）当第一台服务器 hadoop01 启动时，发起一次选举。hadoop01 投自己一票，获得投票结果为（1,0）。此时 hadoop01 只有 1 票，没有超过半数以上的票数（2 票），本轮选举无法完成，hadoop01 的状态保持为 LOOKING。

2）当第二台服务器 hadoop02 启动时，发起一次选举。hadoop01 和 hadoop02 分别投自己一票并交换选票信息，获得投票结果为（1,0）（2,0）。此时 hadoop01 发现 hadoop02 的 SID 比自己此轮投票推荐的 SID 要大，根据投票规则更改选票为推荐 hadoop02。此时 hadoop01 得票数为 0，hadoop02 得票数为 2，投票结果超过半数，hadoop02 当选 Leader。hadoop01 更改状态为 FOLLOWING，hadoop02 更改状态为 LEADING。

3）当第三台服务器 hadoop03 启动时，发起一次选举。此时 hadoop01 和 hadoop02 节点已经不是 LOOKING 状态，不会更改选票信息。所有节点交换选票结果：hadoop02 获得 2 票，hadoop03 获得 1 票。此时 hadoop03 节点服从多数选举结果，更改选票信息为 hadoop02，并更改状态为 FOLLOWING。

（2）ZooKeeper 集群运行时的 Leader 选举

假定 ZooKeeper 集群由 hadoop01、hadoop02、hadoop03、hadoop04 和 hadoop05 组成，SID 分别为 1、2、3、4、5，ZXID 分别为 9、9、9、8、8，并且此时 hadoop02 是 Leader，某一时刻，hadoop01、hadoop02 所在机器出现故障，因此集群开始新的 Leader 选举。

1）由于 hadoop02 节点为 Leader，当 hadoop01、hadoop02 所在机器出现故障时，ZooKeeper 服务器其他节点的状态变更为 LOOKING，然后开始进入 Leader 选举过程。

2）ZooKeeper 每个 Server 会分别投自己一票并交换选票信息，hadoop03 投票为（3,9），hadoop04 投票为（4,8），hadoop05 投票为（5,8）。

3）ZooKeeper 集群各投票节点接收的投票结果为（3,9）（4,8）（5,8），然后检查本轮投票的有效性。

4）根据投票规则，ZXID 为 9 的值最大，hadoop03 节点胜出，hadoop04 和 hadoop05 更改选票为推荐 hadoop03。

5）每次投票之后，ZooKeeper 服务器都会统计投票信息，判断是否已经有超过半数的节点收到相同的投票信息。此时 hadoop03 得票数为 3，投票结果超过半数（3 票），hadoop03 当选为 Leader。

6）一旦确定了 Leader，ZooKeeper 每台服务器就会更新自己的状态。hadoop03 节点状态更改为 LEADING，hadoop04 和 hadoop05 状态更改为 FOLLOWING。

在 ZooKeeper 集群运行过程中，假如出现故障的机器不是 Leader 节点，那么 ZooKeeper 集群也就无须进行 Leader 选举。

4.15 阐述 ZooKeeper 如何保证事务的顺序一致性

1．题目描述

阐述 ZooKeeper 如何保证事务的顺序一致性。

2．分析与解答

ZooKeeper 是一个高可用的分布式协调服务，保证事务的顺序一致性是其核心特性之一。ZooKeeper 通过使用全局递增的事务 ID（ZXID）来实现事务的顺序一致性。

（1）ZXID 的结构

ZooKeeper 的 ZXID 是一个 64 位的数字，其中高 32 位是 epoch（纪元），用来标识 Leader 周期，低 32 位是 ZooKeeper 发起的 Proposal 的次数。每次选举出新的 Leader 时，epoch 会自增 1，并将低 32 位重置为 0，确保新的 Leader 周期具有不同的 epoch 编号。

（2）Proposal 的处理

在 ZooKeeper 集群中，当有新的 Proposal 被提出时，ZooKeeper 会为该 Proposal 分配一个唯一的 ZXID。每个 Proposal 都包含了一个唯一的 ZXID，其中高 32 位是当前的 epoch 编号，低 32 位递增计数。

（3）事务顺序一致性

由于 ZXID 是全局递增的，因此 ZooKeeper 通过 ZXID 来保证事务的顺序一致性。在 ZooKeeper 集群中，所有的事务都会被赋予唯一的 ZXID，这个 ZXID 会标识事务的顺序。当新的 Leader 被选举出来时，其 epoch 会自增 1，确保新的 Leader 周期具有更大的 epoch 编号，从而使得新的事务的 ZXID 比旧的事务的 ZXID 更大，保证了事务的顺序一致性。

总之，ZooKeeper 通过使用全局递增的事务 ID（ZXID）来标识和保证事务在全局范围内的顺序一致性，从而实现了数据的一致性和可靠的分布式协调。

4.16 阐述如何迁移 ZooKeeper 集群

1．题目描述

阐述如何迁移大数据平台中的 ZooKeeper 集群。

2．分析与解答

迁移大数据平台中的 ZooKeeper 集群是一个重要的操作，需要保证数据的一致性和高可用性。下面是一种常见的迁移方式，具体操作步骤如下。

1）水平扩容：首先，在目标平台上搭建新的 ZooKeeper 集群，并将其作为新增节点添加到原 ZooKeeper 集群中。这样做的目的是逐步迁移数据，并保证数据的一致性。

2）数据同步：一旦新增节点添加到原 ZooKeeper 集群中，原 ZooKeeper 集群会将数据同步到新增节点上，使得新增节点具备了原 ZooKeeper 集群的完整元数据。

3）增量迁移：在数据同步完成后，将客户端逐步切换到新的 ZooKeeper 集群上，进行增量迁移。这可以通过修改客户端的配置文件或 DNS 等方式来实现。

4）监控和验证：在迁移过程中，需要密切监控集群的状态和数据同步情况，确保数据的一致性和高可用性。同时，对迁移后的新 ZooKeeper 集群进行验证和测试，确保所有功能和服务正常运行。

5）下线原集群：当确认新 ZooKeeper 集群已经稳定运行并且数据完整时，可以逐步下线原 ZooKeeper 集群的节点，完成迁移过程。

需要注意的是，迁移 ZooKeeper 集群是一个复杂的过程，需要仔细规划和测试，确保数据的一致性和可用性。在迁移过程中，最好备份原 ZooKeeper 集群的数据，以防止意外情况发生。另外，根据具体的业务需求和数据量，可能还需要采用其他方法和工具来实现数据迁移，如使用数据同步工具或导出导入数据等方式。总之，迁移 ZooKeeper 集群需要慎重进行，并确保在整个过程中保持数据的一致性和高可用性。

第5章　Hadoop 大数据平台

Hadoop 作为大数据处理领域的核心技术，扮演着至关重要的角色。本章将聚焦于 Hadoop 大数据平台的三个关键组件：Hadoop 分布式文件系统（HDFS）、Hadoop 资源管理系统（YARN）以及 Hadoop 分布式计算框架（MapReduce）。

在本章中，我们将深入探讨 HDFS、YARN 和 MapReduce，这三个关键组件是构成 Hadoop 大数据平台的基石。我们将分别解析它们的工作原理与核心功能，以及在大数据处理中的应用场景和重要作用。通过本章的内容，读者将全面了解 Hadoop 大数据平台的核心组件与工作原理，为应对大数据面试笔试和实际工作中的挑战提供有力的支持。

5.1　Hadoop 分布式文件系统（HDFS）

5.1.1　阐述 HDFS 中的数据块大小设置

1．题目描述

在 Hadoop 2.x 版本中，数据块默认大小为 128MB，为什么 HDFS 数据块不能过大或者过小？

2．分析与解答

磁盘中有数据块（也叫作磁盘块）的概念，比如每个磁盘都有默认的磁盘块容量，磁盘块容量一般为 512Byte，这是磁盘进行数据读写的最小单位。文件系统也有数据块的概念，但是文件系统中的块容量只能是磁盘块容量的整数倍，一般为几千字节。然而用户在使用文件系统时，比如对文件进行读写操作时，可以完全不需要知道数据块的细节，只需要知道相关的操作即可，因为这些底层细节对用户都是透明的。

HDFS 也有数据块（Block）的概念，但是 HDFS 的数据块比一般文件系统的数据块要大得多。它是 HDFS 数据处理的最小单元，默认大小为 128MB（在 Hadoop 2.0 以上的版本中，数据块默认大小为 128MB，可以通过 dfs.block.size 属性来配置）。这里需要特别指出的是，和其他文件系统不同，HDFS 中小于一个块大小的文件并不会占据整个块的空间。

HDFS 中的数据块为什么不能过大或者过小？

主要是为了最小化寻址开销。因为如果将数据块设置得足够大，从磁盘传输数据的时间会明显大于定位到这个块的开始位置所需要的时间。但数据块也不能设置得太大，因为这些数据块最终是要供上层的计算框架来处理的，如果数据块太大，那么处理整个数据块所花的时间就比较长，从而影响整体数据处理的时间。

那么数据块的大小到底应该设置多少合适呢？下面举例说明。

比如寻址时间为 10ms，磁盘传输速度为 100MB/s，假如寻址时间占传输时间的 1%，那么数据块的大小可以设置为 100MB，随着磁盘驱动器传输速度的不断提升，实际上数据块的大小还可以设置得更大。

5.1.2　简述 HDFS 的副本存放策略

1．题目描述

简述 HDFS 的副本存放策略。

2．分析与解答

NameNode 如何选择在哪个 DataNode 存储副本（Replica）？

这里需要对可靠性、写入带宽和读取带宽进行权衡。例如，把所有副本都存储在一个节点，损失的写入带宽最小，因为复制管线都是在同一个节点上运行的。但这并不提供真实的冗余，因为如果节点发生故障，那么该块中的数据会丢失。同时，同一机架上服务器间的读取带宽是很高的。若把副本存放在不同的数据中心可以最大限度地提高冗余，但带宽的损耗非常大。即使在同一数据中心（到目前为止，所有 Hadoop 集群均运行在同一数据中心内），也有多种可能的数据布局策略。

Hadoop 的默认布局策略是在运行客户端的节点上放第 1 个副本，如果客户端运行在集群之外，就随机选择一个节点，不过系统会避免挑选那些存储太满或太忙的节点。第 2 个副本放在与第 1 个机架不同且另外随机选择的机架中的节点上。第 3 个副本与第 2 个副本放在同一个机架上，且随机选择另外一个节点。其他副本放在集群中随机选择的节点上，不过系统会尽量避免在同一个机架上放太多副本。

一旦选定副本的放置位置，就根据网络拓扑创建一个管线。如果副本数为 3，则 HDFS 的副本存储策略如图 5-1 所示。

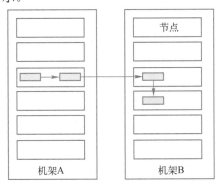

图 5-1　HDFS 副本存储策略

总的来说，这一方法不仅提供很好的稳定性（数据块存储在两个机架中），还很好地实现了负载均衡，包括写入带宽（写入操作只需要遍历一个交换机）、读取性能（可以从两个机架中选择读取）和集群中央的均匀分布（客户端只在本地机架上写入一个块）。

5.1.3　阐述如何处理 HDFS 大量小文件问题

1．题目描述

在生产环境中，HDFS 中的大量小文件会带来哪些问题？小文件问题该如何解决？

2．分析与解答

为了解决 HDFS 小文件产生的问题，首先我们需要明白什么是小文件，小文件是如何产生的。

（1）什么是小文件

小文件通常是指明显小于 HDFS 数据块大小（Block Size）的文件。在 Hadoop 2.x 以上版本中，HDFS 中的数据块默认为 128MB。为了方便后面的讨论，假定文件大小小于数据块的 75%，则该文件定义为小文件。但小文件不只是指文件比较小，如果 HDFS 集群中的大量文件略大于 Block Size，一样会存在小文件问题。假设 HDFS 的数据块为 128MB，但加载到 HDFS 集群中的大量文件大小为 140MB 左右，那么就会存在大量 12MB 左右的数据块。这种"小块"的问题，我们可以通过调大 Block Size 来解决，但解决小文件问题却要复杂得多。

（2）小文件是如何产生的

HDFS 集群中的小文件是由多种原因产生的。

1）Hadoop 一般用于离线计算或准实时计算，在进行数据采集的时候，一般的频率是按每小时、每天或者每周，那么每次采集的文件可能远远小于数据块的大小。

2）数据源本身就存在大量小文件，没有进行数据处理与合并就直接上传到 HDFS 集群中。

3）MapReduce 或 Hive 作业未合理设置 reduce 个数，造成 reduce 任务越多，那么小文件个数就也越多（每个 reduce 任务都会产生一个独立的文件）。另外数据倾斜也会造成大量的数据都混洗到少量 reduce 任务中，而大部分的 reduce 处理的数据量较少，从而输出大量的小文件。

（3）为何 HDFS 会有小文件问题

HDFS 集群中的小文件问题主要是对 NameNode 内存管理和 MapReduce 性能造成影响。HDFS 中的每一个目录、文件和数据块都会以对象的形式保存在 NameNode 内存中。根据经验，每一个对象在内存中大概占用 150Byte，如果 HDFS 集群中保存 2000 万个文件，每一个文件都在同一个文件夹中，并且每一个文件都只有一个数据块，那么这些对象需要占用 NameNode 大概 6GB 内存。如果 HDFS 集群中保存的文件个数增加到 10 亿个，那么需要占用 NameNode 大约 300GB 内存。那么这些海量的小文件会带来哪些问题？

1）当 NameNode 重启时，需要从本地磁盘读取每一个文件的元数据，这意味着需要将 300GB 数据从磁盘加载到内存中，不可避免地导致 NameNode 启动时间较长。

2）HDFS 集群正常运行过程中，NameNode 会不断跟踪并检查每一个数据块的存储位置，这需要 DataNode 通过心跳定时上报数据块位置信息。DataNode 需要上报的数据块越多，就会极大地消耗网络带宽，对集群的性能造成严重的影响，即使在 HDFS 集群使用万兆带宽的情况下。

3）小文件占用 NameNode 内存越多，JVM 需要配置的堆内存也就越多，这对 JVM 来说会存在稳定性的风险，因为 JVM 的 GC（垃圾收集）过程会比较长。

因此需要优化和解决小文件问题。如果能够减小 HDFS 集群上的小文件数量，就能够减小 NameNode 占用的内存，从而降低启动时间以及网络带宽消耗。

（4）如何解决小文件问题

造成小文件的原因有很多种而且各不相同，那么解决小文件问题的方式也各有不同。总的来说有两个角度：一是从根源上解决小文件的产生，二是对已经产生的小文件进行合并。

从数据来源入手，例如，抽取数据的周期可以从每小时改为每天等方法来积累数据量。如果小文件无可避免，一般可以采用合并的方式来解决。可以写一个 MapReduce 应用读取某个目录下的所有小文件，然后输出一个大文件。

5.1.4　简述 NameNode 元数据存储在什么位置

1．题目描述

简述 NameNode 元数据存储在什么位置。

2．分析与解答

由于客户端需要经常随机访问元数据，如果 NameNode 元数据存储在本地磁盘中，势必造成访问效率过低，因此 NameNode 元数据需要存放在内存中。但如果 NameNode 元数据只存储在内存中，一旦 NameNode 节点宕机，那么整个元数据就会丢失，HDFS 集群也就无法对外提供服务了，因此需要将元数据保存到磁盘中，fsimage 就是保存某一个时刻元数据信息的磁盘文件。

当内存中的 NameNode 元数据有更新时，如果立即同步更新到 fsimage 文件中，会造成磁盘 IO 过高效率过低。如果不将更新的元数据刷写到磁盘，一旦 NameNode 节点宕机，就会造成数据丢失。为此，NameNode 引入了镜像编辑日志 edits 文件，将每次元数据的改动都保存到 edits 文件中。如果 NameNode 节点宕机或 NameNode 进程挂掉，可以使用 fsimage 和 edits 文件联合恢复内存中的元数据信息。

5.1.5　阐述如何解决 edits 文件过大的问题

1．题目描述

阐述如何解决 edits 文件过大的问题。

2．分析与解答

（1）fsimage 和 edits 文件是什么

1）命名空间镜像（fsimage）：HDFS 的目录树及文件/目录元信息是保存在内存中的，如果节点停电或进程崩溃，数据将不复存在，必须将上述信息保存到磁盘中，fsimage 就是保存某一个时刻元数据信息的磁盘文件。

2）镜像编辑日志（edits）：对内存目录树的修改，也必须同步到磁盘元数据上，但每次修改都将内存元数据导出到磁盘显然是不现实的。为此 NameNode 引入了 edits 文件，将每次的改动都保存在日志中，如果 NameNode 机器宕机或者 NameNode 进程挂掉，可以使用 fsimage 和 edits 文件联合恢复内存元数据。

（2）edits 文件过大造成什么问题

fsimage 实际上是 HDFS 元数据的一个永久性检查点（Checkpoint），但并不是每一个写操作都会更新到这个文件中，因为 fsimage 是一个大型文件，如果频繁地执行写操作，会导致系统运行极其缓慢。

那么该如何解决呢？

解决方案就是 NameNode 将命名空间的改动信息写入 edits 文件。但是随着时间的推移，edits 文件会越来越大，一旦发生故障，那么将需要花费很长的时间进行回滚操作，所以可以像传统的关系型数据库一样，定期地合并 fsimage 和 edits 文件。

（3）处理 edits 文件过大问题

因为 NameNode 在为集群提供服务的同时可能无法提供足够的资源，所以 NameNode 无法完成 fsimage 和 edits 文件的合并工作。为了彻底解决这一问题，SecondaryNameNode 就应运而生。fsimage 和 edits 文件的合并过程如图 5-2 所示。

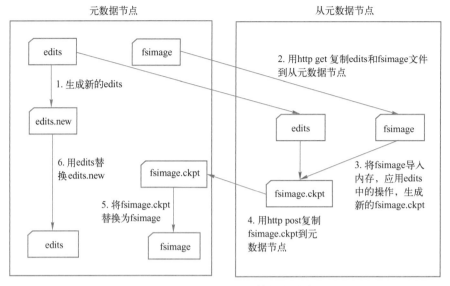

图 5-2　fsimage 和 edits 文件的合并过程

fsimage 和 edits 文件合并的详细步骤如下所示。

1）SecondaryNameNode（从元数据节点）引导 NameNode（元数据节点）滚动更新 edits 文件，并开始将新生成的 edits 内容写进 edits.new 文件。

2）SecondaryNameNode 将 NameNode 的 fsimage 和 edits 文件复制到本地的检查点目录。

3）SecondaryNameNode 将 fsimage 导入内存，并回放 edits 文件内容，将其合并到 fsimage.ckpt 文件中，并将新的 fsimage.ckpt 压缩后写入磁盘。

4）SecondaryNameNode 将新的 fsimage.ckpt 文件传回 NameNode。

5）NameNode 在接收新的 fsimage.ckpt 文件后，将 fsimage.ckpt 替换为 fsimage，然后直接加载和启用该文件。

6）NameNode 将新的 edits.new 文件更名为 edits 文件。默认情况下，该过程 1 小时发生一次，或者当 edits 文件达到默认值（如 64MB）也会触发，具体控制参数可以通过配置文件进行修改。

5.1.6　简述 HDFS 读数据流程

1. 题目描述

简述 HDFS 读数据流程。

2. 分析与解答

为了了解客户端及与之交互的 NameNode 和 DataNode 之间的数据流是什么样的，图 5-3 显示了在读取文件时数据流相关事件的发生顺序。

HDFS 的数据读取流程主要包含以下几个步骤。

1）客户端通过调用 FileSystem 对象的 open()方法来打开希望读取的文件，对于 HDFS 来说，这个对象是 DistributedFileSystem 的一个实例。

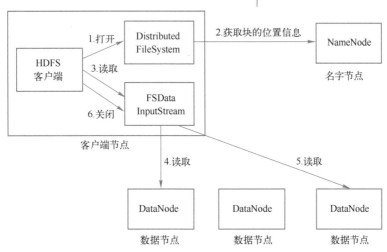

图 5-3 客户端读取文件时数据流相关事件的发生顺序

2）DistributedFileSystem 通过 RPC 获得文件的第一批块的位置信息（Locations），同一个块按照重复数会返回多个位置信息，这些位置信息按照 Hadoop 拓扑结构排序，距离客户端近的排在前面。

3）前两步会返回一个文件系统数据输入流（FSDataInputStream）对象，该对象会被封装为分布式文件系统输入流（DFSInputStream）对象，DFSInputStream 可以方便地管理 DataNode 和 NameNode 数据流。客户端调用 read()方法，DFSInputStream 会找出离客户端最近的 DataNode 并建立连接。

4）数据从 DataNode 源源不断地流向客户端。

5）如果第一个块的数据读完了，就会关闭指向第一个块的 DataNode 的连接，接着读取下一个块。这些操作对客户端来说是透明的，从客户端的角度来看只是在读一个持续不断的数据流。

6）如果第一批块全部读完了，DFSInputStream 就会去 NameNode 拿下一批块的位置信息，然后继续读。如果所有的块都读完了，这时就会关闭所有的流。

如果在读数据的时候，DFSInputStream 与 DataNode 的通信发生异常，它就会尝试连接距离客户端最近的下一个 DataNode，然后继续读取数据块。同时它会记录连接异常的 DataNode，当读取剩余的数据块时，就会直接跳过该 DataNode。DFSInputStream 也会检查数据块校验和，如果发现一个数据块有损坏，它先汇报给 NameNode，然后 DFSInputStream 会在其他 DataNode 节点上读取该数据块。

HDFS 读数据流程的设计就是客户端直接连接 DataNode 来检索数据，并且 NameNode 负责为每一个数据块提供最优的 DataNode 位置，NameNode 仅仅处理获取数据块位置的请求，而这些位置信息都存储在 NameNode 的内存中。HDFS 通过 DataNode 集群可以承受大量客户端的并发访问。

5.1.7 简述 HDFS 写数据流程

1. 题目描述

简述 HDFS 写数据流程。

2．分析与解答

HDFS 的写数据流程如图 5-4 所示。

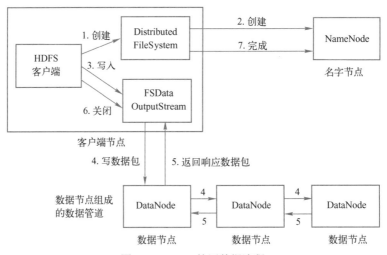

图 5-4　HDFS 的写数据流程

HDFS 的写数据流程主要包含以下几个步骤。

1）客户端通过调用 DistributedFileSystem 的 create()方法创建新文件。

2）DistributedFileSystem 通过 RPC 调用 NameNode 去创建一个没有块关联的新文件。在文件创建之前，NameNode 会做各种校验，比如文件是否存在、客户端有无权限去创建等。如果校验通过，NameNode 就会创建新文件，否则就会抛出 IO 异常。

3）前两步结束后，会返回文件系统数据输出流（FSDataOutputStream）的对象，与读文件的时候相似，FSDataOutputStream 被封装成分布式文件系统数据输出流（DFSOutputStream），DFSOutputStream 可以协调 NameNode 和 DataNode。客户端开始写数据到 DFSOutputStream 时，DFSOutputStream 会把数据切成一个个小的数据包（packet），然后排成数据队列（data queue）。

4）接下来，数据队列中的数据包首先传输到数据管道（多个数据节点组成数据管道）中的第一个 DataNode 中（写数据包），第一个 DataNode 又把数据包发送到第二个 DataNode 中，依次类推。

5）DFSOutputStream 还维护着一个响应队列（ack queue），这个队列也是由数据包组成的，用于等待 DataNode 收到数据后返回响应数据包，当数据管道中的所有 DataNode 都表示已经收到响应信息的时候，ack queue 才会把对应的数据包移除掉。

6）客户端写数据完成后，会调用 close()方法关闭写入流。

7）客户端通知 NameNode 把文件标记为已完成，然后 NameNode 把文件写成功的结果反馈给客户端。此时就表示客户端已完成了整个 HDFS 的写数据流程。

如果在 HDFS 写数据的过程中，某个 DataNode 节点发生故障，它会采取以下步骤来处理。

1）发生故障的 DataNode 节点上的数据管道会关闭。

2）正常的 DataNode 节点上，正在写入的数据块会生成一个新的 ID（需要和 NameNode 通信），而在发生故障的 DataNode 节点上，那个未写完的数据块在发送心跳的时候会被删掉。

3）发生故障的 DataNode 节点会被移出数据管道，数据块中的剩余数据包会继续写入管道中的其他 DataNode 节点。

4）NameNode 会标记这个数据块的副本数少于指定的值，缺失的副本稍后会在另一个 DataNode 节点上创建。

5）在 HDFS 写数据的过程中，有时会出现多个 DataNode 节点发生故障，但只要数据写入的 DataNode 节点数达到 dfs.replication.min（默认是 1 个）属性指定的值，那么就表示数据写入成功，而缺少的副本会进行异步的恢复。

5.1.8 简述 NameNode HA 的运行机制

1. 题目描述

简述 NameNode HA 的运行机制。

2. 分析与解答

HDFS 集群中通常由两台独立的机器来配置 NameNode 角色，在任何时候，集群中只能有一个 NameNode 是 Active 状态，而另一个 NameNode 是 Standby 状态。Active 状态的 NameNode 作为主节点负责集群中所有客户端操作，Standby 状态的 NameNode 仅仅扮演一个备用节点的角色，以便于在 Active NameNode 挂掉时能第一时间接替它的工作成为主节点，从而使得 NameNode 达到一个热备份的效果。

为了让主备 NameNode 的元数据保持一致，它们之间的数据同步通过 JournalNode 集群完成。当任何修改操作在主 NameNode 上执行时，它会将 EditLog 写到半数以上的 JournalNode 集群节点中。当备用 NameNode 监测到 JournalNode 集群中的 EditLog 发生变化时，它会读取 JournalNode 集群中的 EditLog，然后同步到 fsimage 中。当发生故障造成主 NameNode 宕机后，备用 NameNode 在选举成为主 NameNode 之前会同步 JournalNode 集群中所有的 EditLog，这样就能保证主备 NameNode 的 fsimage 文件内容一致。新的 Active NameNode 会无缝接替主节点的职责，维护来自客户端的请求并接受来自 DataNode 汇报的块信息，从而使得 NameNode 达到高可用的目的。

为了实现主备 NameNode 故障自动切换，通过 ZKFC 对 NameNode 的主备切换进行总体控制。每台运行 NameNode 的机器上都会运行一个 ZKFC 进程，ZKFC 会定期检测 NameNode 的健康状况。当 ZKFC 检测到当前主 NameNode 发生故障时，会借助 ZooKeeper 集群实现主备选举，并自动将备用 NameNode 切换为 Active 状态，从而接替主节点的工作对外提供服务。

5.1.9 简述 HDFS 联邦机制

1. 题目描述

简述 HDFS 联邦机制。

2. 分析与解答

虽然 HDFS 的高可用机制解决了单点故障问题，但是在系统扩展性、整体性能和隔离性方面仍然存在问题。

（1）系统扩展性

HDFS 集群的元数据存储在单个 NameNode 节点内存中，其性能仍然受单个 NameNode 内存上限的制约。

（2）整体性能

HDFS 集群的吞吐量仍然受单个 NameNode 节点的影响。

（3）隔离性

一个程序可能会影响其他程序的运行，如果一个程序消耗过多资源会导致其他程序无法顺利运行，HDFS 集群高可用的本质还是单个 NameNode 节点对外提供服务。

HDFS 引入联邦机制可以解决以上三个问题。

在 HDFS 联邦机制中，设计了多个相互独立的 NameNode，这使得 HDFS 的命名服务能够水平扩展，这些 NameNode 可以分别进行各自命名空间和块的管理，不需要彼此协调，同时每个 NameNode 还可以实现 HA，避免单点故障。但每个 DataNode 要向集群中所有的 NameNode 注册，并周期性地发送心跳信息和块信息，报告自己的状态。

HDFS 联邦机制的架构如图 5-5 所示。HDFS 联邦机制拥有多个独立的命名空间，其中，每一个命名空间管理属于自己的一组块，这些属于同一个命名空间的块组成一个"块池"。每个 DataNode 会为多个"块池"提供块的存储，块池中的各个块实际上存储在不同 DataNode 中。

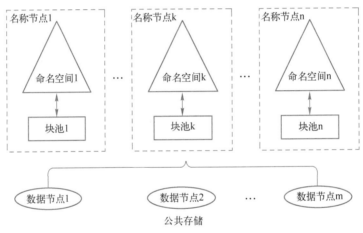

图 5-5　HDFS 联邦机制的架构

5.1.10　阐述如何处理 NameNode 宕机问题

1. 题目描述

阐述如何处理 NameNode 宕机问题。

2. 分析与解答

NameNode 是 HDFS 主从架构中的主节点，相当于 HDFS 的大脑，它管理文件系统的命名空间，维护着整个文件系统的目录树以及目录树中的所有子目录和文件。客户端的读写操作都需要与 NameNode 进行通信，一旦 NameNode 宕机，HDFS 集群很可能无法对外提供服务。为了保证 NameNode 的高可用，HDFS 集群一般有两个 NameNode 节点，一个是主节点为 Active 状态，另一个是备用节点为 Standby 状态。既然在 HDFS 集群中的 NameNode 有两个节点，那么 NameNode 宕机要分为两种情况。

（1）Standby 状态的 NameNode 宕机

这种情况比较好处理，因为 Standby 状态的 NameNode 不处理读写请求，只同步 Active

状态的 NameNode 的元数据,因此该状态的 NameNode 宕机对 HDFS 集群线上业务没有影响。

此时只需要等待机器重启后,启动 NameNode、ZKFC 进程就可以了。如果 NameNode 进程启动后查看日志没有报错,那就说明正常启动了,如果启动日志报错可以根据错误日志排除故障。

(2)Active 状态的 NameNode 宕机

这种情况会短暂影响 HDFS 集群线上的业务,因为 Active 状态的 NameNode 宕机之后,客户端的读写请求会受到影响。因为 NameNode 配置了高可用,很快备用的 NameNode 会被选举为 Active 状态,HDFS 集群又很快可以对外提供服务了。但是在 Active 状态的 NameNode 宕机之后,备用 NameNode 还没有接替工作之前,NameNode 会进入选举过程,此时 HDFS 集群无法对外提供服务。

处理方法跟第一种情况类似,重新启动 NameNode、ZKFC 进程即可,只不过 NameNode 进程启动成功之后,此时的状态会变为 Standby,因为 HDFS 集群中已经有 Active 状态的 NameNode。

5.1.11　阐述如何处理 DataNode 宕机问题

1. 题目描述

阐述如何处理 DataNode 宕机问题。

2. 分析与解答

DataNode 是 HDFS 主从架构中的从节点,集群中的数据都存储在 DataNode 节点中,所以 DataNode 也被称为数据节点,HDFS 集群包含很多个 DataNode 节点。

DataNode 启动时会向 NameNode 注册自己的信息,并每隔 3s 发送一次心跳包给 NameNode。当 NameNode 侦测到某个 DataNode 在一段时间间隔后还没有将心跳包发送过来时,NameNode 就会检测该 DataNode 节点所在集群的其他节点位置并发送通知,根据宕机的 DataNode 节点存储的数据块,从其他 DataNode 节点将缺失的数据块复制到新找到的 DataNode 节点上,从而完成数据备份。

所以 DataNode 宕机之后,并不会影响 HDFS 集群的运行以及数据的存储,我们只需要查看 DataNode 运行日志,根据错误日志排除故障,然后重启 DataNode 进程即可。常见的 DataNode 宕机原因是本地磁盘存储快满了,一般是由于 HDFS 集群数据增长过快,导致 DataNode 的本地存储空间不够,此时可以通过增加 DataNode 的存储硬盘来进行扩容。

5.1.12　简述 HDFS 支持哪些存储格式与压缩算法

1. 题目描述

简述 HDFS 支持哪些存储格式与压缩算法。

2. 分析与解答

HDFS 支持多种文件存储格式以及压缩算法。

(1)存储格式

HDFS 支持多种文件存储格式,不同文件存储格式的压缩比、查询速度有很大差异。

1)SequenceFile。

说明:SequenceFile 是 Hadoop API 提供的一种二进制文件存储格式,并以键值对的形式

提供了一个持久数据结构。

存储模式：按行存储。

优点：可压缩、可分割，优化磁盘利用率和 IO；可并行操作数据，查询效率高。

缺点：存储空间消耗大；对于 Hadoop 生态系统之外的工具不适用，需要通过 Text 文件转化加载。

应用场景：适用于数据量较小、大部分列的查询。

2）Avro。

说明：Avro 数据文件在某些方面类似于顺序文件，是面向大规模数据处理而设计的。

存储模式：按行存储，数据定义以 JSON 格式存储，而数据是以二进制格式存储的。

优点：Avro 数据文件是可移植的，可以跨越不同的编程语言使用。

缺点：只支持 Avro 自己的序列化格式。

应用场景：Avro 数据文件被 Hadoop 生态系统的各个组件广为支持。

3）RCFile。

说明：RCFile 是 Hadoop 创始人创建的 Hadoop 中的第一个列式文件格式，具有良好的性能。

存储模式：按列存储，采用行组模式对数据进行存储（数据按行分块，每块按照列存储）。

优点：可压缩，高效的列存储；查询效率高。

缺点：加载时性能消耗大，需要通过 TextFile 转化加载；读取全量数据性能低。

应用场景：常用于存储需要长期留存的数据文件。

4）Parquet。

说明：Apache Parquet 是 Hadoop 生态圈中的一种新型列式存储格式，它可以兼容 Hadoop 生态圈中大多数计算框架，被多种查询引擎（如 Hive、Impala）支持。

存储模式：按列存储，Parquet 文件以二进制方式存储，不可以直接读取和修改。而且 Parquet 文件是自解析的，文件中包含数据和元数据。

优点：压缩和编码比较高效，有良好的查询性能，能使用更少的 IO 操作读取需要查询的数据。

缺点：写速度通常比较慢，不支持 update、insert、delete、ACID 等特性。

应用场景：适用于字段数非常多、无更新、只读取部分列的查询场景。

（2）压缩算法

文件压缩有两大好处：一是减少存储文件所需的磁盘空间，二是加速数据在网络和磁盘上的传输。这两大好处在处理大量数据时相当重要，所以有必要仔细研究在 Hadoop 中文件压缩的用法。

在 Hadoop 中，有很多种不同的压缩算法，它们各有千秋，表 5-1 列出了与 Hadoop 结合使用的常见压缩算法。

表 5-1　压缩格式总结

压缩格式	工具	算法	文件扩展名
gzip	gzip	DEFLATE	.gz
bzip2	bzip	bzip2	.bz2

（续）

压缩格式	工具	算法	文件扩展名
LZO	lzop	LZO	.lzo
LZ4	无	LZ4	.lz4
Snappy	无	Snappy	.snappy

所有的压缩算法都需要权衡空间和时间，即更快的压缩时间还是更小的压缩比。不同压缩工具有不同的压缩特性。gzip 是一个通用的压缩工具，在空间和时间性能的权衡中，居于其他压缩方法之间。bzip2 的压缩能力强于 gzip，但压缩速度更慢一点。尽管 bzip2 的解压速度比压缩速度快，但仍然比其他压缩格式要慢一些。LZO、LZ4 和 Snappy 均优化了压缩速度，其速度比 gzip 快一个数量级。Snappy 和 LZ4 的解压缩速度比 LZO 高出很多。

5.2　Hadoop 资源管理系统（YARN）

5.2.1　简述 YARN 应用的运行机制

1．题目描述

简述 YARN 应用的运行机制。

2．分析与解答

YARN 通过两类长期运行的守护进程提供自己的核心服务：管理集群上资源使用的资源管理器（Resource Manager）、运行在集群中所有节点上且能够启动和监控容器（Container）的节点管理器（Node Manager）。容器用于执行特定应用程序的进程，每个容器都有资源限制（如内存、CPU 等）。一个容器可以是一个 UNIX 进程，也可以是一个 Linux cgroup，取决于 YARN 的配置。图 5-6 描述了 YARN 是如何运行一个应用程序的。

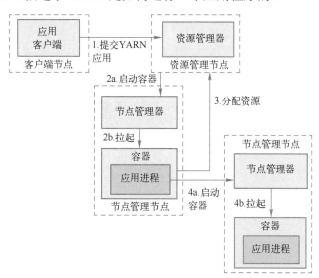

图 5-6　YARN 应用的运行机制

为了在 YARN 上运行一个应用，首先，客户端联系资源管理器，要求它运行一个 Application Master 进程（步骤 1）。然后，资源管理器找到一个能够在容器中启动 Application Master 的节点管理器（步骤 2a 和 2b）。准确地说，Application Master 一旦运行起来后能够做些什么依赖于应用本身。有可能是在所处的容器中简单地运行一个计算，并将结果返回给客户端；或者是向资源管理器请求更多的容器（步骤 3），以用于运行一个分布式计算（步骤 4a 和 4b）。后者是 MapReduce YARN 应用所做的事情。

注意，YARN 本身不会为应用的各部分（如客户端、Master 和进程）彼此间通信提供任何手段。大多数重要的 YARN 应用使用某种形式的远程通信机制（如 Hadoop 的 RPC 层）来向客户端传递状态更新和返回结果，但是这些通信机制都是专属于各应用的。

5.2.2 阐述 YARN 与 MapReduce1 的异同

1. 题目描述

阐述 YARN 与 MapReduce1 的异同。

2. 分析与解答

我们有时用"MapReduce1"来指代 Hadoop 初始版本（Hadoop 1 及更早版本）中的 MapReduce 分布式计算框架，用以区别使用了 YARN（Hadoop 1 及以后版本）的 MapReduce2。

在 MapReduce1 中，有两类守护进程控制着作业执行过程：一个 JobTracker 以及一个或者多个 TaskTracker。JobTracker 通过调度 TaskTracker 上运行的任务来协调所有运行在系统上的作业。TaskTracker 在运行任务的同时将运行进度报告发送给 JobTracker，JobTracker 由此记录每项作业任务的整体进度情况。如果其中一个任务失败，JobTracker 可以在另一个 TaskTracker 节点上重新调度该任务。

在 MapReduce1 中，JobTracker 同时负责作业调度和任务进度监控。相比之下，在 YARN 中，这些职责是由不同的实体负担的：它们分别是资源管理器和 Application Master。JobTracker 也负责存储已完成作业的作业历史，也可以运行一个作业历史服务作为一个独立的守护进程来取代 JobTracker 的这项功能。在 YARN 中，与之等价的角色是时间轴服务器，它主要用于存储应用历史。

YARN 中与 TaskTracker 等价的角色是节点管理器，表 5-2 中对两者之间的映射关系进行了总结。

表 5-2 MapReduce1 与 YARN 角色对比

MapReduce1	YARN
JobTracker	资源管理器、Application Master、时间轴服务器
TaskTracker	节点管理器
Slot	容器

YARN 的很多设计是为了解决 MapReduce1 的局限性。

（1）可扩展性

与 MapReduce1 相比，YARN 可以在更大规模的集群上运行。当节点数达到 4000，任务数达到 40000 时，MapReduce1 会遭遇到可扩展性瓶颈，瓶颈源自 JobTracker 必须同时管理作业和任务这样一个事实。YARN 利用其资源管理器和 Application Master 分离的架构优点克服

了这个局限性，可以扩展到面向将近 10000 个节点和 100000 个任务。

（2）可用性

当服务守护进程失败时，通过为另一个守护进程复制接管工作所需的状态以便其继续提供服务，从而可以获得高可用性（High Availability，HA）。然而，JobTracker 内存中大量快速变化的复杂状态（如每个任务状态每几秒会更新一次）使得改进 JobTracker 服务获得高可用性非常困难。

（3）利用率

在 MapReduce1 中，每个 TaskTracker 都配置有若干固定数量的 Slot，这些 Slot 是静态分配的，在配置的时候被划分为 Map Slot 和 Reduce Slot。一个 Map Slot 仅能用于运行一个 Map 任务，同样一个 Reduce Slot 仅能运行一个 Reduce 任务。而 YARN 中的资源是精细化管理的，这样一个应用能够按需请求资源，而不是请求一个不可分割、对于特定任务而言可能会太大或太小的 Slot。

（4）多租户

在某种程度上，可以说 YARN 的最大优点在于向 MapReduce 以外的其他类型的分布式应用开发了 Hadoop。MapReduce 仅仅是许多 YARN 应用中的一个，用户甚至可以在同一个 YARN 集群上运行不同版本的 MapReduce，这使得升级 MapReduce 的过程更好管理。

5.2.3 简述 YARN 高可用原理

1．题目描述

简述 YARN 高可用（HA）原理。

2．分析与解答

YARN（Yet Another Resource Negotiator）是 Hadoop 的资源管理器，用于管理集群中的资源分配和任务调度。YARN 的高可用（HA）架构旨在确保 ResourceManager（RM）的高可用性，以避免单点故障，并保证集群的稳定运行。YARN 集群的高可用架构如图 5-7 所示。

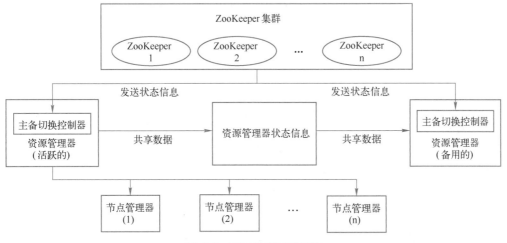

图 5-7　YARN 高可用架构

下面是 YARN 高可用架构的关键组件和原理。

1）ResourceManager（RM）：RM 是 YARN 集群的核心组件，负责整个集群的资源管理和任务调度。在高可用架构中，有两个 RM 节点：Active RM 和 Standby RM。

2）Shared Storage（共享存储系统）：Active RM 将关键信息写入共享存储系统，如 ZooKeeper 或 HDFS。而 Standby RM 从共享存储系统读取信息，以保持与 Active RM 的同步。共享存储系统是实现状态共享和数据同步的重要组件。

3）ZKFailoverController（主备切换控制器）：ZKFailoverController 是基于 ZooKeeper 实现的切换控制器，负责在 Active RM 和 Standby RM 之间进行主备切换。它由两个核心组件构成：

① ActiveStandbyElector：负责与 ZooKeeper 集群交互，通过尝试获取全局锁来判断所管理的 RM 是进入 Active 状态还是进入 Standby 状态。只有一个 RM 能够成功获取全局锁，成为 Active RM，其他 RM 则进入 Standby 状态。

② HealthMonitor：负责监控各个 RM 的状态，根据它们的状态进行主备切换。如果 Active RM 出现故障或不可用，HealthMonitor 会在 Standby RM 中触发切换，使其成为新的 Active RM。

4）ZooKeeper：ZooKeeper 是一个分布式协调服务，用于维护全局锁，确保整个集群中只有一个 RM 处于 Active 状态。它还可以记录一些其他状态和运行时信息。

YARN 高可用架构的工作流程如下。

1）RM 启动时，通过与 ZooKeeper 交互，尝试获取全局锁。

2）如果成功获取全局锁，则成为 Active RM，开始对集群资源进行管理和调度。

3）同时，Standby RM 会监控全局锁的状态，一旦发现 Active RM 失效，会尝试获取全局锁并成为新的 Active RM。

4）Active RM 周期性地将关键信息写入共享存储系统，Standby RM 从中读取并保持同步。

5）如果 Active RM 出现故障，ZKFailoverController 将触发主备切换，Standby RM 成为新的 Active RM，继续提供服务。

总之，YARN 高可用架构通过使用 ZooKeeper 和共享存储系统来实现资源管理器（RM）的主备切换。这种架构确保了 RM 的高可用性，避免了单点故障，保障集群的稳定运行。

5.2.4 简述 YARN 的容错机制

1. 题目描述

简述 YARN 的容错机制。

2. 分析与解答

在大数据领域，YARN 是 Hadoop 的资源管理器，负责对集群中的资源进行统一管理和调度。由于 Hadoop 旨在通过廉价的商用服务器提供服务，很容易出现各种应用程序中的任务失败或节点宕机情况。为了确保应用程序的高可用性和正常执行，YARN 引入了多个机制来保障容错性。

（1）ResourceManager 的容错性保障

ResourceManager 是 YARN 的核心组件之一，负责全局资源的分配和调度。然而，ResourceManager 可能存在单点故障，为了避免这种情况，可以配置 ResourceManager 的高可用性（HA）。通过配置多个 ResourceManager 节点，当主节点发生故障时，系统会自动切换到备用节点，保证集群继续对外提供服务，从而提高了 ResourceManager 的容错性。

（2）NodeManager 的容错性保障

NodeManager 负责在各个节点上执行任务，并向 ResourceManager 报告资源使用情况。当 NodeManager 发生故障时，ResourceManager 会将失败的任务通知对应的 ApplicationMaster。这样一来，ApplicationMaster 可以根据通知决定如何处理失败的任务，如重新分配到其他可用节点上，从而避免任务的中断。

（3）ApplicationMaster 的容错性保障

ApplicationMaster 是每个应用程序在 YARN 上的专属管理器，负责与 ResourceManager 进行通信，获取资源和监控应用程序的执行。当 ApplicationMaster 失败后，由 ResourceManager 负责重新启动它。这种机制保障了应用程序的高可用性，即使 ApplicationMaster 崩溃，系统也能够自动恢复其功能，避免整个应用程序的失败。

另外，ApplicationMaster 还需要处理内部任务的容错问题。YARN 的 ResourceManager 会保存已经运行的任务的状态信息，这样在 ApplicationMaster 重新启动时，无须重新运行之前已经完成的任务，从而减少了冗余计算，提高了应用程序的容错性和执行效率。

综上所述，YARN 通过 ResourceManager 的 HA 配置、NodeManager 与 ApplicationMaster 之间的通信机制，以及 ApplicationMaster 的内部任务容错处理，保障了整个系统的容错性。这些机制使得 YARN 在面对节点故障或任务失败时能够自动恢复，保持集群的高可用性和稳定性。

5.2.5　简述 YARN 调度器的工作原理

1．题目描述

YARN 包含几种调度器？分别简述各种调度器的工作原理。

2．分析与解答

理想情况下，YARN 应用发出的资源请求应该立刻给予满足，然而在现实中，资源是有限的。在一个繁忙的集群上，一个应用经常需要等待才能得到所需的资源。YARN 调度器的工作就是根据既定策略为应用分配资源。调度通常是一个难题，并且没有一个所谓"最好"的策略，这也是 YARN 提供了很多种调度器和可配置策略供人们选择的原因。YARN 中有三种调度器可用：FIFO Scheduler（先进先出调度器）、Capacity Scheduler（容量调度器）和 Fair Scheduler（公平调度器）。

（1）先进先出调度器

Hadoop 最初是为批处理作业而设计的，当时 Hadoop 1.0 仅采用了一个简单的 FIFO 调度机制分配任务。先进先出调度器（FIFO Scheduler）将应用放置在一个队列中，然后按照提交的顺序（先进先出）运行应用。首先为队列中第一个应用的请求分配资源，第一个应用的请求被满足后再依次为队列中下一个应用服务。其作业调度原理如图 5-8 所示。

由图 5-8 可以看出，当使用 FIFO 调度器时，小作业（job2）一直被阻塞，直至大作业（job1）完成。

（2）容量调度器

容量调度器（Capacity Scheduler）允许多个组织共享一个 Hadoop 集群，每个组织可以分配到全部集群资源的一部分。每个组织被配置一个专门的队列，每个队列被配置为可以使用一定的集群资源。队列可以进一步按层次划分，这样每个组织内的不同用户能够共享该组织队列所分配的资源。在一个队列内，使用 FIFO 调度策略对应用进行调度。其作业调度原理如图 5-9 所示。

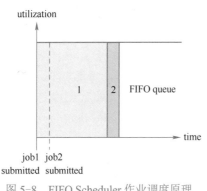

图 5-8　FIFO Scheduler 作业调度原理

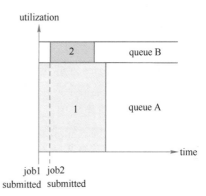

图 5-9　Capacity Scheduler 作业调度原理

由图 5-9 可以看出，单个作业使用的资源不会超过其队列容量。然而，如果队列中有多个作业，并且队列资源不够用了怎么办？这时如果仍有可用的空闲资源，那么 Capacity Scheduler 可能会将空余的资源分配给队列中的作业，哪怕这会超出队列容量。

正常操作时，Capacity Scheduler 不会通过强行中止来抢占容器（Container）。因此，如果一个队列一开始资源够用，然后随着需求增长，资源开始不够用时，那么这个队列就只能等待其他队列释放容器资源。缓解这种情况的方法是，为队列设置一个最大容量限制，这样这个队列就不会过多侵占其他队列的容量了。当然，这样做是以牺牲队列弹性为代价的，因此需要在不断尝试和失败中找到一个合理的折中。

（3）公平调度器

公平调度器（Fair Scheduler）旨在为所有运行的应用公平分配资源，图 5-10 展示了同一个队列中的应用是如何实现资源公平共享的。

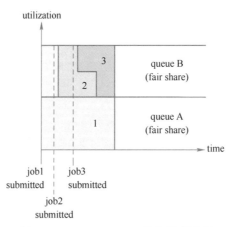

图 5-10　Fair Scheduler 作业调度原理

结合图 5-10，我们来解释资源是如何在队列之间公平共享的。假设有两个用户 A 和 B，分别拥有自己的队列 queue A 和 queue B。A 启动一个作业 job1，在 B 没有需求时 A 会分配到全部可用资源；当 A 的作业仍在运行时 B 启动一个作业 job2，一段时间后，按照我们先前看到的方式，每个作业都用到了一半的集群资源。这时，如果 B 启动第二个作业 job3 且其他作业仍在运行，那么 job3 和 job2 共享资源，因此 B 的每个作业将占用四分之一的集群资源，而 A 仍继续占用一半的集群资源。最终的结果就是资源在用户之间实现了公平共享。

总的来说，如果应用场景需要先提交的 Job 先执行，那么就使用 FIFO Scheduler；如果所有的 Job 都有机会获得到资源，就使用 Capacity Scheduler 和 Fair Scheduler，Capacity Scheduler 不足的地方就是多个队列资源不能相互抢占，每个队列会提前分走资源，即使队列中没有 Job，所以一般情况下都选择使用 Fair Scheduler；FIFO Scheduler 一般不会单独使用，公平调度支持在某个队列内部选择 Fair Scheduler 还是 FIFO Scheduler，可以认为 Fair Scheduler 是一个混合的调度器。

5.2.6　阐述 YARN 的任务提交流程

1．题目描述

阐述 YARN 的任务提交流程。

2．分析与解答

YARN 是 Hadoop 的资源管理器，负责集群中资源的调度和管理。当用户想要在 Hadoop 集群上运行一个应用程序时，需要通过 YARN 提交任务。下面详细阐述 YARN 提交任务的流程。

（1）用户准备应用程序

首先，用户需要准备好要运行的应用程序，并将其打包为一个可执行的资源文件，通常是一个 JAR 文件。

（2）用户将应用程序提交给 ResourceManager

用户与 YARN 集群进行交互时，会将准备好的应用程序提交给 ResourceManager。此时，用户需要指定应用程序所需的资源、任务执行的优先级和其他配置信息。

（3）ResourceManager 接收并记录提交请求

ResourceManager 是 YARN 的主要组件，它接收到用户提交的应用程序请求后，会将该请求记录到集群中的调度队列中，并进行资源分配和调度。

（4）ResourceManager 分配资源

ResourceManager 会根据集群的资源情况和队列的调度策略，决定为该应用程序分配多少资源。资源包括 CPU、内存等，这些资源将被保留供应用程序使用。

（5）ResourceManager 通知 NodeManager 启动 ApplicationMaster

在资源分配完毕后，ResourceManager 会选择一个节点，并通知该节点上的 NodeManager 启动一个特定的应用程序管理器，称为 ApplicationMaster。ApplicationMaster 是应用程序在 YARN 上运行的专属管理器。

（6）ApplicationMaster 启动

NodeManager 接收到 ResourceManager 的通知后，会根据请求启动指定的 ApplicationMaster。ApplicationMaster 的启动过程包括获取资源、配置环境、初始化应用程序等。

（7）ApplicationMaster 与 ResourceManager 进行注册与通信

ApplicationMaster 启动后，会向 ResourceManager 进行注册，告知其已经准备好管理该应用程序的执行。注册成功后，ApplicationMaster 与 ResourceManager 建立通信渠道，这样

ResourceManager 可以监控和管理应用程序的执行过程。

（8）ApplicationMaster 请求资源

一旦 ApplicationMaster 注册成功并与 ResourceManager 建立通信，它会向 ResourceManager 请求所需的资源，包括运行任务所需的容器资源。ResourceManager 根据集群的资源情况，分配适当的资源给 ApplicationMaster。

（9）NodeManager 为任务分配容器

一旦 ResourceManager 为 ApplicationMaster 分配了所需的资源，ApplicationMaster 会将这些资源进一步划分为多个任务需要的容器。然后，ApplicationMaster 将任务的执行请求发送给 NodeManager。

（10）NodeManager 启动任务容器

NodeManager 接收到来自 ApplicationMaster 的任务执行请求后，会根据请求启动相应数量的容器，每个容器负责执行一个任务。这些容器会在集群的不同节点上启动，从而实现并行执行。

（11）任务执行

一旦容器启动，各个任务就会在各自的容器中并行执行。每个任务都会根据 ApplicationMaster 的指示，从 HDFS 或其他存储系统中读取输入数据，并在执行完毕后将结果写回。

（12）ApplicationMaster 监控任务执行

在整个任务执行过程中，ApplicationMaster 负责监控各个任务的状态和进度。它会与 NodeManager 保持通信，定期接收任务状态更新，并向 ResourceManager 报告任务的执行情况。

（13）任务完成与资源释放

当所有任务执行完成后，ApplicationMaster 会通知 ResourceManager 应用程序已经执行完毕。ResourceManager 接收到通知后，会释放为该应用程序分配的资源，并将应用程序的执行结果通知给用户。

综上所述，YARN 提交任务的流程主要包括用户准备应用程序、提交应用程序给 ResourceManager、ResourceManager 分配资源、NodeManager 启动 ApplicationMaster、ApplicationMaster 请求资源和启动任务容器、任务执行、ApplicationMaster 监控任务执行，直到任务完成和资源释放。这个过程保证了应用程序在 YARN 集群上的高效执行和资源管理。

5.3 Hadoop 分布式计算框架（MapReduce）

5.3.1 简述 MapReduce 作业运行机制

1. 题目描述

简述 MapReduce 作业运行机制。

2. 分析与解答

通过方法调用运行 MapReduce 作业有两种方式：一种是 Job 对象的 waitForCompletion() 方法，另一种是 Job 对象的 submit() 方法。waitForCompletion() 方法底层也调用了 submit() 方法，它用于提交以前没有提交过的作业，并等待作业运行完成。submit() 方法调用封装了大量的处

理细节，它仅仅提交作业即可，无须等待作业的完成。

MapReduce 作业的运行原理如图 5-11 所示。

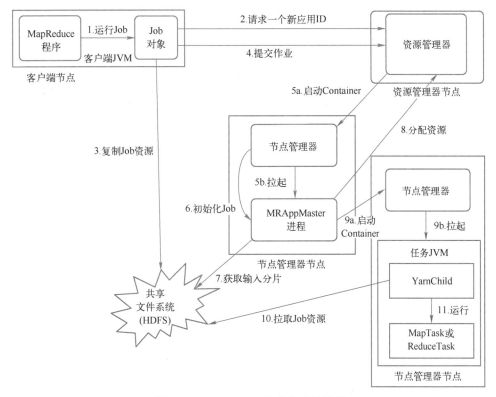

图 5-11 MapReduce 作业的运行原理

按照大模块来划分，图中一共包含 5 个独立的实体。

客户端：负责提交 MapReduce 作业。

YARN 资源管理器（ResourceManager）：负责协调集群上计算机资源的分配。

YARN 节点管理器（NodeManager）：负责启动和监视集群中机器上的计算容器（Container）。

MapReduce 的 Application Master：负责协调运行 MapReduce 作业的任务。它与 MapReduce 任务都运行在 Container 中，这些容器由 ResourceManager 分配并由 NodeManager 进行管理。

分布式文件系统：一般为 HDFS，用来与其他实体间共享作业文件。

MapReduce 作业完整的运行过程如下。

（1）提交 MapReduce 作业

通过调用 Job 对象的 waitForCompletion() 方法来运行 MapReduce 作业，waitForCompletion() 的底层调用 submit() 方法（步骤 1）。在 submit() 方法的内部创建了一个 JobSummiter 实例，并且调用其 submitJobInternal() 方法。提交 MapReduce 作业后，waitForCompletion() 每秒会轮询作业的进度，如果发现自上次报告后有改变，则会将进度报告打印到控制台。MapReduce 作业完成后，如果运行成功，就显示作业计算器；如果运行失败，则将作业失败的错误日志打印到控制台。

JobSummiter 所实现的作业提交过程如下。

1）向 ResourceManager 请求一个新应用 ID，该 ID 设置为 MapReduce 作业的 ID（步骤 2）。

2）检查 MapReduce 作业的输出路径。例如，如果没有指定输出目录或者输出目录已经存在，它会拒绝提交作业，同时将错误信息反馈给 MapReduce 程序。

3）计算 MapReduce 作业的输入分片。如果分片无法计算，比如输入路径不存在，就会拒绝提交作业，同时将错误信息反馈给 MapReduce 程序。

4）将作业运行所需要的资源（包括作业 JAR 文件、配置文件和计算得到的输入分片）复制到共享文件系统中，存储在以作业 ID 命名的目录下（步骤 3）。

5）最后会通过 ResourceManager 来提交作业（步骤 4）。

（2）初始化 MapReduce 作业

ResourceManager 收到调用它的 submitApplication()消息后，便将请求传递给 YARN 调度器（Scheduler）。Scheduler 分配一个容器，然后 ResourceManager 在 NodeManager 的管理下在容器中启动 Application Master 进程（步骤 5a 和 5b）。

MapReduce 作业的 Application Master 是一个 Java 应用程序，它的主类是 MRAppMaster。Application Master 会对作业进行初始化（步骤 6），通过创建多个簿记对象来跟踪作业的执行进度和完成报告。接着 Application Master 接受来自共享文件系统的、在客户端计算的输入分片（步骤 7）。然后对每一个分片创建一个 Map 任务对象以及通过作业设置的多个 Reduce 任务对象。任务 ID 会在此时分配。

（3）分配任务

Application Master 为作业中的 Map 任务和 Reduce 任务向 ResourceManager 请求容器（步骤 8）。它首先为 Map 任务发出请求，该请求优先级要高于 Reduce 任务的请求，这是因为所有的 Map 任务必须在 Reduce 的排序阶段能够启动前完成，直到有 5%的 Map 任务已经完成时，为 Reduce 任务的请求才会发出。Reduce 任务可以在集群任意位置运行，而 Map 任务需要遵循数据本地化原则，选择就近的节点运行。

Application Master 发送的请求也为任务指定了内存大小和 CPU 数量，默认情况下，每个 Map 任务和 Reduce 任务都分配到 1GB 的内存和一个虚拟的内核，当然这些值可以通过参数进行配置。

（4）执行任务

一旦 ResourceManager 的调度器为任务分配了一个特定节点上的容器，Application Master 就通过与 NodeManager 通信来启动容器（步骤 9a 和 9b）。该任务由主类为 YarnChild（在指定的 JVM 中运行）的一个 Java 应用程序执行。在它运行任务之前，首先将任务需要的资源本地化，包括作业的配置、JAR 文件和所有来自分布式缓存的文件（步骤 10），然后运行 Map 任务和 Reduce 任务（步骤 11）。

（5）更新进度和状态

MapReduce 作业是长时间运行的批量作业，运行时间从数秒到数小时，所以对于用户来说，能够知晓关于作业运行进度的一些反馈信息非常重要。一个作业和它的任务都有一个状态（Status），包括作业或任务的状态（如运行中、成功、失败）、Map 和 Reduce 的进度、作业计算器的值等。

当 Map 任务和 Reduce 任务运行时，子进程和自己的父 Application Master 通过接口进行通信。默认每隔 3ms，任务通过这个接口向自己的 Application Master 报告进度和状态（包括计算器），Application Master 会形成一个作业的汇聚视图。

ResourceManager 的 Web 界面显示了所有运行中的应用程序，并且分别有链接指向这些应用各自的 Application Master 界面，这些界面展示了 MapReduce 作业的更多细节，包含其进度。

在作业运行期间，客户端每秒轮询一次 Application Master，从而获取最新的状态。客户端也可以使用 Job 的 getStatus() 方法得到一个 JobStatus 的实例，该实例包含了作业的所有状态信息。

状态更新在 MapReduce 系统中的传递流程如图 5-12 所示。

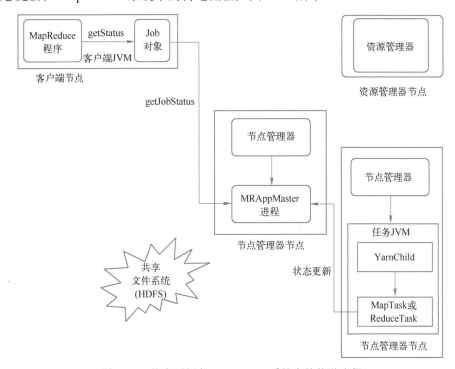

图 5-12　状态更新在 MapReduce 系统中的传递流程

（6）完成作业

当 Application Master 收到作业最后一个任务已完成的通知后，就会将作业的状态设置为"成功"。然后，在 Job 轮询状态时，就会知道任务已经成功完成，于是就会打印一条信息告知用户，然后从 waitForCompletion() 方法返回。Job 的统计信息和计数值也在这个时候输出到控制台。

最后，MapReduce 作业完成时，Application Master 和任务容器会清理其工作状态。Hadoop 集群会存储作业信息，方便用户随时查询。

5.3.2　简述 MapReduce Shuffle 过程

1. 题目描述

简述 MapReduce Shuffle 过程。

2. 分析与解答

MapReduce 确保每个 Reducer 的输入都是按 Key 排序的，系统执行排序、将 Map 输出作为输入传给 Reducer 的过程称为 Shuffle。MapReduce 的 Shuffle 过程如图 5-13 所示。

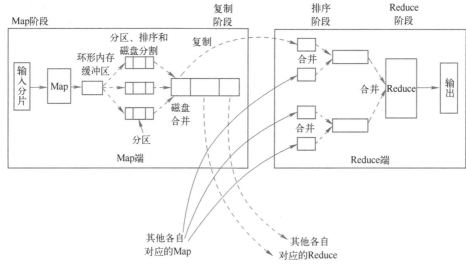

图 5-13 MapReduce 的 Shuffle 过程

（1）Map 端

Map 任务开始输出中间结果时，并不是直接写入磁盘，而是利用缓冲的方式写入内存，并出于效率的考虑对输出结果进行预排序。

每个 Map 任务都有一个环形内存缓冲区，用于存储任务输出结果。默认情况下，缓冲区的大小为 100MB，这个值可以通过 mapreduce.task.io.sort.mb 属性来设置。一旦缓冲区中的数据达到阈值（默认为缓冲区大小的 80%），后台线程就开始将数据刷写到磁盘。在数据刷写磁盘过程中，Map 任务的输出将继续刷写到缓冲区，但是如果在此期间缓冲区被写满了，那么 Map 会被阻塞，直到写磁盘过程完成为止。

在缓冲区数据刷写磁盘之前，后台线程首先会根据数据被发送到的 Reducer 个数，将数据划分成不同的分区（Partition）。在每个分区中，后台线程按照 Key 在内存中进行排序，如果此时有一个 Combiner 函数，它会在排序后的输出上运行。运行 Combiner 函数可以减少写到磁盘和传递到 Reducer 的数据量。

每次内存缓冲区达到溢出阈值，就会刷写一个溢出文件，当 Map 任务输出最后一条记录之后会有多个溢出文件。在 Map 任务完成之前，溢出文件被合并成一个已分区且已排序的输出文件。默认如果至少存在 3 个溢出文件，那么输出文件写到磁盘之前会再次运行 Combiner；如果少于 3 个溢出文件，那么不会运行 Combiner，因为 Map 输出规模太小不值得调用 Combiner 带来的开销。在 Map 输出写到磁盘的过程中，还可以对输出数据进行压缩，加快磁盘写入速度，节约磁盘空间，同时也减少了发送给 Reducer 的数据量。

（2）Reduce 端

Map 输出文件位于运行 Map 任务的 NodeManager 的本地磁盘，现在 NodeManager 需要为分区文件运行 Reduce 任务，而且 Reduce 任务需要集群上若干个 Map 任务的 Map 输出作为其特殊的分区文件。每个 Map 任务的完成时间可能不同，因此在每个任务完成时，Reduce 任务就开始复制其输出。这就是 Reduce 任务的复制阶段。默认情况下，Reduce 任务有 5 个复制线程，因此可以并行获取 Map 输出。

如果 Map 输出结果比较小，数据会被复制到 Reduce 任务的 JVM 内存中，否则，Map 输出会被复制到磁盘中。一旦内存缓冲区达到阈值大小，数据合并后会刷写到磁盘。如果指定了 Combiner，在合并期间可以运行 Combiner，从而减少写入磁盘的数据量。随着磁盘上的溢出文件增多，后台线程会将它们合并为更大的、已排序的文件，这样可以为后续的合并节省时间。

复制完所有 Map 输出后，Reduce 任务进入排序阶段，这个阶段将 Map 输出进行合并，保持其顺序排序。这个过程是循环进行的：例如，如果有 50 个 Map 输出，默认合并因子为 10，那么需要进行 5 次合并，每次将 10 个文件合并为一个大文件，因此最后有 5 个中间文件。

在最后的 Reduce 阶段，直接把数据输入 Reduce 函数，从而节省了一次磁盘往返过程。因为最后一次合并，并没有将这 5 个中间文件合并成一个已排序的大文件，而是直接合并到 Reduce 作为数据输入。在 Reduce 阶段，对已排序数据中的每个 Key 调用 Reduce 函数进行处理，其输出结果直接写到文件系统，这里一般为 HDFS。

5.3.3 简述 MapReduce 作业失败与容错机制

1. 题目描述

简述 MapReduce 作业失败与容错机制。

2. 分析与解答

在 MapReduce 作业运行过程中，可能会出现各种问题，比如用户代码错误、作业进程崩溃、机器故障等。使用 Hadoop 最主要的好处之一就是，它能自动处理这些故障，让用户能够成功运行作业。那么在作业运行过程中，我们需要考虑的容错实体包括任务、Application Master、NodeManager 和 ResourceManager。

（1）任务容错

我们首先考虑任务失败的情况，最常见的情况是 Map 任务或 Reduce 任务中的用户代码抛出运行异常。如果发生这种情况，任务 JVM 会在退出之前向父 Application Master 发送错误报告，错误报告最后被写入用户日志。Application Master 会将此次任务尝试标记为失败，并释放容器以便资源可以被其他任务使用。

另外一种失败模式是任务 JVM 突然退出，可能是 MapReduce 用户代码由于某些特殊原因造成 JVM 退出。在这种情况下，NodeManager 会注意到进程已经退出，并通知 Application Master 将此次任务尝试标记为失败。

与任务失败相比，任务挂起的处理方式则有所不同。一旦 Application Master 注意到已经有一段时间没有收到进度的更新，就会将任务标记为失败，在此之后的 JVM 进程将被自动杀死。任务被认为失败的超时间隔默认为 10min，可以通过 mapreduce.task.timeout 属性进行设置，单位为毫秒。

当 Application Master 被告知一个任务尝试失败后，它将重新调度该任务的执行。Application Master 会试图避免在之前失败过的 NodeManager 上重新调度该任务。此外，如果一个任务失败超过 4 次，该任务将不会再尝试执行。这个值是可以设置的：对于 Map 任务，通过 mapreduce.map.maxattempts 属性设置最多尝试次数；而对于 Reduce 任务，则通过 mapreduce.reduce.maxattempts 属性来设置。默认情况下，如果任何任务失败次数大于 4，则整个作业都会失败。

（2）Application Master 容错

对于 MapReduce 的 Task，失败的 Task 会尝试几次重新调度。同样，如果 YARN 中的应用失败了，也会尝试几次重新运行。运行 Application Master 的最多尝试次数由 mapreduce.am.max-attempts 属性控制，其默认值为 2。如果 Application Master 失败了两次，那么它将不会被再次尝试，MapReduce 作业将运行失败。

YARN 规定了 Application Master 在集群中的最大尝试次数，单个应用程序不能超过这个限制。该限制由 yarn.resourcemanager.am.max-attempts 属性设置，默认值为 2。如果用户想增加 Application Master 的尝试次数，必须在集群中增加 YARN 的设置。

恢复过程如下：Application Master 向 ResourceManager 发送周期性的心跳，当 Application Master 失败时，ResourceManager 将检测到该失败，并在一个新的容器中重新启动一个 Application Master 实例。对于新的 Application Master 来说，它将使用作业历史记录来恢复失败的应用程序所运行任务的状态，所以这些任务不需要重新运行。默认情况下，Application Master 的恢复功能是开启的，但可以通过设置 yarn.app.mapreduce.am.job.recovery.enable 属性值为 false 来关闭这个功能。

MapReduce 客户端会向 Application Master 轮询进度报告，但如果 Application Master 运行失败，客户端需要重新查找新的实例。在作业初始化期间，客户端会向 ResourceManager 询问并缓存 Application Master 的地址，所以每次询问 Application Master 的请求不需要重新加载 ResourceManager。但是，如果 Application Master 运行失败，客户端的轮询请求将会超时，此时客户端会向 ResourceManager 请求一个新的 Application Master 地址。此过程对用户是透明的。

（3）NodeManager 容错

如果一个 NodeManager 节点因中断或运行缓慢而失败，那么它就会停止向 ResourceManager 发送心跳信息（或发送频率很低）。默认情况下，如果 ResourceManager 在 10min 内没有收到一个心跳信息，它将会通知停止发送心跳信息的 NodeManager，并且将其从自己的节点池中移除。

在出现故障的 NodeManager 节点上运行的任何任务或 Application Master，将会按前面描述的机制进行恢复。另外，对于出现故障的 NodeManager 节点，如果曾经在其上运行且成功完成的 Map 任务属于未完成的作业，那么 Application Master 会安排它们重新运行。这是因为它们的中间输出结果是存放在故障 NodeManager 节点所在的本地文件系统中的，Reduce 任务可能无法访问。

如果应用程序的运行失败次数过高，那么 NodeManager 可能会被拉黑，即使 NodeManager 自身没有出现故障。黑名单是由 Application Master 管理的，如果一个 NodeManager 有 3 个以上的任务失败，那么 Application Master 就会尽量将任务调度到其他节点上。用户可以使用作业的 mapreduce.job.maxtaskfailures.per.tracker 属性来设置这个阈值。

（4）ResourceManager 容错

ResourceManager 出现故障是比较严重的，因为如果没有 ResourceManager，作业和任务容器将无法启动。在默认的配置中，ResourceManager 是一个单点故障，因为在机器出现故障时，所有的作业都会失败并且不能被恢复。

为了实现高可用（HA），有必要以一种 active-standby 配置模式运行一对 ResourceManager。如果 active ResourceManager 出现故障，则 standby ResourceManager 可以很快接管，并且对客户端来说没有明显的中断现象。

在高可用架构中，所有运行中的应用程序的信息都存储在一个高可用的状态存储区（如 ZooKeeper 或 HDFS），这样 standby ResourceManager 可以恢复到出现故障的 active ResourceManager 的关键状态。当新的 ResourceManager 启动后，它从状态存储中读取应用信息，然后为集群中正在运行的所有应用重启 Application Master。这个行为不被计为失败的应用程序尝试，这是由于应用程序并不是因为程序代码错误而失败，而是被系统强制杀死的。实际上，Application Master 的重启并不影响 MapReduce 应用程序，因为它们会通过已完成的任务来恢复工作。

ResourceManager 从 standby 状态转为 active 状态，是由故障控制器处理的。故障控制器默认是自动的，它使用 ZooKeeper 的 Leader 选举机制，确保在同一时刻只有一个 active ResourceManager。

为了应对 ResourceManager 的故障转移，必须对客户端和 NodeManager 进行配置，因为它们可能是在跟两个 ResourceManager 进行通信。客户端和 NodeManager 会以轮询的方式尝试连接每个 ResourceManager，直到找到一个 active ResourceManager。如果 active ResourceManager 出现故障，它们将再次尝试，直到 standby 状态的 ResourceManager 变为 active 状态。

5.3.4　阐述如何解决 MapReduce 数据倾斜问题

1．题目描述

阐述如何解决 MapReduce 数据倾斜问题。

2．分析与解答

在理论上，正常的数据分布都是会出现数据倾斜的。正如人们常说的二八定律：80%的用户只使用 20%的功能，20%的用户贡献了 80%的访问量，80%的数据集中在 20%的 Key 键之上。

（1）数据倾斜现象

在 MapReduce 程序运行的过程中，若大部分 Reduce 任务运行完毕，但还有少部分 Reduce 任务仍然在运行、甚至需要长时间运行，这会导致整个 MapReduce 应用需要运行很长时间才能结束。这可能就是数据出现了倾斜。

（2）数据倾斜根本原因

当 80%的数据集中在 20%的 Key 键之上时，这就造成了少量的 Key 拥有海量数据集，而大量的 Key 反而拥有有限的数据量。由于 Reduce 任务是按照 Key 来处理数据的，那么大部分 Reduce 任务处理的 Key 的数据量较少，很快能运行完毕。而少量 Reduce 任务处理的 Key 的数据量非常大，需要运行很长时间才能结束。数据倾斜本质上还是数据分布不均匀造成的。

（3）数据倾斜分类

数据倾斜一般可以分为下面两种情况。

第一种情况：Key 值较少，但是某些 Key 拥有非常多的记录数，它们中的单个 Key 的记录数在 Reduce 任务的内存中放不下。

第二种情况：Key 值较多，但是某些 Key 拥有的记录数要远远大于其他 Key 的平均值，它们中的单个 Key 的记录数在 Reduce 任务的内存中可以放下。

（4）MapReduce 解决数据倾斜方案

1）增加 Reduce 任务的 JVM 内存。因为 Reduce 任务的运行需要以合适的内存作为支持，那么在硬件环境允许的情况下，增加 Reduce 任务的内存大小可以降低数据倾斜发生的概率，这种方式非常适合数据倾斜的第一种情况：单个 Key 拥有大量的记录值，而且这些记录值超过了 Reduce 任务分配的内存大小。这种情况下，无论 Key 如何分区都无法避免数据倾斜的发生。

2）增加 Reduce 的并行度。这种方式对数据倾斜第二种情况有效，Key 值较多，单个 Key 的记录数不会超过分配给 Reduce 任务的内存。如果偶尔发生了数据倾斜的情况，增加 Reduce 的并行度，可以降低偶然情况下某个 Reduce 任务同时分配了多个含有海量记录的 Key 的情况。但增加 Reduce 并行度无法解决第一种数据倾斜情况，因为单个 Key 的记录数超过了 Reduce 任务分配的内存大小，无论该 Key 分配到哪个 Reduce 任务都会超出其内存大小。

3）重新分区。当遇到这种情况时，某个领域的知识告诉你数据的分布，比如 map 函数的输出 Key 源于一本书，那么大部分 Key 值必然是停用词（如 a、an、the、and、or）。对于这种场景下的数据倾斜，如果前面两种方式处理效果不好，可以考虑使用自定义重新分区，将包含停用词的 Key 发送给固定的 Reduce 任务，而包含其他单词的 Key 发送给剩余的 Reduce 任务。

4）预聚合。数据倾斜主要是少部分 Reduce 任务处理的数据量过多造成的，那么可以使用 Combiner 对数据进行预聚合，这样能减少流向 Reduce 任务的数据量，从而在一定程度上避免了数据倾斜。

5）隔离处理。如果是数据分布极其不均匀造成的数据倾斜，可以将这部分倾斜数据对应的 Key 单独过滤出来进行处理，或者自定义分区打散存在数据倾斜的 Key，这样可以有针对性地处理数据倾斜。

6）改造 Key。当出现第一种数据倾斜的情况时，可以对出现数据倾斜的 Key 进行改造，将该 Key 加上随机前缀进行输出，这样原有 Key 的数据会流向不同 Reduce 任务进行处理（此时改造后的 Key 经过一轮聚合，数据量会大大减少），然后去掉随机前缀还原出原有的 Key，再通过 Reduce 任务进行聚合，从而有效避免数据倾斜的发生。这也是一种大数据的分治思想。

5.3.5 简述 MapReduce 二次排序原理

1. 题目描述

简述 MapReduce 二次排序原理。

2. 分析与解答

在记录到达 Reducer 之前，MapReduce 框架按 Key 对记录进行排序，但 Key 所对应的 value 值并没有排序。甚至在不同的执行轮次中，这些 value 值的顺序也不固定，因为它们来自不同的 Map 任务且这些 Map 任务在不同轮次中的完成时间各不相同。一般来说，大多数 MapReduce 程序会避免让 Reduce 函数依赖于 value 值的排序。但是有时候也需要通过特定的方法在对 Key

进行排序和分组的同时，实现对 value 的排序。这种需求就是二次排序。

二次排序原理：首先按照第一字段排序，然后对第一字段相同的行按照第二字段排序，注意不能破坏第一次排序的结果。

在 Hadoop 中，默认情况下是按照 Key 进行排序。对于同一个 Key，Reduce 函数接收到的 value list 是按照 value 排序的。有两种方法进行二次排序，分别为 buffer and in memory sort 和 value-to-key conversion。

1）buffer and in memory sort 的主要思想是：在 Reduce()函数中，将某个 Key 对应的所有 value 保存下来，然后再进行排序。这种方法最大的缺点是可能会造成 out of memory。

2）value-to-key conversion 的主要思想是：将 Key 和部分 value 拼接成一个组合 Key（需要实现 WritableComparable 接口或调用 setSortComparatorClass 函数），这样 Reduce 获取的便是先按 Key 排序，然后按 value 排序的结果。需要注意的是，用户需要自己实现 Paritioner 分区函数，以便只按照 Key 进行数据分区。Hadoop 支持二次排序，在 Configuration 类中有个 setGroupingComparatorClass()方法，可用于设置排序 group 的 Key 值。

5.3.6　简述 MapReduce Join 实现原理

1．题目描述

简述 MapReduce Join 实现原理。

2．分析与解答

MapReduce 能够执行大型数据集间的连接（Join）操作，但是，由于需要自己从头编写相关代码，开发成本比较高。其实，除了编写 MapReduce 程序之外，还可以考虑采用更高级的框架，如 Hive、Spark SQL 等，只需要熟悉 SQL 语法就可以实现数据集之间的 Join 操作。

接下来通过一个具体案例来描述需要解决的问题，现在有两个数据集：气象站数据集（Stations）和天气记录数据集（Records）。一个典型的查询就是对 Stations 和 Records 进行 Join 操作，输出各气象站的历史信息，同时各行记录也包含气象站的元数据信息，如图 5-14 所示。

	Records		
	Station ID	TimeStamp	Temperature
	012650-99999	1619687212820	111
Stations	012650-99999	1619687251793	78
Station ID	Station Name	011900-99999	1619687287227	0
011900-99999	SIHCCAJAVRI	011900-99999	1619687304271	22
012650-99999	TYNSET-HANSMOEN	011900-99999	1619687319050	-11

连接

Station ID	Station Name	TimeStamp	Temperature
011900-99999	SIHCCAJAVRI	1619687287227	0
011900-99999	SIHCCAJAVRI	1619687304271	22
011900-99999	SIHCCAJAVRI	1619687319050	-11
012650-99999	TYNSET-HANSMOEN	1619687212820	111
012650-99999	TYNSET-HANSMOEN	1619687251793	78

图 5-14　两个数据集的连接操作

在 MapReduce 中，连接操作如果由 Mapper 执行，则称为 Map 端连接；如果由 Reducer 执行，则称为 Reduce 端连接。

（1）Map 端连接

Join 操作的具体实现技术取决于数据集的规模。如果 Records 数据集很大而 Stations 数据集很小，以至于可以分发到集群中的每一个节点之中，则可以采用分布式缓存技术在 Map 端实现两个数据集的 Join 操作。Hadoop 的分布式缓存机制能够在任务运行过程中，及时地将小数据集复制到任务节点以供使用。为了节约网络带宽，在每一个作业中，小数据集通常只需要复制到一个节点一次。

实现原理：当提交 MapReduce 作业时，会将 Stations 数据集添加到分布式缓存中。当执行作业时，首先从分布式缓存中读取 Stations 放入集合中，如 Hash Table。然后 Mapper 处理 Records 数据集时，会根据连接键（Station ID）在 Hash Table 中查询对应的记录，从而实现两个数据集的 Join 操作。

（2）Reduce 端连接

由于 Reduce 端连接并不要求输入数据集符合特定要求，因而 Reduce 端连接比 Map 端连接更为常用。但是由于两个数据集均需经过 MapReduce 的 Shuffle 过程，所以 Reduce 端连接的效率往往要低一些。如果 Records 和 Stations 数据集的规模都比较大，以至于任何一个数据集都无法复制到集群的每个节点，此时可以采用二次排序技术在 Reduce 端实现两个数据集的 Join 操作。

实现原理：Mapper 为 Records 和 Stations 各个记录标记源，并且使用 Station ID 作为 Map 输出键，然后利用二次排序原理对组合键进行分区、排序、分组操作，最后使得 Station ID 相同的记录分配到同一个 Reducer 进行处理，从而实现两个数据集的 Join 操作。

第 6 章　Hive 数据仓库工具

在当今信息爆炸的时代，大数据处理和分析已成为企业决策和业务发展的核心。作为大数据领域的重要工具，Hive 已经成为众多数据专业人士的首选。然而，对于求职者来说，除了掌握基础知识，更需要对 Hive 的内部机制、性能优化和高级应用有深入的理解。

本章将带您深入探索 Hive 数据仓库工具的各个维度，针对面试笔试中常见的问题，提供详尽的解答。我们将从比较 Hive 与传统数据库、HBase 的异同出发，解析 Hive 建表方式、内外部表区别，深入剖析分区表与分桶表的用途和区别，梳理多种表连接方式，清晰解释 collect_list() 与 collect_set() 函数的不同之处。此外，我们还会深入探讨 ORDER BY、DISTRIBUTE BY、SORT BY 和 CLUSTER BY 等在查询中的应用，以及如何避免全表扫描等性能优化策略。本章还将为您呈现 Hive 的多种自定义函数，以及解决数据倾斜问题的解决方法。最后，我们将为您揭示 Hive 的性能调优手段，助您在面试笔试中展现独到的见解。

通过本章内容的深入解析，您将能够自信面对 Hive 相关的面试笔试问题，更好地展现您在数据仓库构建和数据分析领域的专业知识和能力。不管您是刚刚入门 Hive，还是希望更深入地理解其高级特性，本章内容都将为您提供宝贵的学习和应对面试笔试的资源。

6.1　简述 Hive 与传统数据库的异同

1. 题目描述

简述 Hive 与传统数据库的异同。

2. 分析与解答

Hive 在很多方面与传统数据库类似（如支持 SQL 接口），但是其起初对 HDFS 和 MapReduce 底层的依赖意味着它的体系结构有别于传统数据库，而这些区别又影响着 Hive 所支持的特性。不过随着时间的推移，这些局限性已逐渐消失，Hive 看上去和用起来都越来越像传统的数据库。

（1）读时模式 vs 写时模式

在传统数据库里，表的模式是在数据加载时强制确定的。如果在加载时发现数据不符合模式，则拒绝加载数据。因为数据是在写入数据库时对照模式进行检查，因此这一设计有时被称为"写时模式"。写时模式有利于提升查询性能。

此外，Hive 对数据的验证并不在加载数据时进行，而在查询时进行，这称为"读时模式"。读时模式可以使数据加载非常迅速。

（2）更新、事务和索引

更新、事务、索引都是传统数据库最重要的特性。但是，早期的 Hive 版本并不支持这些特性，因为 Hive 被设计为用 MapReduce 操作 HDFS 数据。

自 Hive 0.13.0 版本开始引入了事务，由于 HDFS 不提供旧的文件更新，因此，插入、更新和删除操作引起的一切变化都被保存在一个较小的增量文件中。由 metastore 在后台运行的

MapReduce 作业定期将这些增量文件合并到"基表"文件中。Hive 3.0 版本之前还支持索引，Hive 的索引能加快查询的速度，但从 Hive 3.0 版本之后移除了索引功能，使用物化视图取代了索引的功能。

6.2 简述 Hive 与 HBase 的异同

1．题目描述

简述 Hive 与 HBase 的异同。

2．分析与解答

Hive 可以作为一个构建在 Hadoop 平台之上的数仓平台，其数据存储在 HDFS，数据查询最终转化为 MapReduce 作业。而 HBase 是一个基于 Hadoop 平台之上的 NoSQL 数据库，数据存储也存储在 HDFS 之上，但数据查询基于 HBase 本身数据库引擎。

Hive 与 HBase 的区别可以从以下 3 点来讨论。

（1）特点的区别

Hive 支持 SQL，很适合 DBA 基于 Hive 快速上手大数据分析工作；Hive 默认计算引擎是 MapReduce，所以查询速度慢，当然后期也支持 Spark 或 Tez；Hive 中的表是逻辑表，只有表的定义本身不做数据存储与计算，它完全依赖于 Hadoop 平台。

HBase 不支持 SQL，需要通过集成 Phoenix 或 Hive 才支持 SQL；HBase 数据查询不依赖于 MapReduce，而是基于 Scan 进行扫描，通过一级索引 RowKey 进行数据查询，所以查询速度比较快；HBase 中的表是物理表，有独立的物理数据结构，查询时可以将数据加载到内存，提升后续的查询效率。

（2）局限性的区别

Hive 目前仅支持 ORCFile 文件格式的数据更新操作，还需要提前开启事务支持；Hive 作业的执行，数据存储依赖 HDFS，数据计算默认依赖 MapReduce。

HBase 本身不支持 SQL 操作，需要通过与 Phoenix 集成来实现；HBase 集群的运行依赖于 ZooKeeper 提供协调服务（如配置服务、维护元数据、命名空间服务）和 HDFS 提供底层数据存储。

（3）应用场景的区别

Hive 主要用于构建基于 Hadoop 平台的数据仓库，离线处理海量数据；Hive 提供完整的 SQL 实现，一般用于历史数据的分析、挖掘。

HBase 适用于大数据的实时查询、海量数据的存储；HBase 属于近实时数据库，适合线上业务的实时查询。

6.3 简述 Hive 包含哪些建表方式

1．题目描述

简述 Hive 包含哪些建表方式。其区别是什么？

2．分析与解答

Hive 是一种基于 Hadoop 的数据仓库工具，用于管理和查询大规模的结构化数据。在 Hive

中，我们可以通过多种方式来创建表，具体有以下 3 种建表方式。

（1）CREATE TABLE

使用 CREATE TABLE 语句可以在 Hive 中创建一个新的表。这种方式需要明确指定表的列名、数据类型、分区信息、表属性等。例如：

```
CREATE TABLE table_name (
    column1 data_type,
    column2 data_type,
    ...
) [PARTITIONED BY (partition_column data_type, ...)]
    [ROW FORMAT ...]
    [STORED AS ...]
    [TABLE PROPERTIES (...)];
```

通过这种方式创建的表，需要我们手动指定表的结构，并可以根据需要设置表的属性和存储格式等。

（2）CREATE TABLE AS SELECT

使用 CREATE TABLE AS SELECT 语句可以根据查询结果来创建新表。这种方式会根据查询语句的结果自动创建表的结构，并将查询结果写入新表中。例如：

```
CREATE TABLE new_table_name AS
SELECT column1, column2, ...
FROM existing_table_name
WHERE ...;
```

通过这种方式创建的表，表的结构会和查询结果一致，但不包含索引等额外信息。

（3）CREATE TABLE LIKE tablename

使用 CREATE TABLE LIKE 语句可以基于已存在的表创建新表，新表将继承原表的结构和属性。例如：

```
CREATE TABLE new_table_name LIKE existing_table_name;
```

通过这种方式创建的新表包含了原表的完整表结构、字段定义以及属性设置，包括索引等信息都会被复制到新表中。

总结：

1）CREATE TABLE 方式需要手动定义表结构和属性，适用于全新的表。

2）CREATE TABLE AS SELECT 方式根据查询结果自动创建表结构，适用于将查询结果保存到新表中。

3）CREATE TABLE LIKE 方式基于现有表创建新表，新表继承了原表的完整结构和属性，适用于复制表结构和数据。

6.4　简述 Hive 内部表与外部表的区别

1. 题目描述

简述 Hive 内部表和外部表的区别。

2．分析与解答

在 Hive 中创建表时，默认情况下创建的是内部表（托管表），Hive 负责管理数据，这意味着 Hive 把数据移入它的 "仓库目录"。另一种选择是创建一个外部表（External Table），这会让 Hive 到仓库目录以外的位置访问数据。

这两种表的区别表现在 LOAD 和 DROP 命令的语义上。

（1）内部表

LOAD 加载数据到内部表时，Hive 把数据移到仓库目录。如果使用 DROP 删除内部表时，它的元数据和数据会被一起删除。

（2）外部表

Hive 建表使用 external 关键字以后，Hive 会知道数据并不由自己管理，因此 LOAD 操作不会把数据移到自己的仓库目录。当使用 DROP 删除外部表时，Hive 不会碰数据，只会删除元数据。

在大多数情况下，这两种方式没有太大的差别，根据个人喜好选择即可。但根据实际工作经验，一般会遵循一个经验法则：如果所有数据处理都由 Hive 来完成，应该选择使用内部表。如果同一个数据集需要由 Hive 和其他工具同时来处理，应该选择使用外部表。一般的做法是将存放在 HDFS 中的初始数据集使用外部表进行处理，然后使用 Hive 的转换操作将数据移到 Hive 的内部表。

6.5 简述 Hive 分区表与分桶表的区别

1．题目描述

简述 Hive 分区表与分桶表的区别。

2．分析与解答

Hive 把表组织成分区（Partition），这是一种根据分区列（如日期）的值对表进行粗略划分的机制，使用分区可以加快数据分片的查询速度。

表或者分区可以进一步分为桶（Bucket），它会为数据提供额外的结构以获得更高效的查询处理。例如，通过根据用户 ID 来划分桶，我们可以在所有用户集合的随机样本上快速计算基于用户的查询。

（1）分区表

分区是在创建表的时候用 PARTITIONED BY 子句定义的，如果指定日期为分区列，那么同一天的记录就会被存放在同一个分区中。这样做的优点是：对于限制到某个或某些特定日期的查询，它们的处理可以变得非常高效。因为它们只需要扫描查询范围内分区中的文件。

注意，使用分区并不会影响大范围查询的执行，我们仍然可以查询跨多个分区的整个数据集。

（2）分桶表

可以使用 CLUSTERED BY 子句来指定分桶表所用的列和要划分的桶的个数。将表（或分区）组织成桶有两个理由。第一个理由是获得更高的查询处理效率，桶为表加上了额外的结构，Hive 在做查询时连接两个在相同列上划分了桶的表，可以使用 map 端连接（Map-Side Join）高效地实现；第二个理由是使 "取样" 或者说 "采样" 更高效。在处理大规模数据集时，在开发和修改查询的阶段，如果能在数据集的一小部分数据上试运行查询，会带来很大的便利。

6.6　简述 Hive 包含哪些表连接方式

1．题目描述

简述 Hive 包含哪些表连接方式。

2．分析与解答

和直接使用 MapReduce 相比，使用 Hive 的一个好处在于 Hive 简化了常用操作。对比在 MapReduce 中实现连接（Join）要做的事情，在 Hive 中进行连接操作就能充分体现这个好处。

Hive 中常见的 Join 操作包含以下几种方式。

（1）内连接

内连接是最简单的一种连接。输入表之间的每次匹配都会在输出表里生成一行。

例如，sales 表列出人名及其所购商品的 ID，things 表列出商品的 ID 和名称，那么这两个表的内连接操作如下：

```
hive>select sales.*,things.* from sales join things on (sales.id=things.id);
```

（2）外连接

外连接可以让你找到连接表中不能匹配的数据行。

1）左外连接。在左外连接中，即使左侧表 sales 中的有些行无法与所要连接的 things 表中的任何数据行对应，查询也会返回 sales 表中的每一个数据行。左外连接操作示例如下所示：

```
hive>select sales.*,things.* from sales left outer join things on (sales.id=things.id);
```

2）右外连接。与左外连接相比，交换两个表的角色。things 表中的所有商品，即使没有任何人购买它们，也都会被返回。右外连接操作示例如下所示：

```
hive>select sales.*,things.* from sales right outer join things on (sales.id=things.id);
```

3）全外连接。两个表中的所有行在输出中都有对应的行。全外连接操作示例如下所示：

```
hive>select sales.*,things.* from sales full outer join things on (sales.id=things.id);
```

（3）半连接

查询 things 表中在 sales 表中出现过的所有商品，此时可以使用左半连接，操作示例如下所示：

```
hive>select * from    things left semi join    sales on (sales.id=things.id);
```

使用 LEFT SEMI JOIN 查询时必须遵循一个限制：右表（sales）只能在 ON 子句中出现。例如，不能在 SELECT 表达式中引用右表 sales。

（4）Map 连接

仍然以内连接为例：

```
hive>select sales.*,things.* from sales join things on (sales.id=things.id);
```

如果有一个连接表小到足以放入内存，如示例中的 things，Hive 就可以把较小的表放入每个 Mapper 的内存中来执行连接操作，这就称为 Map 连接。Map 连接执行查询不执行 Reducer 操作，执行效率更高。

6.7 简述 collect_list()与 collect_set()函数的区别

1. 题目描述

在 Hive 中，collect_list()和 collect_set()两个函数的区别是什么？参数类型有什么限制？

2. 分析与解答

在 Hive 中，collect_list()和 collect_set()是两个常用的聚合函数，它们都用于将分组中的某一列的值汇总成一个数组，并返回给用户。它们的区别主要在于对数据的处理方式。

（1）collect_list(col)函数

collect_list(col)函数将某一列（col）的值按照分组聚合成一个数组，并保留重复的值。换句话说，如果某一列在一个分组中有多个相同的值，那么在聚合的结果数组中，该值会重复出现多次。

（2）collect_set(col)函数

collect_set(col)函数也将某一列（col）的值按照分组聚合成一个数组，但与 collect_list()不同的是，它会去除重复的值。如果某一列在一个分组中有多个相同的值，那么在聚合的结果数组中，该值只会出现一次。

参数类型限制：

这两个函数在接受参数的类型上有一些限制。它们只接受基本数据类型作为参数，不支持复杂数据类型（如嵌套的结构体、数组或 Map 类型）。因此，要确保传递给这两个函数的列是基本数据类型，如 int、string、double 等。

示例用法：

假设有一个 employee 表包含以下数据，如图 6-1 所示。

图 6-1　employee 表

使用 collect_list()和 collect_set()函数进行数据聚合查询，如图 6-2 所示。

```
SELECT dept, collect_list(id) AS id_list, collect_set(id) AS id_set
FROM employee
GROUP BY dept;
```

图 6-2　数据聚合查询

执行上述查询后，将得到以下结果，如图 6-3 所示。

```
+--------+--------------+------------+
| dept   |   id_list    |   id_set   |
+--------+--------------+------------+
| HR     | [1, 4]       | [1, 4]     |
| IT     | [2, 3]       | [2, 3]     |
+--------+--------------+------------+
```

图 6-3 查询结果

总之，collect_list()函数会保留分组内的重复值，而 collect_set()函数会对分组内的值进行去重。它们都适用于将某一列的值汇总成数组，但在需要去除重复值的情况下，推荐使用 collect_set()函数。注意在使用这两个函数时，要确保传递给它们的列是基本数据类型。

6.8 简述 ORDER BY、DISTRIBUTE BY、SORT BY 和 CLUSTER BY 的区别与联系

1．题目描述

在 Hive 中，简述 ORDER BY、DISTRIBUTE BY、SORT BY 和 CLUSTER BY 的区别与联系。

2．分析与解答

在 Hive 中，ORDER BY、DISTRIBUTE BY、SORT BY 和 CLUSTER BY 都与数据的排序和分布有关，但它们具有不同的功能和作用。下面详细说明它们的区别和联系。

（1）ORDER BY

ORDER BY 用于对查询结果进行全局排序。它会在所有的数据记录上进行排序，并生成一个有序的结果集。但是，ORDER BY 操作需要在一个单独的 Reduce 阶段中执行，因此在处理大量数据时效率较低。它适用于需要返回有序结果的场景，但不适用于大规模数据的排序操作。

（2）SORT BY

SORT BY 用于在每个 Reduce 任务中对数据进行局部排序。与 ORDER BY 不同，SORT BY 并不能保证生成全局有序的结果，而是在各个 Reduce 任务中分别进行排序。通常，SORT BY 与 DISTRIBUTE BY 结合使用，确保数据在分布和排序过程中得到控制。

（3）DISTRIBUTE BY

DISTRIBUTE BY 用于指定数据在 Reducer 阶段的分发方式。它会根据指定的列值将具有相同值的数据分配到同一个 Reduce 任务中，从而保证相同 Key 的记录被处理到同一个 Reducer 中。DISTRIBUTE BY 通常与 SORT BY 或 CLUSTER BY 一起使用，以便控制数据分布和排序。

（4）CLUSTER BY

CLUSTER BY 实际上是 DISTRIBUTE BY 和 SORT BY 的组合。它会将具有相同值的数据分发到同一个 Reduce 任务中，并在该 Reduce 任务中对数据进行排序。与 SORT BY 不同的

是，CLUSTER BY 不能指定降序排序，只能按升序进行排序。

总结：

1）ORDER BY 用于全局排序，但效率较低，适用于要求有序结果的场景。

2）SORT BY 用于在各个 Reduce 任务中对数据进行局部排序，常与 DISTRIBUTE BY 结合使用。

3）DISTRIBUTE BY 用于指定数据在 Reducer 阶段的分发方式，确保相同 Key 的数据进入同一个 Reducer。

4）CLUSTER BY 是 DISTRIBUTE BY 和 SORT BY 的结合，适用于同时控制分布和排序的情况。

6.9 谈谈如何预防 Hive 查询全表扫描

1. 题目描述

以你的工作经验，谈谈如何预防 Hive 查询全表扫描。

2. 分析与解答

在生产环境中，为了预防 Hive 查询的全表扫描，需要注意以下操作，以提高查询性能和效率。

1）避免在 WHERE 子句中对字段进行 NULL 值判断：在 WHERE 子句中使用 IS NULL 或 IS NOT NULL 操作会导致引擎放弃使用索引而进行全表扫描。如果可能，可以在数据设计阶段避免使用 NULL 值，或通过其他方式处理 NULL 值情况。

2）避免使用!=或<>操作符：在 WHERE 子句中使用!=或<>操作符同样会导致引擎放弃使用索引而进行全表扫描。可以考虑使用其他操作符，如等于操作符（=）、范围操作符（BETWEEN）、IN 操作符等，以避免全表扫描。

3）避免在 WHERE 子句中使用 OR 连接条件：在 WHERE 子句中使用 OR 来连接多个条件会导致引擎难以使用索引优化查询，可能触发全表扫描。如果可能，尽量使用 AND 连接条件，或者通过其他方式对多个条件进行优化。

4）使用具体字段列表代替 IN 和 NOT IN 操作：在 WHERE 子句中使用 IN 或 NOT IN 操作时，应该尽量使用具体的字段列表代替通配符，以避免触发全表扫描。同时，确保返回的字段列表仅包含需要的字段，避免获取无用的数据。

5）避免使用模糊查询：模糊查询（如使用 LIKE 操作符）会导致引擎难以使用索引优化，可能触发全表扫描。如果不是必要情况，尽量避免使用模糊查询，或者考虑其他优化手段，如使用全文索引等。

6）避免使用 SELECT * FROM table：避免使用 SELECT *查询所有字段，尽量指定需要查询的字段，以减少数据传输和提高查询效率。同时，也可以利用列式存储等技术，只读取需要的列数据，从而减少不必要的 IO 操作。

总之，通过避免在 WHERE 子句中使用特定的操作符、连接条件以及模糊查询，使用具体字段列表代替 IN 和 NOT IN 操作，以及指定需要查询的字段，可以有效预防 Hive 查询的全表扫描，提高查询性能和效率。在数据设计和查询编写阶段，合理考虑这些因素可以优化查询的执行计划，从而减少不必要的资源消耗。

6.10 简述 Hive 包含哪些自定义函数

1. 题目描述

简述 Hive 包含哪些自定义函数。

2. 分析与解答

在 Hive 中，用户自定义函数（User-Defined Function，UDF）允许我们通过编写自己的代码来扩展 Hive 的功能，以满足特定的需求。Hive 支持三种类型的自定义函数：普通 UDF、用户定义聚合函数（UDAF）和用户定义表生成函数（UDTF）。

1）普通 UDF（User-Defined Function）：普通 UDF 是 Hive 中最常见的自定义函数类型。它操作于单个数据行，并产生一个数据行作为输出。普通 UDF 可以用于处理数据的各种转换、计算和操作。例如，你可以编写一个自定义函数来执行字符串处理、数学运算、日期操作等。普通 UDF 在 SELECT 语句的 SELECT 子句中使用，通常以函数名的形式调用，如 my_udf(col)。

2）用户定义聚合函数（User-Defined Aggregate Function，UDAF）：用户定义聚合函数是用于执行聚合操作的自定义函数。它们接受多个输入数据行，并产生一个输出数据行。UDAF 常用于在 GROUP BY 子句中执行聚合操作，如计算总和、平均值、最大值等。通过编写 UDAF，可以将自定义的聚合逻辑应用到 Hive 查询中。UDAF 在 SELECT 语句中使用，通常在聚合函数上应用一个特定的修饰符（如 COLLECT_LIST、SUM 等）来调用自定义的聚合函数。

3）用户定义表生成函数（User-Defined Table-Generating Function，UDTF）：用户定义表生成函数是一种特殊类型的 UDF，它作用于单个数据行，并产生多个数据行（即一个表）作为输出。UDTF 可以将一行数据分解成多行输出，这对于一些数据拆分和扁平化操作非常有用。在 Hive 查询中，可以将 LATERAL VIEW 和 UDTF 一起使用。UDTF 的使用方式是在 SELECT 语句的 LATERAL VIEW 子句中调用，通常以函数名的形式出现，如 LATERAL VIEW my_udtf(col)AS my_table。

总之，在 Hive 中，我们可以通过编写普通 UDF、用户定义聚合函数（UDAF）和用户定义表生成函数（UDTF）来扩展其功能，以满足特定的数据处理需求。不同类型的自定义函数适用于不同的场景，通过合理使用这些自定义函数，可以实现更灵活和定制化的数据处理操作。

6.11 阐述如何解决 Hive 数据倾斜问题

1. 题目描述

阐述如何解决 Hive 数据倾斜问题。

2. 分析与解答

在 MapReduce 执行过程中，Map 阶段产生的相同的 Key 会被分配到同一个 Reduce 进行聚合，但当某些 Key 的数据量过大时，会造成部分 Reduce 任务的运行时长远远超过其他 Reduce 任务，此时就出现了数据倾斜。Hive 作业底层执行的是 MapReduce，那么 Hive 同样会遇到数据倾斜问题。

例如，temperature 表包含气象站 ID、年份和气温值，station 表包含气象站 ID、经度、纬

度、海拔。针对不同的应用场景，解决 Hive 数据倾斜问题的常用手段如下。

（1）GROUP BY 引发的数据倾斜

Hive 中使用 GROUP BY 聚合操作容易产生数据倾斜问题，但并不是所有的数据都需要在 Reduce 端才能完成聚合操作，而是大部分数据可以先在 Map 端进行聚合，然后在 Reduce 端进一步聚合进而输出最终结果。

当分组统计 temperature 表中各个气象站有多少条天气记录时，如果出现数据倾斜，可以开启 Map 端聚合配置负载均衡。

```
#开启 Map 端的聚合操作
hive> set hive.map.aggr = true;
#配置在 Map 端进行聚合操作的数据量
hive> set hive.groupby.mapaggr.checkinterval = 100000;
#当出现数据倾斜时进行负载均衡配置
hive> set hive.groupby.skewindata = true;
#统计各个气象站包含多少条天气记录
hive>select id,count(*）from temperature group by id;
```

当参数设定为 true 时，Hive 生成的查询计划会有两个 MapReduce Job 来执行 group by 操作。第一个 MapReduce Job 中，Map 的输出结果按照 Key 会随机分配到不同的 Reduce 中，每个 Reduce 只能对同一个 Key 做部分聚合操作，从而避免数据倾斜，达到负载均衡的目的。第二个 MapReduce Job 中，Map 的输出结果会保证相同的 Key 分配到同一个 Reduce，最终完成 Key 的聚合操作。

（2）count(distinct)引发的数据倾斜

在 Hive 中，可以通过 count(distinct)语句来统计去重后的数据，但由于该去重操作只执行一个 Reduce 任务，在数据量比较大的情况下可能会造成数据倾斜，此时可以使用 group by+count 语句来代替。

当去重统计 temperature 表中气象站的个数时，如果出现数据倾斜可以使用 group by+count 语句来代替 count(distinct)。

```
hive>select count(id）from (select id from temperature group by id）t;
```

第一层 select 通过 group by 语句对气象站 id 进行去重操作，第二层 select 再通过 count 语句统计气象站个数。

（3）空值 NULL 引发的数据倾斜

在 Hive 中，如果表中存在大量空值 NULL，当表之间进行 Join 关联操作时就会产生 Shuffle，这样会导致所有的 NULL 值都会集中在一个 Reduce 中，从而产生数据倾斜，降低了作业执行效率。

此类数据倾斜问题可以通过两种方式来解决。

1）避免 NULL 值参与关联。通过 where 条件过滤掉 NULL 值不进行 Join 操作，这样 NULL 值不参与运算，也就避免了数据倾斜。

```
SELECT *
FROM temperature a
  JOIN station b
  ON a.id IS NOT NULL
```

```
        AND a.id = b.id
    UNION ALL
    SELECT *
    FROM temperature a
    WHERE a.id IS NULL;
```

2）随机赋值。因为 NULL 值参与 Join 也无法关联到数据，那么可以给 NULL 值随机赋值，这样它们的 Hash 结果就不一样，随机数均匀地进到不同的 Reduce 中，从而避免数据倾斜。

```
    SELECT *
    FROM temperature a
    LEFT JOIN station b ON CASE
        WHEN a.id IS NULL THEN concat('hive_', rand())
        ELSE a.id
    END = b.id;
```

（4）不同数据类型关联引发的数据倾斜

假如 temperature 表中的 id 字段为 int 类型，而 station 表中的 id 字段为 string 类型，当 temperature 和 station 表按照 id 字段进行 Join 操作时，只有一个 Reduce 任务默认的 Hash 操作会按 int 类型的 id 进行分配，这样会导致所有 string 类型的 id 的记录都被分配到一个 Reducer 中，从而造成数据倾斜。此时可以通过 cast 操作将 id 转换成相同的数据类型。

```
    SELECT *
    FROM station a
    LEFT JOIN temperature b ON a.id = CAST(b.id AS string);
```

（5）不可拆分的大文件引发的数据倾斜

当集群的数据量增长到一定规模，有些数据需要归档或转储，这时候往往会对数据进行压缩；若对文件使用 gzip 等不支持文件分割操作的压缩方式，在日后有作业涉及读取压缩后的文件时，该压缩文件只会被一个任务所读取。如果该压缩文件很大，则处理该文件的 Map 需要花费的时间会远多于读取普通文件的 Map 时间，该 Map 任务会成为作业运行的瓶颈。这种情况也就是 Map 读取文件的数据倾斜。

这种数据倾斜问题没有什么好的解决方案，只能将此类文件转为 bzip 和 zip 等支持文件分割的压缩方式。所以，我们在对文件进行压缩时，为避免因不可拆分的大文件而引发数据读取的倾斜，在数据压缩的时候可以采用 bzip2 和 zip 等支持文件分割的压缩算法。

（6）表关联引发的数据倾斜

两表进行普通的 Repartition Join 时，如果表连接的键存在倾斜，那么在 Shuffle 阶段必然会引起数据倾斜。

通常做法是将倾斜的数据存到分布式缓存中，分发到各个 Map 任务所在节点。在 Map 阶段完成 Join 操作，即 MapJoin，这样就避免了 Shuffle 操作，从而避免了数据倾斜。

```
    select  a.id , a.latitude,a.longitude,a.elevation,a.state, b.year,b.temperature
    from station a join temperature b on a.id = b.id;
```

MapJoin 是 Hive 的一种优化操作，其适用于小表 Join 大表的场景，由于表的 Join 操作是在 Map 端且在内存进行的，所以其并不需要启动 Reduce 任务，也就不需要经过 Shuffle 阶段，从而能在一定程度上节省资源，提高 Join 效率。

6.12 阐述 Hive 有哪些性能调优手段

1. 题目描述

阐述 Hive 有哪些性能调优手段。

2. 分析与解答

在大数据技术生态中，Hive 调优是实际运行当中常常面临的问题。企业级的数据平台中，随着数据规模的不断增长，要想更高效率地运行下去，就需要根据实际情况来进行优化。

（1）数据存储与压缩

使用 ORCFile 存储格式，可以显著提高 Join 操作的查询速度；使用 Snappy 压缩格式，可以显著降低网络 IO 和存储大小。

（2）设置本地模式

有时候 Hive 处理的数据量非常小，那么在这种情况下，为查询触发执行任务的时间消耗可能会比实际 Job 的执行时间要长，对于这种情况，Hive 可以通过本地模式在单节点上处理所有任务，对于小数据量任务可以大大地缩短时间。可以通过参数开启本地模式：

```
hive.exec.mode.local.auto=true
```

（3）并行执行

对于某个 Hive Job，若存在许多阶段可以并行执行，则集群利用率会变高，从而提高了查询的效率（在系统资源空闲情况下）。

可以通过参数设置并行执行：

```
set hive.exec.parallel=true
set hive.exec.parallel.thread.number=16;
```

（4）严格模式

严格模式的作用是防止用户执行危险查询，避免产生极差的查询性能。比如，对于分区表，用户不允许扫描所有分区；对于使用了 order by 语句的查询，要求必须使用 limit 语句；限制笛卡儿积的查询。

可以通过此参数设置严格模式：

```
set hive.mapred.mode=strict
```

（5）JVM 重用

JVM 的重用适用于大量小文件的场景，尤其对于 Job 中包含非常多的 Task 任务时，可以有效降低大量 JVM 启动过程开销。

可以通过此参数设置 JVM 重用次数：

```
set mapred.job.reuse.jvm.num.tasks=n
```

（6）Fetch 抓取

对于某些查询可以跳过 MapReduce 计算，直接查询 table 对应存储目录下的文件，效率更高（如全局查找、字段查找、filter 查找、limit 查找）。

可以通过此参数设置 Fetch 抓取：

```
set hive.fetch.task.conversion=more
```

（7）合理设置 Map/Reduce 的数量

合理设置 Map/Reduce 任务数量，可以提高作业执行效率，任务数量过少，执行时间长，任务数量过多，则会占用资源。

可以通过此参数设置任务数量：

```
#n 默认为 128MB，合理降低 block 大小可以增加 Map 任务数量
set dfs.block.size=n
set mapred.reduce.tasks=n
```

（8）选择使用 Tez 引擎

Tez 是基于 Hadoop YARN 之上的 DAG 计算框架，它可以把 Map/Reduce 过程拆分成若干个子过程，同时可以把多个 Map/Reduce 任务组合成一个较大的 DAG 任务，减少了 Map/Reduce 之间的文件存储。同时合理组合其子过程，也可以减少任务的运行时间。

可以通过此参数设置 Tez 引擎：

```
set hive.execution.engine=tez;
```

（9）Join 优化

1）使用相同的连接键。当对 3 个或者更多个表进行 Join 连接时，如果每个 on 子句都使用相同连接键的话，那么只会产生一个 MapReduce Job。

2）尽量尽早地过滤数据。减少每个阶段的数据量，对于分区表要加以分区，同时只选择需要使用到的字段。

3）尽量原子化操作。尽量避免一个 SQL 包含复杂逻辑，可以使用中间表来完成复杂的逻辑。

（10）数据倾斜优化

数据倾斜优化也是 Hive 常见的应用场景，针对数据倾斜如何进行优化在 6.11 节已经介绍过，这里不再赘述。

第 7 章　HBase 分布式数据库

本章将深入剖析 HBase 的关键概念和技术，帮助您在面试笔试中灵活应对有关 HBase 的问题。我们将从 HBase 的应用场景入手，探讨其在大数据处理中的作用和优势。随后，我们将介绍 HBase 的核心流程，包括读写数据流程、Region 的定位、合并与分裂机制，以及高效的 RowKey 设计。

在接下来的部分，我们将深入研究 HBase 的预分区和二级索引，带您了解如何更好地组织和查询数据。我们还将关注如何降低 HBase 的 IO 开销，以及处理冷热数据的优化方法。最后，我们将详细介绍 HBase 的性能调优手段，包括参数调优和其他相关策略，以提升集群性能。

通过本章的学习，您将能够全面掌握 HBase 在分布式数据库领域的核心概念和关键技术，为面试笔试中的 HBase 问题提供有力的解答和优化思路。无论您的 HBase 经验水平如何，本章都将为您的面试笔试准备提供实用的指导，让您在面试笔试中有出色的表现。让我们一同深入了解 HBase，为面试笔试成功奠定坚实基础。

7.1　简述 HBase 的应用场景

1. 题目描述

简述 HBase 的应用场景。

2. 分析与解答

HBase 作为一种具有多重属性的数据库和存储引擎，其应用场景十分广泛。以下是 HBase 在不同领域的应用场景。

1）对象存储：HBase 适用于存储大量的非结构化数据，如头条类、新闻类的网页、图片等。同时，一些特殊场景如病毒公司的病毒库也可以利用 HBase 进行高效存储和检索。

2）时序数据：基于 HBase 的扩展 OpenTSDB 模块，适用于时序数据的存储与分析，如监控系统、物联网设备传感器数据等。

3）用户画像和推荐系统：HBase 适用于存储稀疏的用户画像数据，如社交媒体平台用户的兴趣、行为信息。推荐系统可以利用 HBase 存储用户行为、商品信息，实现个性化推荐。

4）时空数据：HBase 适合存储轨迹、地理位置信息等时空数据。滴滴打车的轨迹数据、车联网企业的数据等都可以存储在 HBase 中。

5）OLAP 分析：利用 HBase 构建的 OLAP 分析系统，如 Apache Kylin，能够满足在线报表查询的需求，支持高效的数据分析。

6）消息和订单系统：电信、银行等领域的订单查询、通信记录等数据可以使用 HBase 进行存储，同时消息同步应用也可在 HBase 上构建。

7）Feeds 流：在短视频平台等场景中，HBase 可以作为 Feeds 流的存储引擎，实时获取用户的订阅内容。

8）NewSQL 应用：通过在 HBase 上安装 Phoenix 插件，可以满足二级索引、SQL 查询等需求，适用于 SQL 非事务性应用场景，如传统数据的对接。

这些应用场景充分展示了 HBase 在大数据领域的灵活性和多样性，为不同业务场景提供了高效可靠的数据存储和查询能力。

7.2　简述 HBase 读数据流程

1．题目描述

请简述 HBase 读数据流程。

2．分析与解答

HBase 读数据流程如图 7-1 所示。

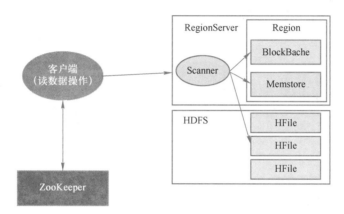

图 7-1　HBase 读数据流程

HBase 的数据读取流程涉及多个组件的协同工作，以下是 HBase 读取数据的详细流程。

1）获取元数据信息：客户端首先通过与 ZooKeeper 通信，获取 meta 表的 Region 位置信息。meta 表中存储了 HBase 中各个用户表的 Region 信息。客户端根据查询的命名空间、表名和 RowKey 信息，从 meta 表中确定查询数据所在的 Region。

2）确定 RegionServer：客户端根据从 meta 表获取的 Region 信息，找到包含查询数据的 RegionServer 的位置。

3）数据查找流程：客户端向定位到的 RegionServer 发送数据请求，指定要查询的 Region 和 RowKey。

4）内存查找：RegionServer 首先在内存中的 Block Cache（块缓存）中查找数据。如果数据在 Block Cache 中找到，就直接返回给客户端，这是一种快速查询方式，减少了对磁盘的访问。

5）Memstore 查找：如果在 Block Cache 中没有找到数据，RegionServer 会在 Memstore（内存中的写缓冲区）中查找数据。Memstore 是在写入操作时使用的，也可能包含所需数据。

6）HFile 查找：如果在 Memstore 中未找到数据，RegionServer 会查找 HFile（HBase 的底层数据存储格式）中的数据。HFile 是稀疏的、有序的存储文件，通过 Bloom Filter 等方式快速定位数据位置，然后从 HFile 中读取数据。

7）数据返回和缓存：从 HFile 读取到数据后，RegionServer 会将数据写入 Block Cache，以备后续查询使用。然后将查询结果返回给客户端。

通过以上流程，HBase 实现了高效的数据读取。优先从内存中的缓存查找，再逐级查找到底层的 HFile 文件，从而快速地查询和检索数据。这个流程确保了在不同层级的数据存储中实现最佳的查询性能。

7.3　简述 HBase 写数据流程

1．题目描述

简述 HBase 的数据写入流程。

2．分析与解答

HBase 写数据流程如图 7-2 所示。

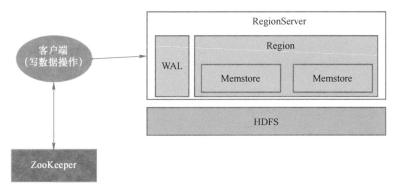

图 7-2　HBase 写数据流程

HBase 的数据写入流程是一个复杂的过程，它涉及多个步骤和组件的协同工作，以下是 HBase 数据写入的详细流程。

1）获取元数据信息：客户端通过与 ZooKeeper 通信，获取 meta 表的 Region 位置信息。meta 表中存储了 HBase 中各个用户表的 Region 信息。客户端根据写入数据的命名空间、表名和 RowKey 信息，从 meta 表中确定写入数据所在的 Region。

2）确定 RegionServer：客户端根据从 meta 表获取的 Region 信息，找到要写入的数据所在的 RegionServer 的位置。

3）写入 WAL：在写入实际数据之前，客户端首先将数据写入预写日志（Write-Ahead Log，WAL）。WAL 是一种在内存和 HDFS 之间的缓冲，用于保证数据的持久性和一致性。写入 WAL 后，即使在写入过程中发生故障，数据也能够恢复。

4）写入 Memstore：客户端将数据写入对应 RegionServer 的 Memstore（内存中的写缓冲区）。Memstore 主要用于加速数据写入操作，它是一个临时存储区域，数据会被存储在内存中，等待进一步的处理。

5）返回写成功：一旦数据成功写入 Memstore，RegionServer 会向客户端返回写成功的消息，表明数据已经成功存储在内存中。

6）刷写到磁盘：随着不断写入数据，Memstore 的大小会逐渐增加。一旦 Memstore 达到

一定的阈值，RegionServer 会触发将 Memstore 中的数据刷写到磁盘，生成 StoreFile 文件。这些文件会以 HFile 的格式存储在 HDFS 上。

7）Compaction 操作：随着数据不断写入和刷写，HBase 的数据可能会出现多个版本。为了优化查询性能，HBase 会定期进行 Compaction 操作，将多个版本的数据合并为一个版本，减少数据冗余。

通过以上流程，HBase 实现了数据的高效写入和持久化。写入 WAL 和 Memstore 的设计确保了数据的可靠性和一致性，而后续的刷写和 Compaction 操作则保证了数据存储的效率和查询性能。

7.4　阐述 HBase Region 如何定位

1. 题目描述

阐述客户端如何确定 HBase Region 的位置。

2. 分析与解答

客户端定位 HBase Region 的流程如图 7-3 所示。

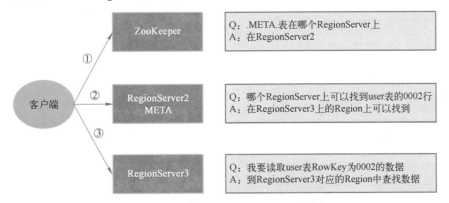

图 7-3　客户端定位 HBase Region 的流程

在 HBase 中，客户端需要准确定位数据所在的 RegionServer 才能进行读写操作。下面是客户端定位 HBase Region 位置的详细过程。

1）通过 ZooKeeper 获取 .META. 表信息：首先，客户端通过与 ZooKeeper 通信，获取 .META. 表所在的 RegionServer。.META. 表是 HBase 内部管理表，它存储了所有用户表的元数据信息，包括表的 Region 信息。

2）与 .META. 表交互：客户端与 .META. 表所在的 RegionServer 建立连接，发送查询请求。客户端根据给定的 RowKey 或 RowKey 区间，请求 .META. 表返回包含该数据的 Region 信息。

3）获取目标 RegionServer：客户端从 .META. 表的返回结果中解析出目标数据所在的 Region 信息，包括所属的 RegionServer 地址。

4）与目标 RegionServer 交互：客户端与目标 RegionServer 建立连接，发送请求。如果是读操作，客户端请求 RegionServer 返回对应 RowKey 的数据。如果是写操作，客户端将数据发送到目标 RegionServer 进行写入。

5）缓存.META.表信息：为了提高定位效率，客户端可能会将.META.表的部分信息进行缓存，下次定位时可以直接使用缓存中的信息，而不必再次从 ZooKeeper 获取。

通过以上步骤，客户端能够准确地定位目标数据所在的 RegionServer，实现读写操作。这个过程保证了 HBase 的数据定位和访问效率。

7.5 简述 HBase Region 的合并与分裂过程

1．题目描述

简述 HBase Region 的合并与分裂过程。

2．分析与解答

随着客户端不断写入数据，当 Memstore 达到阈值之后就会刷写磁盘，MemStore 每次 Flush 操作都会创建新的 HFile 文件，而过多的 HFile 会引起读的性能问题，HBase 采用 Compaction（合并）机制来解决这个问题。

Compaction 分为两种：Minor Compaction（小合并）和 Major Compaction（大合并）。HFile 的合并流程如图 7-4 所示。

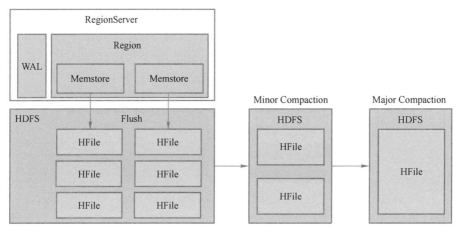

图 7-4　HFile 的合并流程

Minor Compaction：是指选取一些小的、相邻的 HFile 将它们合并成一个更大的 HFile。在这个过程中，不会处理已经删除或到期的单元格，一次 Minor Compaction 的结果是得到更少并且更大的 HFile。

Major Compaction：是指将所有的 HFile 合并成一个 HFile，在这个过程中，标记为删除的单元格会被删除，而那些已经到期的单元格会被丢弃，那些已经超过最多版本数的单元格也会被丢弃。一次 Major Compaction 的结果是一个 Store 只有一个 HFile 存在。Major Compaction 可以手动或自动触发，然而由于它会引起很多的 IO 操作进而引起性能问题，因而它一般会被安排在周末、凌晨等集群比较空闲的时间来执行。

经过 Major Compaction 过程之后，HFile 由小文件合并为大文件。然而对 HBase 而言，文件太大也不是什么好事，它会造成以下问题。

（1）数据分布不均匀

同一 RegionServer 上的数据文件越大，读请求就会越多。一旦所有的请求都落在同一个 RegionServer 上，尤其是很多热点数据请求，必然会导致很严重的性能问题。

（2）Compaction 性能损耗严重

Compaction 本质上是一个排序合并的操作，合并操作需要占用大量内存，因此文件越大占用内存越多。此外，Compaction 有可能需要迁移远程数据到本地进行处理（负载均衡之后的 Compaction 操作就会存在这样的场景），如果需要迁移的数据文件比较大，带宽资源就会损耗严重。

（3）大文件会影响读取效率

每天写入 HBase 的数据量可能是数十亿，甚至数百亿，如果不对大文件进行切分，一个热点 Region 新增的数据量可能就有几十个 GB 大小，大量的读请求会把单台 RegionServer 的资源耗光。只有通过对大文件进行切分，也就是当文件过大时将一个 Region 分裂为两个 Region，再通过负载均衡机制转移到其他 RegionServer 之上，才能使系统资源的使用更加均衡。

HBase Region 的分裂过程如图 7-5 所示。

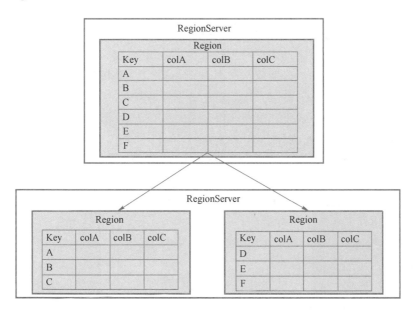

图 7-5 HBase Region 的分裂过程

Region 分裂的基本过程如下：

最初，一个 HBase Table 只有一个 Region 分区，随着数据的不断写入，Region 会逐渐变大。当一个 Region 达到阈值之后，大 Region 就需要 Split（分裂）成两个小 Region，这个阈值是由 hbase.hregion.max.filesize 参数来指定的。Split 后的两个新的 Region 会在同一个 RegionServer 中创建，它们各自包含父 Region 一半的数据。当 Split 完成之后，父 Region 会下线，两个子 Region 会向 Master 节点注册上线。基于 HBase 集群的负载均衡机制，这两个新的 Region 会被 Master 分配到其他的 RegionServer 之上。

7.6 阐述 HBase 如何设计 RowKey

1．题目描述

阐述 HBase 如何设计 RowKey。

2．分析与解答

HBase 的 RowKey 设计在数据分区和查询性能方面具有重要影响，以下详细介绍 HBase RowKey 的设计原则和方法。

（1）RowKey 的本质

RowKey 在 HBase 中类似于关系数据库中的主键，用于唯一标识数据行。HBase 中的数据按照 RowKey 的字典顺序进行排序。

（2）RowKey 的作用

HBase RowKey 具有以下作用。

1）**定位数据**：HBase 读写操作通过 RowKey 找到对应的 Region。

2）**数据排序**：Memstore 和 HFile 中的数据都按照 RowKey 的字典顺序排序。

（3）RowKey 设计原则

在设计 HBase RowKey 时，需遵循以下原则。

1）**业务需求**：满足实际查询需求。

2）**散列**：避免热点数据，分散数据在不同 Region 上，提高查询速度。

3）**唯一性**：保证 RowKey 的唯一性，避免数据被覆盖。

4）**长度控制**：控制 RowKey 长度不宜过长，最好在 16 字节以内。

（4）散列原则的 RowKey 设计方法

1）**Salt 加盐**：在 RowKey 前添加随机前缀，避免热点数据。前缀数量应与期望分区数量匹配，提高数据分布均匀性。

2）**Hash 或 Mod 函数**：通过 Hash 函数或取模操作，将数据分散到不同分区，实现负载均衡。客户端可重建 RowKey 进行查询。

3）**Reverse 反转**：针对固定长度的 RowKey，将经常变化的部分放在前面，如手机号反转。增强随机性，避免热点数据。

设计合适的 HBase RowKey 能够有效提升数据查询性能和数据分布均衡，使 HBase 在实际应用中更加高效可靠。

7.7 阐述 HBase 如何实现预分区

1．题目描述

阐述 HBase 如何实现预分区，从而避免热点问题。

2．分析与解答

HBase 创建表时默认只有一个分区，这也是产生热点问题的主要原因，所以在 HBase 建表时需要实现预分区。

（1）什么是预分区

在刚创建 HBase 表时，默认只有 1 个分区（Region）。当一个 Region 达到阈值时，将会分裂为 2 个 Region。Region 在进行分裂的时候会耗费大量的资源，Region 频繁地分裂会对 HBase 的性能造成巨大的影响。HBase 提供了预分区功能，用户可以在创建表的时候对表按照一定的规则进行分区。

（2）预分区的目的

对 HBase 进行预分区，可以减少 Region 分裂带来的资源消耗，从而可以提高 HBase 集群的性能。

（3）如何实现预分区

HBase 实现预分区的方式有很多种，这里介绍一种生产环境中常用的预分区方式。

1）预估数据总规模。首先需要确定 HBase 表的数据总规模，如果知道每天写入 HBase 表中的数据量（比如每天写入 176GB）以及数据保留清理策略（如数据保留最近 20 天），那么可以预估数据总规模=176GB×20=3520GB。

2）选取 Region 大小。对于生产环境中的大型 HBase 表，Region 大小主要受压缩限制——非常大的压缩会降低集群性能。目前，官方推荐最大 Region 大小为 10～20GB，Region 最优大小为 5～10GB。

3）预估 Region 数量。HBase 预分区的数量可以通过以下公式来计算：

Region Size（分区数量）=数据总规模（3520GB）/Region 大小（10GB）

假如 Region 大小设置为最优值的最大值（如 10GB），那么 Region Size 大约为 350 个。

4）实现预分区。可以通过 HBase Java 客户端实现预分区，具体调用方法如下所示：

```
admin.createTable(tabledesc,startkey,endkey,regionsize)
```

其中，tabledesc 参数为 HTableDescriptor 对象，可以通过具体表名称来构建。Region Size 参数为常量，已经由上面步骤计算获得。

假设 HBase 表预分区的范围选择使用 Java short 类型的最大值（十进制为 32767），这里可以分别计算出 startkey 和 endkey 参数的值：

```
short startkey = (short)（0x7FFF / region size);
short endkey = (short)(0x7FFF - (0x7FFF / region size));
```

备注：0x7FFF 为十六进制的值，转换为十进制的值为 32767（也即是 Java short 类型的最大值）。

通过以上预分区方法，HBase 表可以更好地分布数据，避免热点问题，提高整体性能。

7.8 谈谈你对 HBase 二级索引的理解

1．题目描述

谈谈你对 HBase 二级索引的理解。

2．分析与解答

HBase 是一个分布式、面向列的 NoSQL 数据库系统，通常使用行键（RowKey）来快速访问数据。然而，对于一些查询需求，仅仅依赖于行键可能效率不高，因为行键并不一定能

满足所有查询条件。这时，HBase 二级索引就发挥作用了。

（1）二级索引的概念

HBase 的二级索引是指除了主键外，额外创建的用于快速查询的索引。通过创建二级索引，可以在不直接使用行键的情况下加速特定字段的查询操作。

（2）使用场景

1）**多条件查询**：当需要根据非主键字段进行多条件查询时，二级索引可以大幅提高查询效率，避免全表扫描。

2）**范围查询**：对于范围查询，如某时间段内的数据，通过二级索引可以避免扫描整个表。

3）**字段值唯一性验证**：在需要验证字段值是否唯一的场景，可以使用二级索引来实现。

（3）二级索引的实现方式

在 HBase 中，没有内置的二级索引机制，但可以通过以下几种方式来实现。

1）**Apache Phoenix**：Phoenix 是一个构建在 HBase 之上的 SQL 查询引擎，支持创建二级索引，提供了 SQL 语法来查询 HBase 数据。

2）**HBase 自定义列**：可以在表中新增一列，用于存储需要作为索引的值。但这种方式需要手动管理数据一致性和索引维护。

3）**倒排索引**：在一个单独的 HBase 表中，将非主键字段的值作为行键，将原行键作为值，从而实现倒排索引。

（4）二级索引的优缺点

优点：加速非主键字段的查询，减少全表扫描，提高查询效率；可以满足特定查询需求。

缺点：增加了存储空间开销，维护成本较高；引入了数据一致性问题，需要保证索引数据和实际数据的一致性。

在面试笔试中，你可以通过上述分析，阐述你对 HBase 二级索引的理解。同时，可以结合具体的使用场景和实现方式，展示你的深入思考和实践经验。

7.9 阐述 HBase 如何降低磁盘 IO

1. 题目描述

当 HBase 在资源紧张时，降低 IO 的手段有哪些？

2. 分析与解答

在资源紧张的情况下，降低 HBase 的 IO 操作对于维持系统性能至关重要。但对 HBase 的 IO 进行优化需要遵循以下几个前提。

1）一切优化的前提都是在 HBase 集群资源（如内存、CPU、IO）遇到瓶颈的时候，否则所有手段的作用都不大。

2）没有绝对的有效手段，必须针对具体业务场景去分析。

3）大多数情况下，都是磁盘 IO 存在问题（CPU 和内存一般问题都不大，除非集群配置太差）。

以下是一系列可行的手段，每一种手段都包含优化原理、适用场景和注意事项，以帮助求职者全面理解。

（1）适当增加列族个数，一起读写的列放在一个列族

优化原理： 通过合理划分列族，减少扫描同一 RowKey 的不必要数据，降低 IO 开销。

适用场景： 适合读多写少或者列族数据经常需要一起读取的应用场景。

注意事项：

1）不要过度增加列族个数，列族过多可能会增加写入开销。

2）如果读取次数远远超过写入次数，多列族反而会增加 IO。

3）通常建议使用单列族，除非 IO 成为瓶颈。

（2）预建分区

优化原理： 提前创建分区，将数据分散存储，防止热点问题，平衡各节点负载。

适用场景： 适合大多数场景，能有效减轻 IO 负担。

注意事项： 适当分区以防止热点，确保合理分区数。

（3）合理规划 HFile 大小，减少 Region Split

优化原理： 避免频繁的 Region Split，减少额外的开销，提升性能。

适用场景： 大多数场景能有效减轻 IO 负担。

注意事项： 根据数据规模预估 HFile 的 maxsize，避免频繁 Region Split。

（4）maxversion 设置为 1

优化原理： 保留一个版本，减少存储开销，从而降低 IO 负担。

适用场景： 不需要多版本数据且存在重复写入的场景。

注意事项： 能缓解 IO 负担，但不适用于多版本需求。

（5）高宽表结合

优化原理： 结合高宽表的设计，以时间段为列名，降低单条数据过大的问题，减少 IO 负担。

适用场景： 适合时间线查询场景，能有效减轻 IO 负担。

注意事项： 适用于时间线查询，减少 IO 开销。

（6）将(Long.MAX_VALUE – timestamp)加到 RowKey

优化原理： 将时间戳作为 RowKey 的一部分，保证新数据在读取时能够快速命中，降低 IO 负担。

适用场景： 适合最近写入的数据最可能被访问的场景。

注意事项： 能够提高读取效率，缓解 IO 压力。

（7）使用写缓存

优化原理： 通过以字节为单位的写缓存，减少写入次数，降低网络和磁盘 IO 负担。

适用场景： 适合内存充足的场景，能有效减轻网络和磁盘 IO 负担。

注意事项： 能降低网络和磁盘 IO，需注意缓存大小。

（8）批量读写

优化原理： 将多次 IO 合并为一次批量读写，降低 IO 开销。

适用场景： 适合实时性要求高、网络和 IO 压力大的场景。

注意事项： 减少 IO 开销，提高数据处理效率。

（9）使用第三方前端缓存

优化原理： 通过前端缓存，减少磁盘读写操作，降低 IO 负担。

适用场景：能容忍一定的数据差异，适用于访问频繁的数据。

注意事项：合理采用淘汰算法和 TTL 策略，减轻 IO 负担。

（10）BulkLoad 入库

优化原理：通过直接生成底层数据文件，减少 IO 开销，尤其对写入性能有显著影响。

适用场景：适合入库实时性要求不高，IO 紧张的场景。

注意事项：适合数据写入性能要求不高的场景。

（11）Block Cache

优化原理：以额外的内存开销换取 IO 的下降，通过缓存热数据来减少磁盘 IO。

适用场景：内存充足，适用于读密集的场景。

注意事项：采用 LRU 淘汰策略，合理配置内存大小。

（12）适当放宽 Flush 门槛

优化原理：通过调整内存刷新门槛阈值，使热数据在内存中待一会，增加缓存命中率，降低写磁盘次数。

适用场景：适合刚写入的数据读写最频繁，且内存不是瓶颈的场景。

注意事项：阈值不能过大，以避免过长的 Flush 时间。

（13）关闭 WAL（慎用）

优化原理：关闭写入时的 Write-Ahead Logging（WAL），可以节省一部分 IO 开销。

适用场景：允许丢失少量数据，适用于对数据持久性要求不高的场景。

注意事项：仅在极端情况下考虑，可能会导致数据丢失。

（14）忙时关闭 Major Compaction，闲时打开 Major Compaction

优化原理：根据业务忙闲时间，调整 Major Compaction 的时间，以缓解忙时的 IO 负担。

适用场景：适合业务有忙闲时间变化的场景，能有效减轻忙时的 IO 负担。

注意事项：注意根据业务情况合理调整 Compaction 时间。

（15）合理使用压缩算法（文件级别）

优化原理：使用压缩算法降低存储需求，减轻 IO 压力，需要权衡 CPU 开销。

适用场景：适合 CPU 不是瓶颈、IO 压力较大的场景。

注意事项：不同压缩算法有不同的 CPU 开销，根据情况选择。

（16）使用 PrefixTreeCompression

优化原理：通过前缀树压缩方式减小存储空间，从而减轻 IO 压力。

注意事项：能够节省存储空间，降低 IO 负担。

（17）使用 Bloomfilter

优化原理：通过 Bloomfilter 减少随机读时的不必要 IO 开销，提高读取效率。

适用场景：内存较充足，一般情况下都适用。

注意事项：开启 Bloomfilter 会增加存储和内存 Cache 开销。

（18）使用较新的版本

优化原理：新版本通常会带来对 IO 读写等方面的优化，有助于降低 IO 负担。

注意事项：不要使用过于新的版本，需严格测试，或参考其他公司的使用情况。

在资源紧张的情况下，上述手段的选择应根据具体的业务场景和需求而定，以达到降低 HBase 的 IO 负担、提升系统性能的目的。

7.10　阐述 HBase 如何处理冷热数据

1．题目描述

阐述 HBase 如何处理冷热数据。

2．分析与解答

在资源紧张的情况下，如何在 HBase 中处理冷热数据是一个关键的优化问题。冷热数据处理旨在保证最近写入的数据能够快速查询，同时有效管理不经常访问的冷数据，以降低系统的 IO 负担。下面针对这个问题，提出几种优化手段。

（1）将(Long.MAX_VALUE-timestamp)加到 RowKey

优化原理：通过在 RowKey 中加入时间戳的反向表示，使最近写入的数据排在 RowKey 的前面，从而在查询时可以快速命中最新数据。

说明：这种方式可以使查询最近写入的数据更加迅速，减少 IO 访问。

（2）适当减少 Memstore 的 Flush 频率

优化原理：将写入的数据先存储在 Memstore 中，超过一定大小再将数据刷到磁盘，可以使刚写入的热数据在内存中待一段时间，增大缓存命中率。

说明：需要注意阈值的设置，过大可能会影响 Flush 速度。

（3）使用堆外内存做二级缓存（Block Cache）

优化原理：使用堆外内存作为二级缓存，可以提高热数据的缓存命中率，避免频繁地从磁盘读取数据。

说明：这种方式适用于云主机等硬件不支持使用固态硬盘的情况。

（4）按天建表+最近时间段常驻内存

优化原理：按照时间段（如天）建立不同的表，将当天的热数据保持在内存中，而其他时间段的数据根据需要动态设置是否常驻内存。

说明：这样可以确保能够快速访问最近时间段的数据，同时避免不必要的内存占用。

（5）按天建表+当天适当增大副本

优化原理：根据时间段的不同，可以适当增加副本数量，以提高热数据的本地性，从而加快查询速度。

说明：需要注意副本数量的控制，避免过多的副本占用存储空间。

通过上述优化手段，可以在资源紧张的情况下，合理处理冷热数据，保证最近写入的数据能够快速查询，同时通过合理的内存和存储管理策略，减少系统的 IO 负担，提升系统性能。在设计冷热数据处理策略时，还需要结合具体业务场景和硬件环境进行权衡和调整，以达到最佳的性能优化效果。

7.11　简述 HBase 有哪些性能调优手段

1．题目描述

简述 HBase 有哪些性能调优手段。

2．分析与解答

在优化 HBase 的性能方面，有许多手段可供选择，涵盖了硬件、查询、写入、参数以及其他方面的优化。以下将对这些性能调优手段进行详细的介绍。

（1）硬件调优

内存和 CPU：在硬件层面进行调优是提升性能的基础。适当增加内存和 CPU 资源，可以支持更大的并发查询和高效的数据处理。

（2）查询优化

设置 Scan 缓存：通过调整 hbase.client.scanner.caching 参数，提高客户端查询的效率，减少与 HBase 服务器的通信次数。

显示地指定列：避免全表扫描，只查询需要的列，减少数据传输量，降低网络和 IO 开销。

批量读：使用 Get 操作批量读取数据，减少 RPC 调用次数，提高查询性能。

使用 Filter 降低客户端压力：使用过滤器限定查询结果，减少不必要的数据传输，降低客户端负担。

缓存使用：合理利用 Block Cache，将热数据缓存在内存中，提高数据读取性能。

关闭 WAL 日志：对于不需要持久化的数据，可以关闭 WAL，减少写入操作的开销。

（3）写入优化

预创建 Region：在创建表时预先划分多个 Region，避免动态 Region 增长，减少 Region 分裂带来的性能影响。

延迟日志 Flush：适当调整 hbase.regionserver.optionallogflushinterval 参数，降低写入操作的磁盘 IO 开销。

批量写：使用 Put 操作进行批量写入，减少 RPC 调用次数，提高写入效率。

启用压缩：将写入的数据进行压缩，减少磁盘存储开销。

（4）参数调优

1）hbase.hstore.compactionThreshold。

优化原理：指定当一个 Store 内的 StoreFiles 数量达到该值时，进行 Minor Compaction，合并小的数据块。

说明：合理设置可以平衡 Compaction 的频率和资源开销。

2）hbase.regionserver.thread.compaction.large 和 hbase.regionserver.thread.compaction.small。

优化原理：控制后台线程执行 Compaction 的数量。大线程用于处理较大的 Compaction 任务，小线程用于处理较小的 Compaction 任务。

说明：合理设置可以平衡 Compaction 任务的执行，避免大量任务阻塞。

3）hbase.hregion.max.filesize。

优化原理：设置单个 Region 的最大存储文件大小，超过此大小会触发 Region 分裂，防止 Region 过大影响性能。

说明：根据业务需求和硬件资源设置，避免 Region 过大。

4）hfile.block.cache.size。

优化原理：控制 Block Cache 的占用大小，将热数据缓存至内存，提高读取性能。

说明：根据内存资源，设置适当的值以平衡缓存使用和其他资源需求。

5）hbase.regionserver.global.memstore.size。

优化原理：限制 RegionServer 上所有 Memstore 的总大小，避免内存超限，导致性能下降。

说明：根据可用内存，合理设置以平衡写入性能和内存资源。

6）hbase.hstore.compaction.max.size 和 hbase.hstore.compaction.max。

优化原理：限制单次 Compaction 合并的文件大小和数量，避免大规模的合并导致性能抖动。

说明：根据实际存储情况，合理设置以平衡 Compaction 的开销和性能。

7）hbase.hstore.compaction.kv.max。

优化原理：限制在 Compaction 过程中每个合并数据块的最大 Key-Value 数量。

说明：根据实际情况，合理设置以平衡合并过程的开销和性能。

8）hbase.hstore.blockingStoreFiles。

优化原理：设置 Store 在执行 Compaction 时最大允许的文件数，避免过多文件同时参与合并。

说明：合理设置以平衡 Compaction 的开销和性能。

9）hbase.hregion.memstore.block.multiplier。

优化原理：控制内存中的 Memstore 大小，避免过大的内存占用。

说明：合理设置以平衡内存资源和写入性能。

10）hbase.hregion.memstore.flush.size。

优化原理：控制 Memstore 刷写到磁盘的大小，避免过大的刷写压力。

说明：根据硬件资源和写入模式，合理设置以平衡磁盘 IO 和写入性能。

（5）其他调优

ZooKeeper 优化：对 ZooKeeper 集群进行优化配置，保障其性能和稳定性，以提升 HBase 整体性能。

HBase 列族版本调整：根据数据访问模式和需求，适当调整列族的版本数量，以避免不必要的版本数据存储和查询开销。

负载均衡周期调整：调整 HBase 负载均衡的周期，根据集群的负载情况，合理分配资源，确保性能的稳定性。

通过结合上述多种性能调优手段，可以使 HBase 在不同场景下获得最佳性能表现。然而，需要注意的是，优化策略应根据具体环境和业务需求进行调整，从而保证性能和资源的最佳平衡。

第 8 章　Kafka 分布式消息队列

本章深入探讨了 Kafka 作为分布式消息系统的核心概念和关键机制，旨在帮助读者更好地理解其在大数据领域的重要性。本章从 ZooKeeper 的关键作用入手，探讨了 Kafka 集群的协调和管理，随后深入剖析了 Kafka 的文件存储设计和使用场景。接着，我们深入解析了 Kafka 的数据写入、选举、分区分配、负载均衡等机制，以及再均衡、ACK 机制、数据同步等关键特性。最后，本章重点强调了 Kafka 在数据可靠性、消息幂等性、消息顺序消费以及高性能读取方面的优势，为读者提供了应对实际问题的实用见解。无论是关注数据保障、性能优化还是面试笔试准备，本章都提供了全面而深入的指导，帮助读者更好地掌握 Kafka 的核心知识和应用实践。

8.1　简述 ZooKeeper 在 Kafka 中的作用

1．题目描述

简述 ZooKeeper 在 Kafka 集群中的作用。

2．分析与解答

ZooKeeper 在 Kafka 中扮演着关键的角色，主要负责以下几个方面。

1）集群管理：ZooKeeper 维护了 Kafka 集群中所有 Broker 的元数据，包括 Broker 的 ID、IP 地址、端口等信息，以及所有 Topic、Partition 的元数据，包括分区的副本分配情况、ISR 列表等信息。Kafka Broker 启动时会向 ZooKeeper 注册自己的信息，并通过 ZooKeeper 进行集群协调和管理。

2）配置管理：ZooKeeper 存储了 Kafka 集群的配置信息，如 Broker 的默认配置、Topic 的默认配置等。

3）Leader 选举：每个 Partition 都有一个 Leader 和多个 Follower，ZooKeeper 会协助 Kafka 进行 Leader 选举，确保每个 Partition 都有一个可用的 Leader。

4）消费者协调：当 Kafka 消费者组中有新的消费者加入或消费者退出时，ZooKeeper 会负责协调消费者之间的分区分配，确保每个消费者负责消费的 Partition 不重复，且每个 Partition 都被分配给了消费者组中的一个消费者。

5）心跳检测：Kafka Broker 和消费者会定期向 ZooKeeper 发送心跳信号，以确保自己仍然存活，如果某个 Broker 或消费者长时间没有发送心跳信号，ZooKeeper 会认为它已经宕机，将其标记为失效状态，触发相应的处理逻辑。

总之，ZooKeeper 在 Kafka 中扮演着非常重要的角色，它是 Kafka 集群的元数据和协调中心，确保了 Kafka 集群的高可用性和可靠性。

8.2　简述 Kafka 文件存储设计特点

1. 题目描述

简述 Kafka 文件存储设计特点。

2. 分析与解答

Kafka 的文件存储设计是其消息传输和存储的核心组成部分，其特点如下。

1）顺序写入：Kafka 的文件存储采用顺序写入的方式，即将消息顺序追加到磁盘上的日志文件中。这种设计可以提高写入性能，同时保证了消息的顺序性和可靠性。

2）分段存储：Kafka 将每个主题的消息分为多个分区，每个分区对应一个日志文件。为了支持快速定位和删除过期消息，Kafka 会将每个日志文件分割为多个大小固定或时间窗口切割的日志段（Segment），每个日志段包含一定数量的消息。

3）预分配：为了避免频繁的磁盘寻道操作，Kafka 在写入消息之前会预先分配磁盘空间，以保证后续的消息可以顺序写入磁盘，而无须进行磁盘寻道操作。

4）索引：Kafka 在每个日志段中维护了一个索引文件（Index File），用于快速定位消息的偏移量和位置。索引文件采用了 B+树的数据结构，可以在极短的时间内定位指定消息的位置，从而支持高效的消息读取和检索。

5）压缩：为了减少消息传输和存储的带宽和空间开销，Kafka 支持多种消息压缩方式，包括 gzip、snappy、lz4 等。这些压缩算法都具有高效的压缩和解压缩速度，可以在不降低数据质量的情况下减少消息的存储和传输成本。

综上所述，Kafka 的文件存储设计采用了多种技术手段，旨在提高消息传输和存储的效率和性能。

8.3　简述 Kafka 的使用场景

1. 题目描述

请简述一下企业在什么场景下会选择使用 Kafka。

2. 分析与解答

Kafka 是一个高吞吐量、低延迟的分布式消息队列系统，其主要应用场景如下。

1）日志收集：Kafka 的高吞吐量和可靠性使其成为一个优秀的日志收集系统。可以将各种类型的日志发送到 Kafka 中，并通过消费者消费这些日志数据进行分析和处理。

2）流处理：Kafka 可以与 Apache Storm、Apache Spark 和 Apache Flink 等流处理系统配合使用，实现实时的数据流处理和分析。

3）数据管道：Kafka 可以作为数据管道，将数据从一个系统传递到另一个系统。例如，可以将生产环境中的数据传输到测试环境中进行测试，或将数据从一个数据存储系统传输到另一个数据存储系统。

4）实时数据处理：Kafka 可以用于实时数据处理，如实时监控和警报系统，以及实时数据可视化系统。

5）消息通信：Kafka 可以用作分布式系统之间的消息通信中间件，例如用于服务之间的

异步通信和事件驱动的架构。

总之，Kafka 的高性能、可靠性和可扩展性，使其在许多大型分布式系统中广泛应用。

8.4 简述 Kafka 写数据流程

1.题目描述

简述 Kafka 写数据的具体流程。

2.分析与解答

在 Kafka 中，数据是以主题（Topic）和分区（Partition）的形式存储在磁盘上的。每个主题可以有多个分区，每个分区都是一个有序、不可变的日志（Log）文件。当生产者（Producer）将数据写入 Kafka 时，数据会先被写入内存缓冲区，然后再通过一定的机制异步地写入到磁盘。具体的流程如下。

1）生产者将消息写入内存缓冲区。如果缓冲区已满，则会触发一次数据写入磁盘的操作。

2）消息被分配到对应的分区中。分配的方式可以是轮询（Round-Robin）、哈希（Hash）等。

3）对于每个分区，Kafka 会为其维护一个索引文件（Index File）和一个日志文件（Log File）。索引文件记录了每个消息在日志文件中的偏移量（Offset），以便消费者能够准确地读取消息。日志文件则是实际存储消息的文件。

4）当缓冲区中的消息量达到一定阈值或一定时间间隔后，Kafka 会将缓冲区中的所有消息一起写入磁盘。具体的写入策略可以是基于时间（Time-Based）、基于大小（Size-Based）或基于记录数（Record-Based）等。

5）写入磁盘的过程是异步的，即生产者可以继续写入新的消息，而不需要等待磁盘写入完成。这样可以提高生产者的吞吐量。

总的来说，Kafka 的数据写入磁盘流程是基于内存缓冲区和异步写入机制的，通过维护索引文件和日志文件，能够高效地存储和检索大量的数据。

8.5 阐述 Kafka 为什么不支持读写分离

1.题目描述

阐述 Kafka 为什么不支持读写分离。

2.分析与解答

Kafka 是一个分布式消息队列系统，其设计的初衷是为了高吞吐量的数据处理和传输。由于 Kafka 的设计原则是允许多个消费者并行消费同一批次的消息，所以 Kafka 采用了分区机制来保证消息的有序性和可靠性。在这种设计下，对于同一个分区的读和写操作是需要顺序执行的。

因此，为了保证 Kafka 中数据的一致性和可靠性，采用不支持读写分离的方式。这意味着，如果在 Kafka 中同时进行读和写操作，需要保证这些操作是按照特定的顺序执行的，不能同时进行。如果允许读写分离，会导致消息的顺序错乱，数据一致性无法得到保证，进而影响应用的正确性。

当然，虽然 Kafka 不支持读写分离，但是可以通过增加集群规模，提高 Kafka 集群的吞吐量和性能，来满足高并发读写的需求。此外，还可以通过合理的分区策略，避免数据热点导致的读写压力不均衡的情况。

8.6　简述 Kafka 哪些地方涉及选举

1．题目描述

在 Kafka 集群中，哪些地方涉及选举操作？

2．分析与解答

在 Kafka 集群中，有几个地方涉及选举，主要包括以下几个方面。

1）Controller 选举：每个 Kafka 集群都有一个 Controller，负责协调分区的副本分配、Leader 选举和重新平衡等工作。在当前的 Controller 宕机或无法正常工作时，需要进行 Controller 选举，选择一个新的 Controller 来接替原先的 Controller 的工作。

2）Partition Leader 选举：Kafka 的每个分区都有多个副本，其中一个副本被选为 Leader，负责处理所有的读写请求。如果当前的 Leader 宕机或无法正常工作，需要进行 Partition Leader 选举，选择一个新的副本作为 Leader。

3）Consumer Group 中的 Leader 选举：Kafka 的 Consumer Group 中可以有多个 Consumer，它们共同消费同一个 Topic 中的消息。当消费者组的 Leader 宕机或退出 Consumer Group 时，需要进行消费者组的 Leader 选举，选择一个新的 Consumer 来接替它的工作。

4）Quorum 选举：Kafka 中的 Quorum 是指在进行副本同步时，需要达成的共识的数量。如果某个分区的某个副本宕机或无法正常工作，需要进行 Quorum 选举，选择一组新的副本来替代原先的副本，以保证数据的可靠性。

以上这些选举都是为了保证 Kafka 集群的正常运行和数据的可靠性。在选举过程中，Kafka 会通过 ZooKeeper 协调选举过程，确保选举的正确性和一致性。

8.7　简述 Kafka Topic 分区的分配规则

1．题目描述

在 Kafka 集群中，Topic 的分区在集群的放置规则是什么？

2．分析与解答

Kafka 集群中 Topic 分区的放置规则由 Kafka 自动管理，旨在实现负载均衡、故障容错和高性能。具体来说，Kafka 的分区分配遵循以下原则。

（1）分区分配算法

Kafka 使用分区分配算法来决定将 Topic 的每个分区分配到哪些 Broker 上。默认情况下，采用轮询算法，确保分区均匀分布在每个 Broker 上。如果 Broker 数量变化，分区会重新分配以实现平衡。

（2）副本分配

每个分区都有一个主副本和多个副本，主副本处理读写请求，其他副本用于容错。Kafka 将副本分布到不同的 Broker 上，以实现高可用性和故障容错。副本分配遵循以下原则。

1）副本数量不少于副本因子（Replication Factor），确保数据可靠性和可用性。

2）副本均匀分布在不同的 Broker 上，实现负载均衡和容错。

3）尽量避免将同一分区的多个副本分配到同一 Broker 上，提升可用性和容错能力。

（3）集群平衡

Kafka 集群支持自动的 rebalance 操作，实现在添加或删除 Broker 时的分区和副本重新分配，以达到平衡和优化性能。这确保了集群的负载均衡和高可用性。

总之，Kafka 的分区分配策略确保了数据在集群中的负载均衡、高可用性和故障容错，使其成为一个可靠且高性能的分布式消息系统。

8.8 谈谈你对 Kafka 消费者负载均衡策略的理解

1. 题目描述

谈谈你对 Kafka 消费者负载均衡策略的理解。

2. 分析与解答

在 Kafka 中，消费者负载均衡是指多个消费者协同消费一个或多个主题中的消息时，如何分配消息给每个消费者的策略。Kafka 为此提供了两种消费者负载均衡策略。

1）Round-Robin 策略：这是默认的负载均衡策略，它将消息轮流分配给每个消费者。当消费者发生数量变化时，消息的分配也会相应地增加或减少。Round-Robin 策略适用于分区大小相近的情况，能够在多个消费者之间实现相对均匀的消息分配。

2）Range 策略：Range 策略将主题的分区均匀地分配给消费者。每个消费者负责处理一组连续的分区。当消费者数量发生变化时，每个消费者负责的分区数量会相应地增加或减少。这种策略需要手动设置，适用于分区大小差异较大的情况。

在选择消费者负载均衡策略时，应根据实际情况做出适当的选择。如果分区大小相近，可以选择默认的 Round-Robin 策略；如果分区大小差异较大，可以采用 Range 策略。另外，还应考虑消费者的处理能力、吞吐量以及消息处理的实时性等因素，以确保消费者能够有效地处理消息并保持负载均衡。通过选择合适的负载均衡策略，可以提升 Kafka 消费者的性能和效率。

8.9 谈谈你对 Kafka 再均衡的理解

1. 题目描述

谈一谈你对 Kafka 再均衡的理解。

2. 分析与解答

Kafka 再均衡是一种自动的机制，用于平衡 Kafka 消费者组内各个消费者之间的分区分配，确保每个消费者所负责的分区数量相对均衡。当消费者加入或离开消费者组时，或者消费者组内某个消费者出现故障时，Kafka 再均衡就会被触发。

Kafka 再均衡的核心思想是将分区尽可能均衡地分配给消费者，避免出现某些消费者负载过重，而其他消费者负载较轻的情况。Kafka 再均衡的过程由 Kafka Broker 控制，它会根据再均衡策略进行判断和处理。

再均衡触发的时机有以下几种情况。

1）消费者组中新增了一个消费者。

2）消费者组中有一个消费者退出。

3）消费者组中有一个消费者因为某种原因被视为已经离线，如心跳超时或 Session 过期。

4）消费者组中有一个消费者被认为不再能够正常地消费分区，如出现了未处理的异常或宕机。

5）手动触发再均衡。

当以上任何一种情况发生时，Kafka Broker 会立即启动再均衡过程，将所有的分区重新分配给各个消费者。在此过程中，消费者将停止消费，并在重新分配分区之后继续消费。如果消费者组中的消费者数量发生了变化，则需要重新计算每个消费者应该消费的分区数量。最终，所有分区都将尽可能均衡地分配给消费者，以确保消费者的负载均衡。

需要注意的是，Kafka 再均衡会对消费者的消费速度和延迟产生一定的影响，因此在设计 Kafka 消费者群组时需要谨慎考虑再均衡策略的配置。

8.10　简述 Kafka 生产者 ACK 机制

1. 题目描述

简述 Kafka 生产者 ACK 机制。

2. 分析与解答

Kafka 生产者的 ACK 机制用于确认消息已经成功发送到 Kafka Broker。Kafka 生产者发送消息时，可以设置消息的 acks 参数来控制 ACK 机制的行为。

ACK 机制有三个参数。

1）acks=0：生产者在消息发送完成后不会等待 Broker 的确认，直接返回成功。

2）acks=1：生产者在消息发送完成后等待 Broker Leader 的确认，如果 Broker Leader 成功接收到消息，返回确认信息。如果 Broker Leader 没有接收到消息，则返回一个错误信息。

3）acks=all 或 acks=-1：生产者在消息发送完成后等待所有 in-sync replica 成功接收到消息并返回确认信息。如果在指定时间内没有收到足够的确认信息，则返回一个错误信息。

一般来说，推荐将 acks 参数设置为 1 或 all，因为这样可以确保消息被正确地发送到 Kafka Broker。如果 acks 参数设置为 0，生产者不会等待任何确认，这意味着如果 Broker 在消息发送之前就宕机了，生产者无法得知消息是否成功发送，也无法重试发送。

需要注意的是，acks 参数的设置会影响生产者的性能。设置 acks 参数为 all 会导致生产者需要等待所有的 in-sync replica 完成确认，因此会增加消息的传输延迟。设置 acks 参数为 1 可以减少延迟，但是可能会导致一些消息在发送过程中丢失。因此，在实际生产环境中，需要根据实际情况进行权衡和设置。

8.11　阐述 Kafka 如何实现数据同步

1. 题目描述

在 Kafka 集群中，数据是如何实现同步的？

2. 分析与解答

在 Kafka 集群中，数据同步的实现是通过副本机制来实现的。每个分区都可以配置多个副本（Replication），每个副本都是一个独立的 Kafka Broker 节点，其中一个副本是 Leader 副本，其余副本为 Follower 副本。

当生产者向某个分区写入消息时，该消息会首先被写入 Leader 副本，然后 Leader 副本会将该消息异步复制到所有的 Follower 副本。Follower 副本会定期从 Leader 副本拉取消息，以保持与 Leader 副本的同步。只有当 Leader 副本收到多数派（Majority）Follower 副本的确认（ACK）后，才认为该消息写入成功。

在集群中，当某个 Broker 节点宕机时，Kafka 会自动将该节点上的分区重新分配到其他可用的 Broker 节点上，而且对于某个分区的每个副本，Kafka 会确保它们分布在不同的节点上，从而确保数据的高可用性和冗余备份。这种方式能够保证数据的一致性，并且在节点故障时能够自动完成故障转移，从而保证了 Kafka 集群的高可用性和数据的持久性。

8.12 阐述如何提高 Kafka 吞吐量

1. 题目描述

在生产环境中，有哪些措施可以提高 Kafka 吞吐量？

2. 分析与解答

影响 Kafka 吞吐量的因素有很多，下面列举一些在生产环境中提高 Kafka 吞吐量的常见技巧和建议。

1）增加分区数：Kafka 的吞吐量与分区数有关，如果分区数太少，可能会成为瓶颈，因此可以通过增加分区数来提高吞吐量。但是，分区数增加后，需要注意负载均衡的问题，避免某些分区负载过重而导致性能下降。

2）提高副本数：Kafka 的副本数越多，数据可用性和容错能力越高，但是也会增加数据同步和复制的延迟，影响吞吐量。可以通过调整副本数和同步机制来平衡数据可用性和吞吐量的需求。

3）调整 Kafka 配置参数：Kafka 的配置参数对吞吐量也有很大影响，例如，可以调整消息大小限制、缓冲区大小、网络连接数等参数，以优化 Kafka 的性能。

4）使用更高性能的硬件：如果 Kafka 集群的硬件性能比较低，可能会限制其吞吐量。可以考虑使用更高性能的硬件，如更快的 CPU、更大的内存、更快的网络连接等，以提高 Kafka 的性能。

5）使用多线程：Kafka 的生产者和消费者可以使用多线程来并行处理消息，以提高吞吐量。但是需要注意线程数的控制，避免过多的线程导致资源浪费和竞争。

6）优化消息的生产和消费方式：可以优化消息的生产和消费方式，如使用批量操作、异步操作、压缩和序列化等技术，以减少网络开销和提高效率。

7）使用 Kafka Connect 和 Kafka Stream：Kafka Connect 和 Kafka Stream 是 Kafka 生态系统中的两个重要组件，可以用于连接外部系统和处理流式数据，以扩展 Kafka 的功能和提高吞吐量。

需要注意的是，不同的应用场景和业务需求可能需要不同的优化策略，因此需要根据具体情况进行选择和调整。

8.13　阐述如何优化 Kafka 生产者数据写入速度

1. 题目描述

当 Kafka 生产者写入数据性能遇到瓶颈，该如何进行优化？

2. 分析与解答

要优化 Kafka 生产者数据写入速度，可以考虑以下几个方面。

1）提高生产者的吞吐量：可以通过增加生产者的并行度和批量大小来提高吞吐量。通过设置适当的参数，生产者可以同时发送多个消息，从而提高写入速度。但是，需要根据具体情况来调整这些参数，以避免过度使用资源或导致网络拥塞。

2）优化 Kafka 集群的配置：可以调整 Kafka 集群的配置，以使其更适合高吞吐量的写入。例如，可以增加磁盘空间、扩展集群节点、调整副本数量等。

3）使用 Kafka 压缩算法：使用压缩算法可以减少网络带宽和磁盘空间的使用，从而提高写入速度。但是，需要注意的是，压缩算法可能会对 CPU 资源造成额外的负担，因此需要权衡各方面的因素来选择最适合的算法。

4）使用异步发送方式：使用异步发送方式可以减少 IO 等待时间，从而提高写入速度。在异步发送模式下，生产者不会等待服务器的响应，而是继续发送下一个消息。这样可以将大量消息缓冲在本地，从而减少网络传输和服务器响应时间。

5）使用分区和分区键：Kafka 支持将消息写入多个分区，可以根据分区键将消息路由到特定的分区。通过合理地分配分区键，可以将写入负载分散到多个分区上，从而提高写入速度。

6）优化网络带宽和磁盘 IO：在生产者发送消息时，网络带宽和磁盘 IO 可能会成为瓶颈。可以通过优化网络和磁盘的设置来提高写入速度，如使用更快的网络设备、使用更快的磁盘等。

综上所述，优化 Kafka 生产者数据写入速度需要综合考虑多个因素，并根据实际情况进行调整。

8.14　阐述 Kafka 如何实现高效读取数据

1. 题目描述

阐述 Kafka 如何实现高效读取数据。

2. 分析与解答

Kafka 采用了一系列的优化措施来实现高效读取数据，具体如下。

1）顺序读取：Kafka 日志文件采用顺序写入的方式，消息按照写入顺序存储在磁盘上。因此，读取操作也应该采用顺序读取的方式，以获得最佳性能。

2）批量读取：Kafka 支持批量读取数据，即一次读取多个消息，以减少网络传输和磁盘访问的开销。在客户端读取数据时，可以设置每次读取的最大字节数（fetch.max.bytes）和最大消息数（max.poll.records），以实现批量读取。

3）零拷贝：Kafka 支持零拷贝（Zero-Copy）技术，即在数据传输过程中，避免将数据从内核空间复制到用户空间，从而提高传输性能。Kafka 通过使用 ByteBuffer 等字节缓冲区，避

免了数据复制的开销。

4）缓存：Kafka 在读取数据时，会对数据进行缓存，以避免频繁的磁盘访问。Kafka 中的缓存分为两级，一级是消息缓存（Message Cache），二级是文件缓存（File Cache）。消息缓存存储未经处理的原始消息，而文件缓存则存储已经解压缩和处理过的消息。

5）预取机制：为了加速数据读取，Kafka 引入了预取机制（Prefetch），即在客户端读取数据之前，预先从磁盘上读取一些数据，并将其缓存到内存中，以便随时供客户端使用。预取机制可以减少磁盘访问的开销，提高数据读取的效率。

综上所述，Kafka 实现高效读取数据的关键在于优化网络传输、磁盘访问和缓存等方面的性能，并采用批量读取、零拷贝和预取机制等技术手段，以提高数据读取的效率。

8.15 阐述 Kafka 如何保证高吞吐量

1．题目描述

Kafka 基于磁盘读写数据，它是如何保证高吞吐量的？

2．分析与解答

Kafka 作为一款高吞吐量、低延迟的分布式消息系统，其卓越性能得益于多种巧妙的设计和技术策略。以下是 Kafka 保证高吞吐量的关键方法。

1）分区和副本：Kafka 将每个主题分为多个分区，每个分区可以并行地被多个消费者组中的消费者消费。此外，分区副本机制不仅实现了高可用性，还提升了吞吐量。副本可分布在不同的 Broker 上，实现数据冗余和容错。

2）批量发送：Kafka 允许生产者将多个消息打包成一个批次进行发送。这种批量发送方式减少了网络传输的次数，降低了消耗，有效提高了系统吞吐量。

3）零拷贝技术：Kafka 采用零拷贝技术，减少了在数据传输和磁盘读写时的数据复制次数。这种方式避免了额外的内存开销，优化了系统性能，为高吞吐量创造了条件。

4）磁盘顺序写：Kafka 通过将消息追加到分区文件的末尾，实现了磁盘的顺序写入。这种磁盘访问模式避免了随机写入，充分发挥了现代磁盘的高速写入性能，进一步提高了 Kafka 的吞吐量。

5）压缩技术：Kafka 支持多种压缩算法，生产者可以在发送消息时进行压缩，减少网络传输的数据量。这不仅降低了网络开销，还有助于提升消息传输的效率。

6）分层存储：Kafka 允许将数据按照热数据和冷数据分层存储。热数据存储在高速存储介质中，冷数据则存储在成本更低的存储介质中。这种策略有效地平衡了存储性能和成本，为高吞吐量提供了支持。

综合运用这些策略，Kafka 实现了高吞吐量的目标，使其成为处理大规模实时数据的强大工具。

8.16 阐述 Kafka 如何保证数据可靠性

1．题目描述

Kafka 作为分布式消息队列，它是如何保证数据可靠性的？

2．分析与解答

Kafka 作为一款高性能的分布式消息系统，确保数据的可靠性是其设计的重要目标之一。以下是 Kafka 保障数据可靠性的关键机制。

1）消息复制：Kafka 采用分布式复制策略，将消息副本复制到多个 Broker 节点中。每个主题的分区都有一个 Leader 副本和多个 Follower 副本。这种机制保证了即使部分节点故障，Leader 副本仍然能够提供服务，数据不会丢失。

2）消息持久化：Kafka 将消息持久化到磁盘上，确保消息即使在 Broker 宕机的情况下也能够被恢复。通过持久化，Kafka 保障了数据的长期存储和可靠性。

3）ISR（In-Sync Replicas）机制：Kafka 引入了 ISR 机制，只有与 Leader 副本保持同步的 Follower 副本才能够接收消息。当 Follower 副本与 Leader 副本失去同步时，不会被用于消息的读取和消费，确保数据一致性和可靠性。

4）消费者位移：Kafka 允许消费者按照自身的速率消费消息，并且会记录消费者的位移信息。这样，即使消费者宕机或重新加入集群，都能够恢复到正确的位移位置，保证消费者能够精确消费一次。

通过以上的设计和机制，Kafka 实现了高度的数据可靠性，为应用提供了稳定的消息传递基础设施。无论是对于实时数据处理还是日志传输等场景，Kafka 都能够可靠地保障数据不丢失。

8.17　阐述 Kafka 如何保证数据不丢失

1．题目描述

在生产环境中，Kafka 是如何保证数据不丢失的？

2．分析与解答

在生产环境中，Kafka 通过多重机制来确保数据的不丢失，从而为数据可靠性提供了坚实的保障。

1）写入确认（Write Confirmation）：生产者在将消息写入 Kafka 的分区后，会收到写入确认。这表示消息已经被安全地保存在 Kafka 中。如果生产者未收到确认，它可以尝试重试写入操作，确保数据不会丢失。

2）副本（Replication）：Kafka 使用副本机制来防止数据丢失。每个分区都可以配置多个副本，其中一个是 Leader 副本，其余的是 Follower 副本。消息首先被写入 Leader 副本，然后 Leader 将消息复制到其他 Follower 副本中。只有当所有副本都成功保存消息后，Kafka 才会返回写入确认。

3）提交偏移量（Committing Offset）：消费者在消费消息时，需要定期提交消费的偏移量（Offset）。Kafka 会将偏移量保存在一个特殊的 Topic 中。如果消费者消费失败，它可以使用上一次提交的偏移量重新启动并继续消费，避免数据丢失。

4）持久化（Persistence）：Kafka 将消息持久化到磁盘上，即使发生硬件故障或宕机，消息也不会丢失。当 Kafka 重新启动时，它会恢复之前保存的消息，确保数据的持久性和可靠性。

通过以上机制的有机组合，Kafka 在生产环境中能够确保数据不丢失。这使得 Kafka 成为

一种可信赖的数据流处理平台，适用于众多大规模数据处理和传输的应用场景。

8.18 阐述 Kafka 如何保证消息幂等性

1. 题目描述

在生产环境中，难免会出现数据的重复生产和消费，那么 Kafka 是如何保证消息幂等性的呢？

2. 分析与解答

Kafka 在生产者（Producer）和消费者（Consumer）两个方面采取了措施来保证消息的幂等性，从而确保数据在传输和处理过程中不会引发重复问题。

（1）在 Producer 端

消息 ID：每个消息都具有唯一的消息 ID。Producer 在发送消息时，可以指定消息的 ID，也可以由 Kafka 自动生成。Kafka 通过消息 ID 来检查是否已发送相同的消息，避免重复发送。

事务机制：Kafka 支持事务机制，确保一组消息要么全部发送成功，要么全部发送失败。在事务中重复发送相同的消息时，Kafka 会自动去重，实现幂等性。

（2）在 Consumer 端

Consumer Group 的 Offset：每个 Consumer Group 具有唯一的 Group ID 和 Offset。Kafka 会自动管理每个 Consumer Group 的 Offset，确保消息不会被重复消费。

消息去重机制：为防止 Consumer 故障导致消息重复消费，Kafka 引入了消息去重机制。Consumer 在消费消息时，会将消息的 ID 存储在本地。如果同一消息 ID 被重复消费，Kafka 会自动过滤掉，从而确保消息不会重复消费。

通过这些措施，Kafka 保证了在生产和消费过程中的消息幂等性，为数据处理提供了稳定可靠的基础。这对于处理实时数据流以及构建可靠的数据传输和处理系统至关重要。

8.19 阐述 Kafka 如何保证消息被顺序消费

1. 题目描述

在 Kafka 分布式集群环境下，如何保证消息被顺序消费？

2. 分析与解答

Kafka 通过分区（Partition）和消费者组（Consumer Group）来保证消息被顺序消费。

在 Kafka 中，每个主题（Topic）可以被划分为多个分区，每个分区只能被一个消费者组中的一个消费者消费。消费者组中的消费者可以订阅多个分区，但每个分区只能被一个消费者消费。这意味着每个消费者只能消费一个分区中的消息，这样可以保证同一个分区中的消息被顺序消费。

此外，Kafka 还使用了偏移量来标识每个分区中的消息顺序。消费者可以通过指定偏移量来消费指定的消息。Kafka 会自动维护每个消费者组在每个分区中消费的偏移量，以确保每个消费者从正确的位置开始消费消息。

综上所述，Kafka 通过分区和消费者组的概念，以及偏移量的管理，来保证消息被顺序消费。

8.20　阐述 Kafka 消费者数量较大对性能有何影响

1．题目描述

消费者数量较大对 Kafka 性能有何影响？如果有影响，应该如何优化？

2．分析与解答

引入更多的消费者可以提升消费性能和消费的吞吐量。但引入的消费者越多，所属的消费者组经过 rebalance 后达到稳定状态的时间也就越长，rebalance 过程的开销就越有可能增大，可能会对 Kafka 性能产生不利影响，具体影响取决于以下因素。

1）分区数量：Kafka 的分区数量可能会限制消费者数量，如果消费者数量超过了分区数量，就无法充分利用分区。此时，多余的消费者将会处于空闲状态，浪费系统资源。

2）网络带宽：如果消费者数量过多，可能会导致网络带宽瓶颈，从而降低消费者的处理速度和吞吐量。

3）内存和 CPU：消费者数量过多也可能会导致内存和 CPU 的消耗过多，从而影响系统的性能。

为了避免以上问题，需要在实际应用中根据系统的具体情况来选择合适的消费者数量，同时还需要注意控制消费者的资源消耗。另外，可以使用 Kafka 的监控工具来实时监控系统的性能，及时发现和解决问题。

第 9 章　Spark 内存计算框架

本章将带您深入了解 Apache Spark 这一引领大数据领域的重要框架。通过一系列面试笔试题，我们将探索 Spark 与 Hadoop 的联系与区别，揭示 Spark 内存计算框架相对于传统 MapReduce 的创新之处。从 Shuffle 的特性、Spark 解决 Hadoop 问题、RDD 机制的运行原理，到数据倾斜、OOM 问题的解决方案，以及 Spark Streaming 的 Exactly-Once 语义、性能调优和背压机制，本章将全面覆盖 Spark 在不同场景下的应用与优化策略。通过本章的内容，您将对 Spark 内存计算框架有深刻理解，为应对实际大数据问题做好准备。

9.1　谈谈 Hadoop 和 Spark 的区别与联系

1. 题目描述

谈谈 Hadoop 和 Spark 的区别与联系。

2. 分析与解答

Hadoop 和 Spark 是两个在大数据处理领域广泛应用的框架，它们在设计思想、计算模型和适用场景等方面存在联系和区别。

（1）联系

分布式计算：Hadoop 和 Spark 都是分布式计算框架，能够将大规模的数据处理任务分解为多个计算节点上的子任务，并在集群中并行执行，以提高处理速度。

容错性：两者都具备容错性，能够处理节点故障，保证数据的可靠性和任务的完成。

基于 HDFS：Hadoop 和 Spark 都可以基于 HDFS 存储数据，提供了数据的持久性和分布式存储能力。

生态系统：两者都有丰富的生态系统，提供了多种工具和库来支持数据处理、分析和机器学习等任务。

（2）区别

计算模型：Hadoop 使用 MapReduce 计算模型，将任务分为 Map 和 Reduce 两个阶段。而 Spark 使用基于内存的迭代计算模型，支持更灵活的多阶段计算，适用于迭代计算和实时处理。

内存使用：Spark 将数据存储在内存中进行计算，速度更快，但需要更多的内存资源。Hadoop 则更多地依赖磁盘 IO，速度较慢但适用于大规模批处理。

编程接口：Spark 提供丰富的 API，包括 RDD、DataFrame 和 Dataset 等，使开发更为方便。Hadoop 使用 Java 编程接口，相对较复杂。

应用场景：Hadoop 适合大规模批处理任务，如数据清洗和 ETL。Spark 适用于实时计算、迭代计算、交互式分析和机器学习等场景。

尽管 Hadoop 和 Spark 有各自的优势和劣势，但根据具体的数据处理需求，可以选择合适的框架或将两者结合使用，以达到最佳的性能和效果。在大数据处理领域，了解它们的联系和区别对于选择适当的工具和解决方案至关重要。

9.2　简述 Spark 与 MapReduce 的 Shuffle 区别

1．题目描述

在 Spark 与 MapReduce 的作业运行过程中，数据的 Shuffle 过程有哪些区别？

2．分析与解答

为了理清 Spark 与 MapReduce Shuffle 过程的区别与联系，首先我们来剖析它们的详细运行过程。

（1）MapReduce Shuffle 过程

MapReduce 确保每个 Reducer 的输入都是按 Key 排序的，系统执行排序、将 Map 输出作为输入传给 Reducer 的过程称为 Shuffle。接下来我们将重点学习 Shuffle 是如何工作的，这样有助于我们理解 MapReduce 工作机制。MapReduce 的 Shuffle 过程如图 9-1 所示。

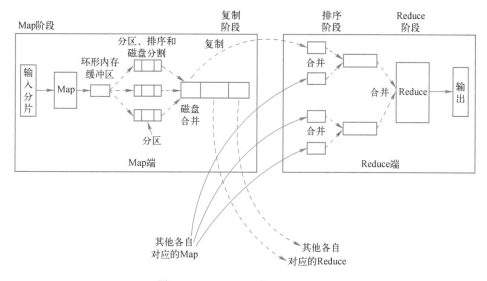

图 9-1　MapReduce 的 Shuffle 过程

1）Map 端。

Map 任务开始输出中间结果时，并不是直接写入磁盘，而是利用缓冲的方式写入内存，并出于效率的考虑对输出结果进行预排序。

每个 Map 任务都有一个环形内存缓冲区，用于存储任务输出结果。默认情况下，缓冲区的大小为 100MB，这个值可以通过 mapreduce.task.io.sort.mb 属性来设置。一旦缓冲区中的数据达到阈值（默认为缓冲区大小的 80%），后台线程就开始将数据刷写到磁盘。在数据刷写磁盘过程中，Map 任务的输出将继续写到缓冲区，但是如果在此期间缓冲区被写满了，那么 Map 会被阻塞，直到写磁盘过程完成为止。

在缓冲区数据刷写到磁盘之前，后台线程首先会根据数据被发送到的 Reducer 个数，将数据划分成不同的分区（Partition）。在每个分区中，后台线程按照 Key 在内存中进行排序，如果此时有一个 Combiner 函数，它会在排序后的输出上运行。运行 Combiner 函数可以减少写到磁盘和传递到 Reducer 的数据量。

每次内存缓冲区达到溢出阈值时，就会刷写一个溢出文件，当 Map 任务输出最后一条记录之后会有多个溢出文件。在 Map 任务完成之前，溢出文件被合并成一个已分区且已排序的输出文件。默认如果至少存在 3 个溢出文件，那么输出文件写到磁盘之前会再次运行 Combiner。如果少于 3 个溢出文件，那么不会运行 Combiner，因为 Map 输出规模太小不值得调用 Combiner 带来的开销。在 Map 输出写到磁盘的过程中，还可以对输出数据进行压缩，加快磁盘写入速度，节约磁盘空间，同时也减少了发送给 Reducer 的数据量。

2）Reduce 端。

Map 输出文件位于运行 Map 任务的 NodeManager 的本地磁盘，现在 NodeManager 需要为分区文件运行 Reduce 任务，而且 Reduce 任务需要集群上若干个 Map 任务的 Map 输出作为其特殊的分区文件。每个 Map 任务的完成时间可能不同，因此在每个任务完成时，Reduce 任务就开始复制其输出。这就是 Reduce 任务的复制阶段。默认情况下，Reduce 任务有 5 个复制线程，因此可以并行获取 Map 输出。

如果 Map 输出结果比较小，数据会被复制到 Reduce 任务的 JVM 内存中，否则，Map 输出会被复制到磁盘中。一旦内存缓冲区达到阈值，数据合并后会刷写到磁盘。如果指定了 Combiner，在合并期间可以运行 Combiner，从而减少写入磁盘的数据量。随着磁盘上的溢出文件增多，后台线程会将它们合并为更大的、已排序的文件，这样可以为后续的合并节省时间。

复制完所有 Map 输出后，Reduce 任务进入排序阶段，这个阶段将 Map 输出进行合并，保持其顺序排序。这个过程是循环进行的：比如，如果有 50 个 Map 输出，默认合并因子为 10，那么需要进行 5 次合并，每次将 10 个文件合并为一个大文件，因此最后有 5 个中间文件。

在最后的 Reduce 阶段，直接把数据输入 Reduce 函数，从而节省了一次磁盘往返过程。因为最后一次合并并没有将这 5 个中间文件合并成一个已排序的大文件，而是直接合并到 Reduce 作为数据输入。在 Reduce 阶段，对已排序数据中的每个 Key 调用 Reduce 函数进行处理，其输出结果直接写到文件系统，这里一般为 HDFS。

（2）Spark Shuffle 过程

Spark 2.0 版本以后的 Shuffle 模式使用的是 sortshuffle，在该模式下，数据会先写入一个内存数据结构中，此时根据不同的 Shuffle 算子，可能选用不同的数据结构。如果是 reduceByKey 这种聚合类的 Shuffle 算子，那么会选用 Map 数据结构，一边通过 Map 进行聚合，一边写入内存；如果是 Join 这种普通的 Shuffle 算子，那么会选用 Array 数据结构，直接写入内存。接着，每将一条数据写进内存数据结构之后，就会判断是否达到了某个临界阈值。如果达到临界阈值的话，就会尝试将内存数据结构中的数据溢写到磁盘，然后清空内存数据结构。

在 sortshuffle 模式下，Spark Shuffle 的运行过程如图 9-2 所示。

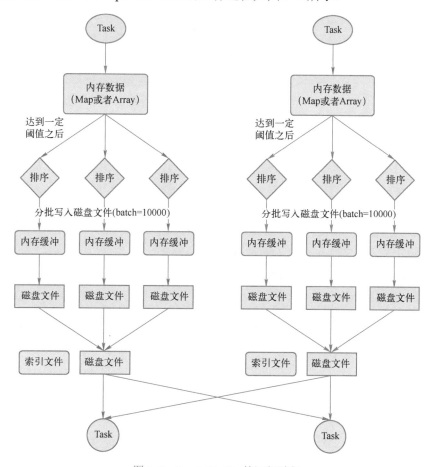

图 9-2　Spark Shuffle 的运行过程

在写入磁盘之前，会针对 Key 对数据进行 Sort 操作，然后分批写入磁盘，默认的 batch 大小是 10000 条，即每次将 10000 条数据写到一个磁盘文件（一个磁盘文件可能有多批的数据），此时产生的每个溢写文件是临时文件。注意，排序后并不是直接写入磁盘，而是通过 Java 的 BufferedOutputStream 写入的，也就是说，首先会写入内存缓冲区，缓冲区写满之后再溢写到磁盘。

每个 Task 进行分批溢写磁盘之后，会有一个合并操作，将每次溢写产生的临时磁盘文件读取出来以后依次写入同一个文件，也就意味着一个 Task 只会生成一个磁盘文件，同时，该 Task 会给这个文件生成一个索引文件，其中标识了下游各个 Task 的数据在文件中的 Start Offset 与 End Offset。即每个 Task 会生成两个文件（数据文件、索引文件）。下游 Stage 开始读取数据阶段时，直接通过索引文件在每个 Task 生成的文件中拉取即可。

在充分了解 Spark 与 MapReduce Shuffle 过程之后，接下来我们分析它们的区别与联系。

1）从整体功能上看，两者并没有大的差别。MapReduce 是将 Mapper 的输出进行分区，

不同的分区数据发送到不同的 Reducer。Reducer 以内存作缓冲区,一边做 Shuffle 操作,一边做 Aggregate 操作,等到数据 Aggregate 操作结束之后再进行 Reduce 操作。而 Spark 也是类似的过程,只不过 Mapper 对应于 Spark 中的 ShuffleMapTask,Reducer 对应于 Spark 中下一个 Stage 里的 ShuffleMapTask 或者 ResultTask。

2)从流程上看,两者差别不小。MapReduce Shuffle 过程是 sort-based,数据进入 Combine 和 Reduce 之前必须先排序。这样做的好处在于 Combine/Reduce 可以处理大规模的数据,因为其输入数据可以通过外部排序得到。在 Spark 1.2 版本以前,Shuffle 过程默认是 hash-based,通常需要使用 HashMap 来对 Shuffle 数据进行合并,不会对数据提前进行排序。如果用户需要排序后的数据,那么需要自己调用类似 sortByKey 的操作。在 Spark 1.2 之后,Shuffle 过程也默认是 sort-based。

3)从流程实现角度来看,两者也有很大差别。MapReduce 将处理流程划分出明显的几个阶段,包括 Map、Spill、Merge、Shuffle、Sort、Reduce 等。每个阶段各司其职,可以按照过程式的编程思想来逐一实现每个阶段的功能。而在 Spark 中,不存在这样功能明确的阶段,只有不同的 Stage 和一系列的 Transformation,所以 Spill、Merge、Aggregate 等操作需要蕴含在 Transformation 中。

9.3　阐述 Spark 解决了 Hadoop 哪些问题

1. 题目描述

阐述 Spark 解决了 Hadoop 哪些问题。

2. 分析与解答

Spark 作为 Hadoop 生态系统中的一个重要组成部分,在许多方面都对 Hadoop 进行了改进和优化,从而解决了 Hadoop 在处理大数据时的一些问题。

1)复杂度和灵活性:Hadoop 使用 MapReduce 编程模型,需要编写大量的低级代码来实现任务,这增加了开发复杂性。相比之下,Spark 引入了 RDD(弹性分布式数据集)的抽象,使编程更加高级和灵活。RDD 可以多次读取和转换数据,使开发者能够以更直观的方式构建数据处理流程,降低了学习成本和开发难度。

2)计算性能和内存管理:Hadoop MapReduce 需要频繁地磁盘 IO,将中间结果写入磁盘,导致性能较低。Spark 在内存中存储中间结果,通过内存计算极大地提高了计算速度。Spark 的内存管理和数据共享机制进一步减少了数据在磁盘和内存之间的传输,提高了数据处理效率。

3)多阶段计算:Hadoop MapReduce 将每个 Job 分为 Map 和 Reduce 两个阶段,无法将多个操作连续地在同一个作业中执行,影响效率。Spark 引入 DAG(有向无环图)来将作业划分为多个阶段,每个阶段可以包含多个操作,允许更高效地执行连续操作,从而减少了作业的启动和资源分配开销。

4)实时处理和迭代计算:Hadoop 的批处理性质限制了其实时性能。而 Spark 引入了 Spark Streaming 用于流式处理,以及支持迭代计算,使其适用于实时计算和机器学习等场景。这种灵活性在需要低延时和多次迭代的应用中具有显著优势。

5）中间存储和优化：Hadoop 使用 HDFS 作为中间存储，将中间结果写入磁盘，导致磁盘 IO 开销。Spark 默认将中间结果存储在内存中，有效减少了 IO 开销。此外，Spark 的优化器可以智能地重新排列操作，减少了数据移动和复制，进一步提高了计算效率。

总体而言，Spark 的出现填补了 Hadoop 在大数据处理中的一些空白，提供了更高效、更灵活的数据处理框架，使得大数据分析和处理更加容易且性能更好。

9.4　简述 Spark 应用程序的生命周期

1．题目描述

以 Spark On YARN 模式为例，简述 Spark 应用程序的生命周期。

2．分析与解答

Spark 集群模式包含 Standalone 模式和 YARN 模式，而生产环境中主要以 YARN 作为集群资源管理器，接下来我们详细讲解 YARN 模式下的 Spark 应用程序的生命周期。

（1）集群节点初始化

集群刚初始化的时候，或者之前的 Spark 任务完成之后，此时集群中的节点都处于空闲状态，每个服务器（节点）上，只有 YARN 的进程在运行（环境进程不在此考虑范围内），集群初始状态如图 9-3 所示。

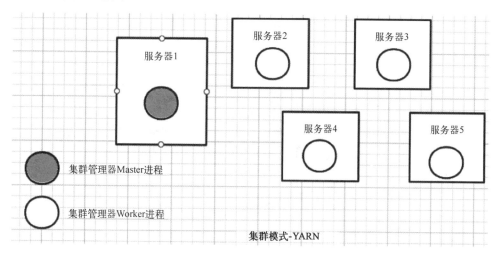

图 9-3　集群初始状态

每个节点服务器上都有一个 YARN 的管理器进程在检测着服务器的状态。蓝色的是 YARN 主节点。

（2）创建 Spark 驱动器进程

如图 9-4 所示，客户端将程序包（JAR 包或代码库）提交到集群管理器的驱动节点（即 Master 节点），此时驱动节点会给 Spark 驱动器进程申请资源，并将其在某一个节点服务器上启动，程序包也发给 Spark 驱动器。注意此时只有 Spark 的驱动器 Driver 进程，执行器 Executor 进程还未创建。

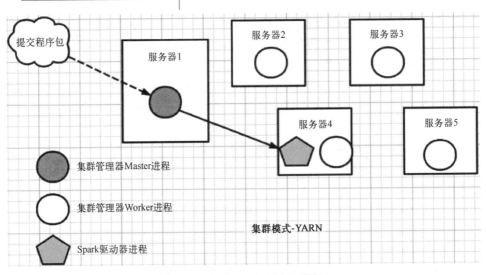

图 9-4　创建 Spark 驱动器进程

（3）创建 Spark 集群

Spark 的 Driver 进程启动后，开始执行用户代码。用户代码中会先初始化包含 Spark 集群信息的 SparkSession，该 SparkSession 中存有执行器所需资源的配置信息，它会与集群管理器的 Master 进程通信（见图 9-5 实线箭头），要求集群管理器在集群上启动所需要 Spark 的 Executor（见图 9-5 虚线箭头）。集群管理器按要求启动 Executor 之后，会将启动的 Executor 及其所在节点信息发送给 Spark 的 Driver 进程，后面将由 Spark 的 Driver 对所有的 Executor 进程进行操控。这就构建出来了一个 Spark 集群，如图 9-5 所示。

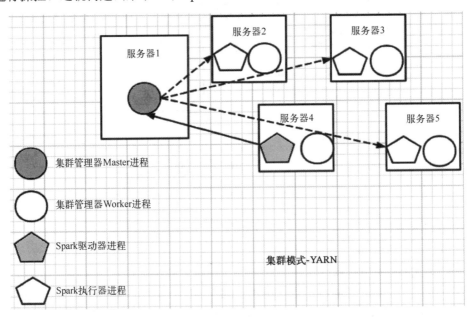

图 9-5　创建 Spark 集群

（4）执行 Spark 程序

由于 Spark 的 Driver 进程已经从集群管理器处获取到了所有可以调度的 Executor 信息，

下面就开始执行代码了，如图 9-6 所示。

　　Spark 的 Driver 进程与 Executor 进程互相通信，下发 Task 和反馈执行结果，直到程序代码执行完成或异常退出。

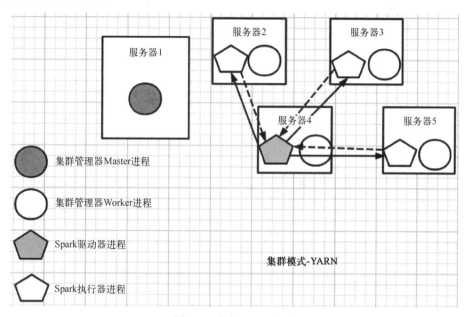

图 9-6　执行 Spark 程序

（5）结束运行

　　如图 9-7 所示，当 Spark 程序执行完成之后，Driver 进程会发消息给集群管理器的 Master 节点告知执行结果（见图 9-7 步骤 1），集群管理器会关闭该 Spark 驱动器对应的 Executor 进程。至此，资源全部被回收，Spark 集群完成本次任务，用户可以通过集群管理器得到 Spark 任务的执行结果。

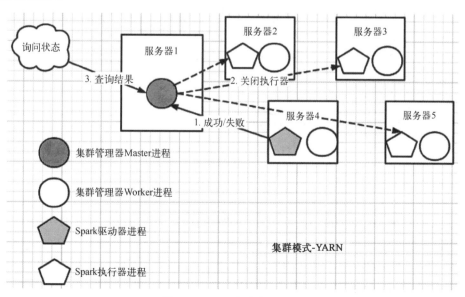

图 9-7　Spark 程序执行完成

Spark 集群资源完全释放之后，就又进入了步骤（1）中的集群节点初始化的状态，等待下一个 Spark 任务的到来。

9.5 谈谈你对 RDD 机制的理解

1．题目描述

谈谈你对 Spark 中 RDD 机制的理解。

2．分析与解答

在 Spark 中，RDD（Resilient Distributed Dataset）是一种核心抽象，代表了分布在集群中的不可变、可分区、可并行处理的数据集合。RDD 是 Spark 的基本数据结构，它将数据分割成多个分区，每个分区存储在集群的不同节点上，允许在分布式环境下进行高效的并行计算。

首先，RDD 具有以下三个关键属性。

1）**数据集**：RDD 可以看作数据的集合，类似于列表或表。

2）**分布式**：RDD 的分区存储在集群的不同节点上，可以并行处理数据。

3）**弹性**：RDD 可以在内存和磁盘之间自动切换，以适应资源的变化，确保数据的高可用性。

其次，RDD 的运行机制如下。

1）**创建 RDD**：从外部数据源或内存中的集合创建 RDD。

2）**转换操作**：通过一系列转换操作（如 Map、Filter、Reduce 等）产生新的 RDD。

3）**行动操作**：在最终需要结果的时候，执行行动操作（如 count、collect、save 等），触发实际的计算并返回结果。

另外，RDD 之间存在窄依赖和宽依赖。窄依赖表示子 RDD 的分区一般只依赖于一个父 RDD 的分区，可以高效计算。宽依赖表示一个父 RDD 的分区被应用到多个子 RDD 的分区，可能需要 Shuffle 操作，开销较大。

最后，RDD 的特性在于高效的容错性、支持中间结果持久化到内存以避免磁盘读写、支持 Java 对象存储，以及可利用依赖关系和数据检查点进行故障恢复和性能优化。RDD 是 Spark 中的核心概念，为分布式计算提供了高效灵活的数据处理能力，使得开发者可以方便地进行大规模数据处理和分析。

9.6 简述 RDD 包含哪些缺陷

1．题目描述

简述 RDD 包含哪些缺陷。

2．分析与解答

尽管 RDD 作为 Spark 的核心数据抽象具有许多优点，但也存在一些缺陷和限制，主要集中在以下几个方面。

1）不适用于低延迟任务：由于 RDD 的设计初衷是支持高吞吐量的批处理和迭代计算，它并不适用于低延迟、实时性强的任务。RDD 的粗粒度操作和内存管理方式使得其对实时性要求较高的应用表现不佳。

2）内存管理开销较大：RDD 在内存管理方面存在一些开销，如每个分区都需要维护元数据和分区信息，这在小数据集上可能会导致额外的开销。虽然 Spark 尝试通过内存管理和序列化等技术来减少这些开销，但在一些场景下仍可能影响性能。

3）不支持数据修改：RDD 的设计思想是不可变的数据集，一旦创建就不能修改。这对于一些需要频繁更新数据状态的应用场景来说可能不太适用，比如实时的状态更新和变更。

4）缺乏优化的查询处理：尽管 Spark 提供了许多基本操作，但对于复杂查询处理和优化的支持不如专门为查询优化设计的数据库系统。RDD 并不是为查询处理而设计，因此在需要进行复杂查询的情况下，可能需要借助其他工具或库来实现。

5）依赖关系管理较复杂：RDD 的依赖关系管理需要在执行计划中进行跟踪，这在一些复杂的操作序列中可能导致依赖关系的复杂性增加。尽管 Spark 的优化器能够处理许多优化，但在一些情况下，手动管理依赖关系可能会比较烦琐。

虽然 RDD 存在一些缺陷，但这并不意味着它不能应对大多数大数据处理问题。对于大规模的批处理和迭代计算任务，RDD 仍然是一个非常有效的抽象，而且 Spark 生态系统也在不断发展中，不断提升 RDD 的性能和功能。对于一些特殊场景，可能需要结合其他技术或框架来弥补 RDD 的一些限制。

9.7　阐述 Spark 如何划分 DAG 的 Stage

1. 题目描述

在 Spark 中，如何划分 DAG 的 Stage？

2. 分析与解答

在 Spark 中，划分有向无环图（Directed Acyclic Graph，DAG）的 Stage 是为了将任务执行过程分为不同的阶段，从而优化计算过程，提高计算效率。以下是关于如何划分 DAG 的 Stage 的一些要点。

1）DAG 的定义：DAG 代表了 Spark 应用中的数据转换执行流程，有方向性且没有闭环，是数据处理流程的抽象表现。一个 Spark 应用可能包含一个或多个 DAG，每个 DAG 又由多个 Stage 组成。

2）划分 Stage 的原则：划分 Stage 的关键在于窄依赖（Narrow Dependency）和宽依赖（Wide Dependency）。窄依赖表示父 RDD 和子 RDD 之间的分区是一对一关系或多对一关系，可以在同一个 Stage 内执行；宽依赖表示父 RDD 和子 RDD 之间的分区是一对多关系，需要划分为不同的 Stage 来执行。

3）划分 Stage 的过程：Spark 内核使用回溯法从后往前解析 DAG，从最终的 RDD（触发 Action 操作的起点）开始，逐步回溯，根据窄依赖和宽依赖划分不同的 Stage。如果遇到窄依赖，将依赖的 RDD 加入当前 Stage；如果遇到宽依赖，创建一个新的 Stage，将宽依赖的 RDD 作为新 Stage 的起点。这样，逐步回溯和划分，直到所有的 RDD 都被划分到相应的 Stage 中。

4）Stage 的作用：划分为不同的 Stage 有助于优化计算过程。在同一个 Stage 内，所有的 RDD 转换操作可以构成流水线，在一个 Task 中执行，减少数据的移动和复制，提高计算效率。而不同 Stage 之间需要进行数据的 Shuffle，即数据的重新分布，确保宽依赖的 RDD 的正确计算。

5）影响因素：划分 Stage 的过程受到数据之间的依赖关系和数据转换操作的影响。对于复杂的依赖关系，Spark 会智能地将依赖分割成不同的 Stage，以实现更优化的计算流程。

综上所述，划分 DAG 的 Stage 是 Spark 优化计算流程的重要步骤，通过合理划分 Stage，可以提高计算效率，减少数据的移动和复制，从而更好地利用集群资源完成数据处理任务。

9.8 请问 Spark 中的数据位置由谁来管理

1. 题目描述

在 Spark 中，请问数据位置由谁来管理？

2. 分析与解答

每个数据分片都对应具体物理位置，无论数据是在磁盘还是内存都是由 BlockManager 管理的。

BlockManager 是一个分布式组件，主要负责 Spark 集群运行时的数据读写与存储。集群中的每个工作节点上都有 BlockManager，BlockManager 结构工作流程如图 9-8 所示。其内部的主要组件包括 MemoryStore、DiskStore、BlockTransferService 以及 ConnectionManager。

1）MemoryStore：负责对内存中的数据进行操作。

2）DiskStore：负责对磁盘上的数据进行处理。

3）BlockTransferService：负责对远程节点上的数据进行读写操作。例如，当执行 ShuffleRead 时，如数据在远程节点，则会通过该服务拉取所需数据。

4）ConnectionManager：负责创建当前节点 BlockManager 到远程其他节点的网络连接。

此外在 Driver 进程中包含 BlockManagerMaster 组件，其功能主要是负责对各个节点上的 BlockManager 元数据进行统一维护与管理。

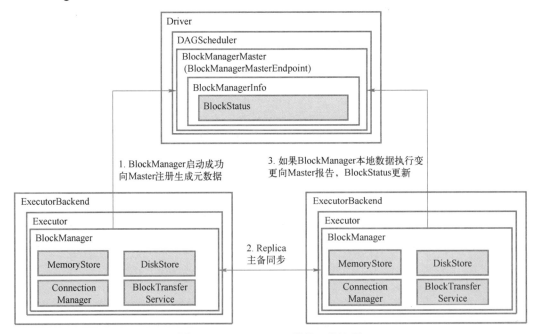

图 9-8　BlockManager 结构工作流程

从 Job 运行角度来看，BlockManager 工作流程如下。

1）当 BlockManager 创建之后，首先向 Driver 所在的 BlockManagerMaster 注册，此时 BlockManagerMaster 会为该 BlockManager 创建对应的 BlockManagerInfo。BlockManagerInfo 管理集群中每个 Executor 中的 BlockManager 元数据信息，并存储到 BlockStatus 对象中。

2）当使用 BlockManager 执行写操作时，如持久化 RDD 计算过程中的中间数据，会优先将数据写入内存中，如果内存不足且支持磁盘存储则会将数据写入磁盘。如果指定 Replica 主备模式，则会将数据通过 BlockTransferService 同步到其他节点。

3）若使用 BlockManager 执行了数据变更操作，则需要将 BlockStatus 信息同步到 BlockManagerMaster 节点上，并在对应的 BlockManagerInfo 更新 BlockStatus 对象，实现全局元数据的维护。

9.9　谈谈 reduceByKey 与 groupByKey 的区别与联系

1. 题目描述

在 Spark 常用算子中，谈谈 reduceByKey 与 groupByKey 的区别与联系。

2. 分析与解答

在 Spark 中，reduceByKey 和 groupByKey 是两个常用的 key-value 型算子，用于对键值对数据进行处理和分组操作。

首先，reduceByKey 将数据按照键（Key）进行分组，并对每组的值（value）进行合并操作，可以理解为预先在各个分区内进行了聚合操作。这种预聚合操作可以减少数据的传输和落盘开销，从而提升性能。而 groupByKey 只进行分组操作，不对值进行聚合，因此可能会导致数据量较大的问题，性能相对较低。

其次，reduceByKey 相对于 groupByKey 有更好的性能表现，因为它可以在分组后的每个分区内进行局部的合并操作，减少了数据的传输和落盘开销。而 groupByKey 需要在分组后将所有数据都传输到目标节点进行合并，可能会产生大量的网络传输和磁盘写入操作，性能较差。

综上所述，reduceByKey 在处理需要分组和聚合的场景下具有较高的性能优势，而 groupByKey 适用于仅需要分组操作而不需要聚合的场景。在实际应用中，根据具体的业务需求和性能要求，选择合适的算子可以有效地提升 Spark 的处理效率和性能。

9.10　谈谈 Cache 和 Persist 的区别与联系

1. 题目描述

谈谈 Spark 中的 Cache 和 Persist 的区别与联系。

2. 分析与解答

在 Spark 中，Cache 和 Persist 都是用于对 RDD 进行缓存的方法，从而避免重复计算，提高程序性能。虽然它们的目标相同，但在使用和配置上有一些区别和联系。

（1）联系

Cache 和 Persist 都可以将一个 RDD 缓存到内存中，以便后续的操作可以直接从内存

中获取数据，而无须重新计算。这有助于加快数据访问速度，特别是对于被频繁使用的中间结果。

（2）区别

1）方法调用。

Cache：Cache 方法是 Persist 方法的一个特例，相当于

persist(StorageLevel.MEMORY_ONLY)。

Persist：Persist 方法可以根据需要指定不同的存储级别，包括 MEMORY_ONLY、MEMORY_AND_DISK、MEMORY_ONLY_SER 等。

2）存储级别。

Cache：默认使用 MEMORY_ONLY 存储级别，将数据以非序列化方式存储在 JVM 堆内存中。

Persist：可以根据需求选择不同的存储级别，如只存储在内存中、存储在内存和磁盘的组合，以及序列化存储等。

3）配置灵活性。

Cache：相对较简单，只提供了一个存储级别选项。

Persist：提供了更多的存储级别选项，可以根据数据量、计算特点和内存情况进行灵活配置，从而优化性能和内存利用率。

4）代码可读性。

Cache：对于需要简单地将 RDD 缓存到内存的情况，Cache 方法提供了一个更简洁的调用方式。

Persist：适合需要更精细控制存储级别和配置的场景，可以提高代码的可读性和可维护性。

综上所述，Cache 和 Persist 在目标上相似，都用于对 RDD 进行缓存，但 Persist 方法更加灵活，可以根据需求选择不同的存储级别，从而更好地适应不同的应用场景和资源情况。

9.11 阐述如何解决 Spark 中的数据倾斜问题

1. 题目描述

对于 Spark 中的数据倾斜问题，有哪些解决方案？

2. 分析与解答

数据倾斜是大数据处理中常见的问题，会导致某些任务执行缓慢，影响整体作业的性能。以下是针对 Spark 数据倾斜问题的常见解决方案。

1）增加并行度：数据倾斜常常由于某些分区的数据量远大于其他分区导致。通过增加 Spark 作业的并行度（即增加任务数量），可以将数据负载均衡地分布在更多的任务上，减轻数据倾斜问题。

2）使用广播变量：当一个或多个小表与大表进行连接操作时，可以将小表使用广播变量的方式复制到每个 Executor 节点上，避免数据倾斜问题。这样，连接操作就变为了 Map-Side Join，减少了 Shuffle 操作。

3）拆分与合并：对于倾斜的 Key，可以将其拆分为多个部分进行处理，然后在结果阶段进行合并。这样可以避免某个 Key 集中在一个任务上造成的问题。

4）两阶段聚合：对于聚合操作，可以采用两阶段聚合方式。首先在各个分区进行局部聚合，然后对各个分区的局部聚合结果进行全局聚合。这有助于减轻某个分区数据量过大的问题。

5）自定义分区函数：默认的哈希分区可能导致数据倾斜，可以根据实际情况自定义分区函数，使得数据在分区内更均匀地分布。

6）动态调整分区数：在作业执行过程中，根据任务执行情况，动态调整分区数，使得任务更加均衡。

7）使用随机前缀：在进行聚合等操作时，给 Key 添加随机前缀，以减少 Key 集中在某些分区的情况。

8）缓存和持久化：对中间结果进行缓存或持久化，避免重复计算，从而减轻倾斜问题。

综上所述，Spark 数据倾斜问题的解决方案包括增加并行度、使用广播变量、拆分与合并、两阶段聚合、自定义分区函数等多种方法，可以根据实际情况选择合适的策略来解决数据倾斜带来的性能问题。

9.12　阐述如何解决 Spark 中的 OOM 问题

1.　题目描述

阐述如何解决 Spark 中的 OOM 问题。

2.　分析与解答

在 Spark 中，Executor 中的内存分为三块：Execution 内存、Storage 内存和 Other 内存。

1）Execution 内存：表示执行内存。一般 Join、Aggregate 操作都在这部分内存中执行；Shuffle 过程的数据也会先缓存在这部分内存中，如果内存达到一定的阈值再写入磁盘，可以减少磁盘 IO；Map 执行过程也是在这部分内存中执行的。

2）Storage 内存：一般存储 Broadcast 数据、Cache 数据和 Persist 数据。

3）Other 内存：是程序执行时预留给自己的内存。

内存溢出（Out Of Memory，OOM）是指应用系统中存在无法回收的内存或使用的内存过多，最终使得程序运行要用到的内存大于能提供的最大内存。Spark 应用中的 OOM 问题通常出现在 Execution 内存中，因为当 Storage 内存存满数据后，它会直接丢弃内存中旧的数据，虽然对性能有影响，但是不会出现 OOM 问题。

Spark 中的 OOM 问题一般包含三种情况：Map 执行中内存溢出、Shuffle 后内存溢出、Driver 中内存溢出。

前两种情况发生在 Executor 中，最后一种情况发生在 Driver 中，接下来我们针对每种情况具体分析。

（1）Map 执行中内存溢出

Map 类型的算子执行中出现内存溢出，如 flatMap、mapPartition 等算子。

原因：在单个 Map 中产生了大量的对象导致 Executor 内存溢出。

解决方案：

1）增加堆内存。

2）在不增加内存的情况下，可以减少每个 Task 处理的数据量，从而减少每个 Task 的输出数据量。具体做法就是在 Map 操作之前调用 repartition 方法，增加分区数，使得分区之后进入每个 Map 中的数据量变小。

（2）Shuffle 后内存溢出

Shuffle 操作之后出现内存溢出，比如 Join、reduceByKey 等算子。

原因：Reduce Task 去 Map 端拉取数据进行聚合时，若拉取的数据量过大，会导致 Reduce 端的聚合内存溢出，聚合内存默认等于 Executor Memory×0.2。

解决方案：

1）增加 Reduce 聚合内存的比例。

2）增加 Executor Memory 的大小。

3）减少 Reduce Task 每次拉取的数据量。

（3）Driver 中内存溢出

场景 1：用户在 Dirver 端生成大对象，比如创建了一个大的集合数据结构。

解决思路：

1）将大对象转换成 Executor 端加载，比如调用 sc.textfile。

2）评估大对象占用的内存，增加 Dirver-Memory 的值。

场景 2：从 Executor 端收集（Collect）数据回 Dirver 端。

解决思路：

1）本身不建议将大的数据从 Executor 端收集回来。建议将 Driver 端对收集回来的数据所做的操作，转换成 Executor 端的 RDD 操作。

2）若无法避免，估算收集数据需要的内存，相应增加 Driver-Memory 的值。

场景 3：Spark 自身框架的消耗。

主要由 Spark UI 数据消耗，取决于作业的累计 Task 个数。

解决思路：

1）从 HDFS 加载的 Partition 是自动计算的，但在过滤之后，已经大大减少了数据量，此时可以缩小 Partition 个数。

2）通过参数 spark.ui.retainedStages/spark.ui.retainedjobs 控制（默认为 1000）显示的 Job 信息。

9.13 阐述 Spark Streaming 如何保证 Exactly-Once 语义

1．题目描述

在 Spark Streaming 实时计算应用中，如何保证数据的 Exactly-Once 语义？

2．分析与解答

Exactly-Once 语义不是指对输入的数据只处理一次，而是指在流计算引擎中，算子发送给下游的结果是 Exactly-Once 语义的，即发送给下游的结果有且仅有一个，且不重复、不少算。

在 Spark Streaming 处理过程中，从一个算子（Operator）到另一个算子（Operator），可能会因为各种不可抗拒的因素，如机器挂掉等原因，导致某些 Task 处理失败，Spark 内部会基于 Lineage 或 Checkpoint 启动重试 Task，从而重新处理同样的数据。因为不可抗拒因素的存在，流处理引擎内部不可能做到一条数据仅被处理一次。所以，当流处理引擎声称提供 Exactly-Once 语义时，指的是从一个 Operator 到另一个 Operator，同样的数据无论重复处理多少次，最终的结果状态都是 Exactly-Once。

（1）保证 Exactly-Once 常用算法

1）Micro-Batch。Micro-Batch 的典型流处理引擎就是 Apache Spark（Spark Streaming）。

Spark Streaming 将输入的数据流周期性地划分成一个一个的批次（Batch），然后利用 Spark 批处理的方式处理每个 Batch。一个 Batch 的处理要么成功要么失败，失败后重新计算即可。同时也可用 Checkpoint 机制对每个 RDD 状态进行快照，如果一个 Batch 处理失败，那么任务恢复时找到最近的 Checkpoint 快照，重新开始处理当前 Batch 的数据即可。

2）Distributed Snapshot。Distributed Snapshot，即分布式快照。简单地说，Distributed Snapshot 保存了分布式系统的 Global State，当系统故障恢复时，可以从最近一次成功保存的全局快照中恢复每个节点的状态。

Distributed Snapshot 的典型流处理引擎包括 Apache Spark（Spark Structured Streaming）和 Apache Flink。

a）Flink 分布式快照是通过 Asynchronous Barrier Snapshot 算法实现的，该算法借鉴了 Chandy-Lamport 算法的主要思想，同时也做了一些改进。

b）Spark Structured Streaming 的 Continuous Processing Mode 的容错处理使用了基于 Chandy-Lamport 的分布式快照算法。

（2）流处理应用如何保证 Exactly-Once

流处理如果要保证 Exactly-Once，需要满足以下三个条件。

1）Source 需要支持 Replay（重放）。

2）流计算引擎本身处理能保证 Exactly-Once。

3）Sink 支持幂等或事务更新。

（3）Spark Streaming 保证 Exactly-Once 语义

从广义上讲，一个 Spark Streaming 流处理过程包含三个步骤。

接收数据：从 Source 中接收数据。

转换数据：用 DStream 和 RDD 算子转换。

存储数据：将结果保存至外部系统。

如果流处理程序需要实现 Exactly-Once 语义，那么每一个步骤都要保证 Exactly-Once。

1）接收数据。不同的数据源提供不同的 Exactly-Once 保证，HDFS 中的数据源直接支持 Exactly-Once 语义，而使用基于 Kafka Direct API 从 Kafka 获取数据也能保证 Exactly-Once。

2）转换数据。Spark Streaming 内部是天然支持 Exactly-Once 语义的。如果任务失败，无论重试多少次，一个算子给另一个算子的结果有且仅有一个，不重复不丢失。

3）存储数据。Spark Streaming 中的输出操作，如 foreachRDD 默认具有 At-Least Once 语义，因此当任务失败时会重试多次输出，这样就会重复多次写入外部存储。如果存储数据要实现 Exactly-Once，有以下两种途径。

a）幂等输出，即相同数据无论输出多少次，不会影响最终结果。一般需要借助外部存储

系统中的唯一键实现。具体实现包含以下两个步骤。

- 将 Kafka 参数 enable.auto.commit 设置为 false。
- 幂等写入后再手动提交 Offset。如果使用 Checkpoint 机制，就不需要手动提交 Offset，生产环境中可使用 Kafka、ZooKeeper、HBase 等系统保存 Offset。

b）事务输出，即将输出结果和 Kafka Offset 提交在同一原子事务中。具体实现包含以下两个步骤。

- 将 Kafka 参数 enable.auto.commit 设置为 false。
- 输出结果与 Offset 提交在同一事务中原子执行。

9.14 阐述 Spark Streaming 如何性能调优

1. 题目描述

在生产环境中，可以通过哪些手段对 Spark Streaming 应用进行优化？

2. 分析与解答

Spark Streaming 提供了高效便捷的流式处理模式，但是在有些场景下，使用默认的配置达不到最优，甚至无法实时处理来自外部的数据，这时候我们就需要对默认的配置进行相关的修改。由于现实中场景和数据量不一样，所以我们无法设置一些通用的配置，需要根据数据量和场景的不同设置不一样的配置，一个好的配置需要慢慢地尝试。

（1）设置合理的批处理时间（batchDuration）

在构建 StreamingContext 的时候，需要传进一个参数，用于设置 Spark Streaming 批处理的时间间隔。Spark 会每隔 batchDuration 时间去提交一次 Job，如果你的 Job 处理的时间超过了 batchDuration 的设置，那么会导致后面的作业无法按时提交，随着时间的推移，越来越多的作业被拖延，最后导致整个 Streaming 作业被阻塞，这就间接地导致无法实时处理数据，这肯定不是我们想要的。

另外，虽然 batchDuration 的单位可以达到毫秒级别，但是经验告诉我们，如果这个值过小将会导致因频繁提交作业而给整个 Streaming 带来负担，所以请尽量不要将这个值设置得小于 500ms。在很多情况下，设置为 500ms 时性能就很不错了。

那么，如何设置一个最优值？我们可以先将这个值设置为比较大的值（比如 10s），如果发现作业很快被提交完成，可以进一步减小这个值，直到 Streaming 作业刚好能够及时处理完上一个批处理的数据，那么这个值就是我们要的最优值。

（2）设置合理的 Job 并行度

提高 Job 并行度可以有效减少 Spark Streaming 批处理所消耗的时间。

1）增加 Source 并行度。如果数据源为 Kafka，Spark Streaming 使用 Direct 方式是通过 Executor 直接连接 Kafka 集群。由于一个 Kafka Partition 只能被一个消费者消费，所以可以将 Source 并行度与 Kafka Partition 数量设置为一致，从而以最大并行度消费 Kafka 集群数据，提高了效率。

2）数据重新分区。如果 Kafka Partition 数目无法再增加，可以通过使用 DStream.repartition 来显式重新分区输入流（或合并多个流得到的数据流）来重新分配收到的数据。

3）提高聚合计算的并行度。对于像 reduceByKey()这样的操作，我们可以在第二个参数中指定并行度，从而提高聚合计算的效率。

另外，并行度设置要合理，要控制 Reduce 数量。太多的 Reduce 会造成很多的小任务，以此产生很多启动任务的开销。太少的 Reduce，任务执行较慢。

（3）使用 Kryo 序列化

Spark 默认使用 Java 内置的序列化类，虽然可以处理所有来自继承 java.io.Serializable 的序列化类，但是其性能不佳，如果这个成为性能瓶颈，可以使用 Kryo 序列化类。

（4）缓存需要经常使用的数据

对一些经常使用到的数据，我们可以显式地调用 rdd.cache()来缓存数据，这样也可以加快数据的处理，但是我们需要更多的内存资源。

（5）清除不需要的数据

随着时间的推移，有一些数据是不需要的，但是这些数据缓存在内存中，会消耗宝贵的内存资源。在 Spark 1.4 版本之后，可以将参数 spark.streaming.unpersist 设置为 true，那么系统会自动清理不需要的数据。

（6）设置合理的 GC

GC 是程序中最难调的一块，不合理的 GC 行为会给程序带来很大的影响。在集群环境下，可以使用并行 Mark-Sweep 垃圾回收机制，虽然会消耗更多的资源，但是还是建议开启。可以做如下配置：

```
spark.executor.extraJavaOptions=-XX:+UseConcMarkSweepGC
```

（7）设置合理的 CPU 资源数

在很多情况下，Streaming 程序需要的内存不是很多，但是需要足够的 CPU 资源。在 Streaming 程序中，CPU 资源的使用可以分为两大类：

1）用于接收数据。

2）用于处理数据。

我们需要设置足够的 CPU 资源来接收和处理数据，这样才能及时高效地处理数据。

Task 的执行速度是跟每个 Executor 进程的 CPU Core 数量有直接关系的。一个 CPU Core 同一时间只能执行一个线程。而每个 Executor 进程上分配到的多个 Task，都是以每个 Task 一条线程的方式多线程并发运行的。如果 CPU Core 数量比较充足，而且分配到的 Task 数量比较合理，那么通常来说，可以比较快速和高效地执行完这些 Task 线程。

executor-cores 参数用于设置每个 Executor 进程的 CPU Core 数量，这个参数决定了每个 Executor 进程并行执行 Task 线程的能力。因为每个 CPU Core 同一时间只能执行一个 Task 线程，因此每个 Executor 进程的 CPU Core 数量越多，越能够快速地执行完分配给自己的所有 Task 线程。

Executor 的 CPU Core 数量设置为 2～4 个较为合适，不过也需要根据不同部门的资源队列来定。可以先看资源队列的最大 CPU Core 限制是多少，再依据设置的 Executor 数量来决定每个 Executor 进程可以分配到几个 CPU Core。另外，如果是与其他部门共享这个队列，那么 num-executors×executor-cores 不要超过队列总 CPU Core 的 1/3～1/2 比较合适，这样避免影响其他部门的作业运行。

9.15 谈谈你对 Spark Streaming 背压机制的理解

1. 题目描述

谈谈你对 Spark Streaming 背压机制的理解。

2. 分析与解答

Spark Streaming 背压机制是一种用于处理数据流的机制,旨在解决数据流入速度远高于处理速度的问题,以避免流处理系统过载。这种机制能够动态地调整数据的处理速率,从而在资源充分利用的同时保证系统的稳定性。

在早期的 Spark Streaming 版本中,背压机制需要通过手动设置参数来进行调整,具体取决于数据接收方式,如 receiver-based 或 direct-approach。对于 receiver-based 方式,可以配置每个 Receiver 每秒最大接收数据量的参数;对于 direct-approach 方式,可以配置每个 Kafka 分区最大读取数据量的参数。然而,这种手动设置参数的方式存在不足,需要经过压力测试来确定最佳参数值,而且参数的调整需要重启 Streaming 服务才能生效。

从 Spark 1.5 版本开始,Spark Streaming 引入了动态背压机制,使背压处理更为自动化和智能化。这一机制会根据数据量和可用资源的情况,动态地调整数据的拉取速率,避免批次数据过大造成资源浪费或系统崩溃。这种自动背压机制通过实时监控系统的状态来优化数据的拉取速率,从而实现在流处理中更高的资源利用率和处理稳定性。

总之,Spark Streaming 背压机制是一个关键的特性,用于解决数据流处理中的性能和稳定性问题。从手动设置参数到自动智能调整,这一机制的发展使得 Spark Streaming 能够更好地应对数据流量的挑战,实现高效的流数据处理。

第 10 章　Flink 流式计算框架

本章深入研究 Apache Flink 流式计算框架，聚焦于常见的面试笔试问题与解答。我们将探讨 Spark 与 Flink 的异同，以及如何合理评估并设置 Flink 任务的并行度，进而解释 Flink Operator Chains 的优化机制。

本章还将深入研究 Flink 的重启策略、内存管理、任务间数据交换，以及分布式快照原理。同时，我们将详细探讨 Flink 如何保障端到端的 Exactly-Once 语义。

此外，本章还将关注解决 Flink 任务延迟、处理反压问题、实现海量数据去重，以及应对迟到数据和数据倾斜等问题。通过精炼的解答，读者将全面了解 Flink 在流式计算领域的应用，为面试笔试和实际场景提供实用指南，从而在流式计算的世界中游刃有余。

10.1　谈谈 Spark 与 Flink 的区别与联系

1. 题目描述

谈谈 Spark 与 Flink 的区别与联系。

2. 分析与解答

虽然 Spark 和 Flink 都可以对数据进行实时计算，但它们之间有很大的差异，接下来我们从以下几个方面来做对比。

（1）编程模型

1）运行角色。

Spark Streaming 运行时的角色（Standalone 模式）主要如下。

Master：主要负责整体集群资源的管理和应用程序调度。

Worker：负责单个节点的资源管理，如 Driver 和 Executor 的启动等。

Driver：用户入口程序执行的地方，即 SparkContext 执行的地方，主要包含 DAG 生成、Stage 划分、Task 生成及调度。

Executor：负责执行 Task，反馈执行状态和执行结果。

Flink 运行时的角色（Standalone 模式）主要如下。

JobManager：协调分布式执行，如调度任务、协调 Checkpoints、协调故障恢复等。Flink 集群中至少需要有一个 JobManager，在高可用情况下可以启动多个 JobManager，其中一个选举为 Active，其余为 Standby。

TaskManager：负责执行具体的 Tasks、缓存、交换数据流等，集群中至少需要有一个 TaskManager。

Slot：每个 Task Slot 代表 TaskManager 的一个固定部分资源，Slot 的个数代表着 TaskManager 可并行执行的 Task 数量。

2）运行模型。

Spark Streaming 是微批处理，运行的时候需要指定批处理的时间，每次运行 Job 时处理

一个批次的数据。具体流程如图 10-1 所示。

图 10-1　Spark Streaming 执行流程

Flink 是基于事件驱动的，事件可以理解为消息。事件驱动的应用程序是一种状态应用程序，它会从一个或多个流中注入事件，通过触发计算更新状态，或通过外部动作对注入的事件做出反应。具体流程如图 10-2 所示。

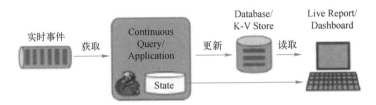

图 10-2　Flink 执行流程

3）编程模型。

Spark Streaming 与 Kafka 的结合主要是两种模型：基于 Receiver Dstream、基于 Direct Dstream。

以上两种模型编程结构近似，只是在 API 和内部数据获取有些区别，新版本的 Spark 已经取消了基于 Receiver 的模式，企业中通常采用基于 Direct Dstream 的模式。

Flink 与 Kafka 结合是事件驱动，读者可能对此会有疑问，消费 Kafka 的数据调用 Pull 的时候是批量获取数据的（可以设置批处理大小和超时时间），这就不能叫作事件触发了。而实际上，Flink 内部对 Pull 出来的数据进行了整理，然后逐条 Emit 操作，形成了事件触发的机制。

（2）任务调度

1）Spark 任务调度。

Spark Streaming 任务是基于微批处理的，实际上每个批次都是一个 Spark Core 的任务。对于编码完成的 Spark Core 任务在生成到最终执行结束主要包括以下几个部分。

● 构建 DGA 图。

● 划分 Stage。

● 生成 TaskSet。

● 调度 Task。

Spark 任务调度过程如图 10-3 所示。

对于 Job 的调度执行有 FIFO 和 Fair 两种模式，Task 是根据数据本地性调度执行的。假设每个 Spark Streaming 任务消费的 Kafka Topic 有 4 个分区，中间有一个 Map 操作和一个 Reduce 操作，其作业流程如图 10-4 所示。

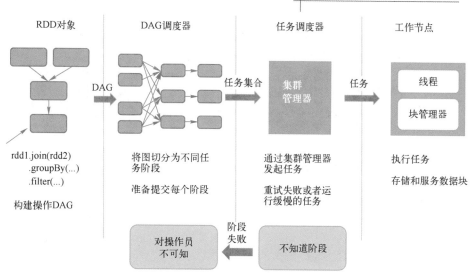

图 10-3　Spark 任务调度过程

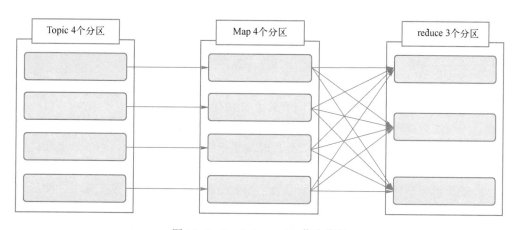

图 10-4　Spark Streaming 作业流程

假设有两个 Executor，其中每个 Executor 有三个 CPU 核，那么每个批次相应的 Task 运行位置是固定的吗？是否能预测？由于数据本地性和调度不确定性，每个批次对应 Kafka 分区生成的 Task 运行位置并不是固定的。

2）Flink 任务调度。

对于 Flink 的流任务，客户端首先会生成 StreamGraph，接着生成 JobGraph，然后将 JobGraph 提交给 JobManager，由它完成 JobGraph 到 ExecutionGraph 的转变，最后由 JobManager 调度执行。Flink 程序执行拓扑结构如图 10-5 所示。

在图 10-5 中，有一个由 Data Source、MapFunction 和 ReduceFunction 组成的程序，Data Source 和 MapFunction 的并发度都为 4，而 ReduceFunction 的并发度为 3。一个数据流由 Source-Map-Reduce 的顺序组成，在具有两个 TaskManager、每个 TaskManager 都有 3 个 Task Slot 的集群上运行。

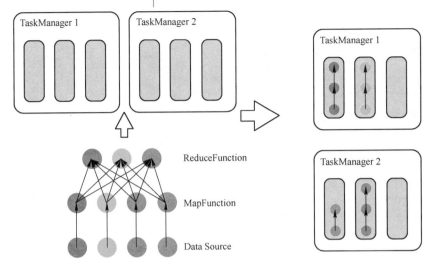

图 10-5　Flink 程序执行拓扑结构

可以看出 Flink 的程序拓扑结构提交执行之后，除非故障，否则拓扑部件执行位置不变，并行度由每一个算子并行度决定，类似于 Storm。而 Spark Streaming 每个批次都会根据数据本地性和资源情况进行调度，无固定的执行拓扑结构。Flink 中数据在拓扑结构里流动执行，而 Spark Streaming 中，则对数据缓存批次并行处理。

（3）时间机制

1）流处理时间。流处理程序在时间概念上总共有三个时间概念。

● 处理时间。处理时间是指每台机器的系统时间，当流程序采用处理时间时，将使用运行各个运算符实例的机器时间。处理时间是最简单的时间概念，不需要流和机器之间的协调，它能提供最好的性能和最低延迟。然而在分布式和异步环境中，处理时间不能提供消息事件的时序性保证，因为它受到消息传输延迟、消息在算子之间流动的速度等方面的制约。

● 事件时间。事件时间是指事件在其设备上发生的时间，这个时间在事件进入 Flink 之前已经嵌入事件，然后 Flink 可以提取该时间。基于事件时间进行处理的流程序可以保证事件在处理时的顺序性，但是基于事件时间的应用程序必须要结合 WaterMark 机制。基于事件时间的处理往往有一定的滞后性，因为它需要等待后续事件和处理无序事件，对于时间敏感的应用使用时要慎重考虑。

● 注入时间。注入时间是事件注入到 Flink 的时间。事件在 Source 算子处获取 Source 的当前时间作为事件注入时间，后续的基于时间的处理算子会使用该时间处理数据。相比于事件时间，注入时间不能处理无序事件或滞后事件，但是应用程序无须指定如何生成 WaterMark。在内部注入时间程序的处理和事件时间类似，但是时间戳分配和 WaterMark 生成都是自动的。

2）Spark 时间机制。Spark Streaming 只支持处理时间，Structured Streaming 支持处理时间和事件时间，同时支持 WaterMark 机制处理滞后数据。

3）Flink 时间机制。Flink 支持三种时间机制：事件时间、注入时间和处理时间，同时支持 WaterMark 机制处理滞后数据。

（4）容错机制与处理语义

1）Spark Streaming 保证仅一次处理。

对于 Spark Streaming 任务，我们可以设置 Checkpoint，若发生故障并重启，可以从上次 Checkpoint 之处恢复，但是这个行为只能使数据不丢失，可能会重复处理，不能做到恰好一次处理语义。

对于 Spark Streaming 与 Kafka 结合的 Direct Stream，可以自己维护 Offset 到 ZooKeeper、Kafka 或任何其他外部系统，每次提交完结果之后再提交 Offset，这样故障恢复重启可以利用上次提交的 Offset 恢复，保证数据不丢失。但是假如故障发生在提交结果之后、提交 Offset 之前会导致数据多次处理，这个时候我们需要保证处理结果多次输出不影响正常的业务。

由此可以分析，假设要保证数据恰好一次处理语义，那么输出结果和 Offset 提交必须在一个事务内完成。

在这里有以下两种做法。

- repartition(1)。Spark Streaming 输出的 Action 变成仅为一个 Partition，这样可以利用事务去保证：

```
Dstream.foreachRDD(rdd=>{
    rdd.repartition(1).foreachPartition(partition=>{
        //开启事务
        partition.foreach(each=>{//提交数据
        })    //提交事务
    })
})
```

- 将输出结果和 Offset 一起提交。提交结果和 Offset 放在一个操作内完成，数据不会丢失，也不会重复处理。故障恢复的时候可以利用上次提交结果的 Offset。

2）Flink 与 Kafka 0.11+保证仅一次处理。

若要 Sink 支持仅一次语义，必须以事务的方式写数据到 Kafka，这样在提交事务时两次 Checkpoint 间的所有写入操作作为一个事务被提交。这确保了出现故障或崩溃时这些写入操作能够被回滚。

在一个分布式且含有多个并发执行 Sink 的应用中，仅仅执行单次提交或回滚是不够的，因为所有组件都必须对这些提交或回滚达成共识，这样才能保证得到一致性的结果。Flink 使用两阶段提交协议以及预提交（Pre-Commit）阶段来解决这个问题。

（5）背压机制

1）Spark Streaming 背压。Spark Streaming 与 Kafka 结合是存在背压机制的，目标是根据当前 Job 的处理情况来调节后续批次获取 Kafka 消息的条数。为了达到这个目的，Spark Streaming 在原有的架构上加入了一个 RateController，利用的算法是 PID，需要的反馈数据是任务处理的结束时间、调度时间、处理时间和消息条数，这些数据通过 SparkListener 体系获得，然后通过 PIDRateEstimator 的 compute 计算得到一个速率，进而可以计算得到一个 Offset，然后与限速设置最大消费条数比较得到一个最终要消费的消息最大 Offset。

2）Flink 背压。与 Spark Streaming 的背压不同的是，Flink 背压是 JobManager 针对每一个 Task 每 50ms 触发 100 次 Thread.getStackTrace()调用，求出阻塞的占比。过程如图 10-6 所示。

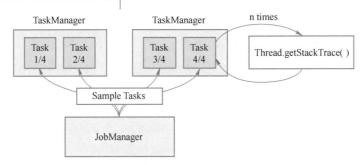

图 10-6　Flink 背压过程

阻塞占比在 Web 上划分了三个等级。

- OK：0≤Ratio≤0.1，表示状态良好。
- LOW：0.1＜Ratio≤0.5，表示有待观察。
- HIGH：0.5＜Ratio≤1，表示要处理了。

10.2 简述 Flink 有哪些方式设置并行度

1. 题目描述

简述 Flink 有哪些方式设置并行度。

2. 分析与解答

一个 Flink 程序是由多个任务（Source、Transformation 和 Sink）组成的，而每个任务可以由多个并行的实例（线程）来执行，每个任务的并行实例数目就被称为该任务的并行度。

在生产环境中，可以从四个层面设置并行度。

（1）Operator Level（算子层面）

Source、Transformation 和 Sink 的并行度可以分别通过如下方法来指定。

```
#设置 Source 并行度
senv.addSource(myConsumer).setParallelism(3);
#设置 Transformation 并行度
data.map(new MyMapFunction()).setParallelism(3);
#设置 Sink 并行度
result.addSink(new AuditMySQLSink()).setParallelism(3);
```

（2）Execution Environment Level（执行环境层面）

如果只设置了执行环境的并行度，那么 Source、Transformation 和 Sink 都默认为该并行度，执行环境并行度的设置方式如下。

```
#设置执行环境层面并行度
senv.setParallelism(3);
```

（3）Client Level（客户端层面）

任务的并行度也可以在客户端提交作业时指定，对于 CLI 客户端，可以通过-p 参数指定 Flink 作业的并行度。

```
#设置客户端层面并行度
$FLINK_HOME/bin/flink run -p 3 bigdata-1.0-SNAPSHOT.jar
```

（4）System Level（系统层面）

在系统层面，可以通过修改 flink-conf.yaml 配置文件来指定所有执行环境的默认并行度，具体操作如下：

```
#设置系统层面并行度
parallelism.default:    3
```

Flink 并行度的优先级由高到低为：算子层面>执行环境层面>客户端层面>系统层面。

10.3　阐述如何合理评估 Flink 任务的并行度

1. 题目描述

阐述如何合理评估 Flink 任务的并行度。

2. 分析与解答

合理评估 Flink 任务的并行度是保证任务性能和资源利用的重要一步。

（1）压测评估

Flink 任务并行度的合理性通常基于峰值流量进行压测评估。这包括对任务在高负载情况下的性能进行测试。同时，要根据集群的负载情况预留一定的缓冲资源，以应对负载的波动。

已有数据源：如果数据源已经存在，可以直接消费数据进行压测，模拟不同负载情况，以确定合适的并行度。

无数据源：如果数据源不存在，需要自行模拟压测数据，模拟实际情况下的数据流，以便评估并行度。

（2）并行度设置

针对 Flink 任务，可以按照以下方式设置并行度。

Source 并行度设置：对于使用 Kafka 等消息队列作为数据源的情况，Source 的并行度通常设置为 Kafka Topic 的分区数，以确保可以充分利用数据源的并发性。

Transformation 并行度设置：对于 Transformation 算子（如 flatMap、map、filter 等），一般不会执行过重的操作。这些算子的并行度可以与 Source 保持一致，以避免不必要的网络传输开销。

Sink 并行度设置：Sink 用于将数据输出到外部服务，其并行度可以根据 Sink 数据量和下游服务的承受能力进行评估。例如，如果 Sink 是 Kafka，可以将其并行度设置为 Kafka Topic 的分区数。注意，最好将 Sink 并行度设置为 Kafka 分区数的倍数，以确保数据写入均匀。

总之，合理评估 Flink 任务的并行度是优化任务性能和资源利用的重要步骤。通过压测评估、数据源、算子特性和下游服务的情况来设置并行度，可以提高任务的吞吐量、降低延迟，并充分利用集群资源。在实际应用中，要根据具体场景灵活选择并行度设置。

10.4　谈谈你对 Flink Operator Chain 的理解

1. 题目描述

谈谈你对 Flink Operator Chain 的理解。

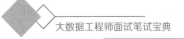

2．分析与解答

Flink Operator Chain 是一种任务优化方式，通过将满足一定条件的算子链接在一起，从而减少数据传输和提高任务性能。

（1）Operator Chain 的定义

Operator Chain 是一种在同一个任务（Task）中将符合一定条件的算子（Operator）连接在一起的机制。这使得这些算子在同一个线程中执行，其数据传输变为函数调用关系，从而减少不必要的数据传输过程，提高整体性能。

（2）Operator Chain 的优点

将算子链接成任务链具有以下优势。

1）**减少线程切换**：同一个任务内的算子无须进行线程间的切换，减少了切换开销。

2）**减少序列化/反序列化**：算子链中的数据无须序列化和反序列化，减少了序列化开销。

3）**减少数据交换**：算子链中的数据在内存中传递，无须通过缓冲区交换，减少了数据传输开销。

4）**提高吞吐量**：减少了延迟的同时，整体任务吞吐量得到提高。

（3）Operator Chain 的组成条件

要将算子链接成任务链，需要满足以下条件。

1）**SlotSharingGroup 条件**：上下游算子实例需处于同一个 SlotSharingGroup 中，以确保它们可以在同一个任务中执行。

2）**链接策略条件**：下游算子的链接策略（ChainingStrategy）为 ALWAYS，这表示它既可以与上游链接，也可以与下游链接。常见的算子有 map()、filter()等。

3）**并行度条件**：上下游算子的并行度需要相同。

4）**无数据 Shuffle 条件**：上下游算子之间不存在需要数据洗牌的操作，避免不必要的数据传输开销。

5）**不禁用算子链**：没有禁用算子链的设置。

总之，Flink Operator Chain 是一种用于提升任务性能的优化方式，通过将满足一定条件的算子链接在一起，减少数据传输开销，降低延迟，提高整体吞吐量。理解并正确使用 Operator Chain 对于优化 Flink 任务的执行效率至关重要。

10.5 谈谈你对 Flink 重启策略的理解

1．题目描述

谈谈你对 Flink 重启策略的理解。

2．分析与解答

当 Flink 应用程序发生故障后，需要重启相关的 Task，使作业恢复到正常状态。而 Flink 如何重启是通过设定重启策略来判定的。如果没有定义重启策略，则会遵循集群启动时加载的默认重启策略；如果提交作业时设置了重启策略，则该策略将会覆盖掉集群的默认策略。

一般来说，在 Flink 配置文件 flink-conf.yaml 中可以设置默认的重启策略。如果 Flink 应用程序没有启用 Checkpoint 功能，就采用不重启策略。如果启用 Checkpoint 功能，但没有配置重启策略，就采用固定延时重启策略。Flink 一共包含四种重启策略。

（1）固定延迟重启策略

固定延迟重启策略是尝试给定次数重新启动作业。如果超过最大尝试次数，则作业失败。在两次连续重启尝试之间，会有一个固定的延迟等待时间。

通过在 flink-conf.yaml 中配置参数：

```
#fixed-delay:固定延迟重启策略
restart-strategy: fixed-delay
#尝试 5 次，默认 Integer.MAX_VALUE
restart-strategy.fixed-delay.attempts: 5
#设置延迟时间 10s，默认为 akka.ask.timeout 时间
restart-strategy.fixed-delay.delay: 10s
```

在程序中设置固定延迟重启策略如下：

```
StreamExecutionEnvironment env = StreamExecutionEnvironment.getExecutionEnvironment();
    //设置固定延迟重启策略
        env.setRestartStrategy(RestartStrategies.fixedDelayRestart(3,Time.seconds(3)));
```

（2）故障率重启策略

故障率重启策略在故障后重启作业，当设置的故障率（Failure Rate）超过每个时间间隔的故障时，作业最终失败。在两次连续重启尝试之间，重启策略延迟等待一段时间。

通过在 flink-conf.yaml 中配置参数：

```
#设置重启策略为 failure-rate
restart-strategy: failure-rate
#失败作业之前的给定时间间隔内的最大重启次数，默认 1
restart-strategy.failure-rate.max-failures-per-interval: 3
#测量故障率的时间间隔，默认 1min
restart-strategy.failure-rate.failure-rate-interval: 5min
#两次连续重启尝试之间的延迟，默认 akka.ask.timeout 时间
restart-strategy.failure-rate.delay: 10s
```

可以在应用程序中这样设置来配置故障率重启策略：

```
StreamExecutionEnvironment env = StreamExecutionEnvironment.getExecutionEnvironment();
//设置允许任务失败最大次数为 3 次
env.setRestartStrategy(RestartStrategies.failureRateRestart(3,
        //任务失败的时间启动的间隔
        Time.of(2, TimeUnit.SECONDS),
        //允许任务延迟时间 3s
        Time.of(3, TimeUnit.SECONDS))
);
```

（3）无重启策略

作业直接失败，不尝试重启。

通过在 flink-conf.yaml 中配置参数：

```
#设置重启策略为 none
restart-strategy: none
```

在程序中如下设置即可配置不重启：

```
StreamExecutionEnvironment env= StreamExecutionEnvironment.getExecutionEnvironment();
env.setRestartStrategy(RestartStrategies.noRestart());
```

（4）后备重启策略

如果程序没有启用 Checkpoint，则采用不重启策略，如果开启了 Checkpoint 且没有设置重启策略，那么采用固定延时重启策略，最大重启次数为 Integer.MAX_VALUE。

10.6 阐述 Flink 内存管理是如何实现的

1. 题目描述

阐述 Flink 内存管理是如何实现的。

2. 分析与解答

大数据计算引擎主要基于 JVM 编程语言来实现，JVM 降低了程序员对内存管理的门槛，可以对代码进行深度优化。但 JVM 内存管理在大数据场景下存在很多问题，如有效数据密度低、垃圾回收带来的性能问题，OOM 问题影响稳定性，缓存未命中问题等。

所以 Flink 选择自主内存管理，即回收部分 JVM 内存管理的主动权。在 Flink 1.11 以上版本中，Flink 统一了 JobManager 和 TaskManager 端的内存管理，而且 TaskManager 是 Flink 中执行计算的核心组件，使用了大量对外内存，所以这里以 TaskManager 为例来说明内存管理模型。TaskManager 的内存结构如图 10-7 所示。

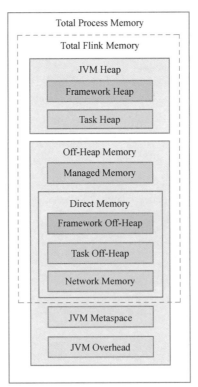

图 10-7　TaskManager 的内存结构

如图 10-7 所示，从大的方面来说，TaskManager 整个进程（Total Process Memory）所使

用的内存包含如下两个方面。

（1）Flink 使用的内存（Total Flink Memory）

Flink 使用的内存又包含 JVM 堆上内存和 JVM 堆外内存。

1）JVM 堆上内存（JVM Heap）。JVM 堆上内存包含框架堆上内存和 Task 堆上内存。

① 框架堆上内存（Framework Heap）。Flink 框架本身所使用的内存，即 TaskManager 本身所占用的堆上内存，不计入 Slot 的资源。

② Task 堆上内存（Task Heap）。Task 执行用户代码时所使用的堆上内存。

2）JVM 堆外内存（Off-Heap Memory）。JVM 堆外内存包含托管内存和直接内存。

① 托管内存（Managed Memory）。Flink 管理的堆外内存。

② 直接内存（Direct Memory）。包括框架堆外内存、Task 堆外内存、网络缓冲内存和堆外托管内存。

- 框架堆外内存（Framework Off-Heap）。Flink 框架本身所使用的的内存，即 TaskManager 本身所占用的堆外内存，不计入 Slot 资源。
- Task 堆外内存（Task Off-Heap）。Task 执行用户代码时所使用的堆外内存。
- 网络缓冲内存（Network Memory）。网络数据交换所使用的堆外内存，如网络数据交换缓冲区（Network Buffer）。
- 堆外托管内存。将应用程序的部分内存需求从 Java 堆之外进行管理和分配。

（2）JVM 本身使用的内存（JVM Specific Memory）

JVM 本身直接使用了操作系统的内存，包含 JVM 元空间和 JVM 执行开销。

1）JVM 元空间（JVM Metaspace）。JVM 元空间所使用的的内存。

2）JVM 执行开销（JVM Overhead）。JVM 在执行时自身所需要的内存，包括线程堆栈、IO、编译缓存等所使用的内存。

10.7　阐述 Flink Task 如何实现数据交换

1. 题目描述

在一个 Flink 作业运行过程中，不同 Task 之间是如何进行数据交换的？

2. 分析与解答

Flink 的数据交换机制在设计时遵循两个基本原则。

1）数据交换的控制流（如为初始化数据交换而发出的消息）是由接收端发起的。

2）数据交换的数据流（如在网络中实际传输的数据被抽象为 IntermediateResult 的概念）是可插拔的。

这意味着系统基于相同的实现逻辑既可以支持 Streaming 模式，也可以支持 Batch 模式下数据的传输。

Flink 的数据交换主要涉及两个角色。

（1）JobManager

JobManager 是 Master 节点，负责任务调度、异常恢复、任务协调，并且通过 ExecutionGraph 这样的数据结构来保存一个作业的全景图。

（2）TaskManager

TaskManager 是工作节点，负责将多个任务并行地在线程中执行，每个 TaskManager 中包含一个 CommunicationManager（在 Task 之间共享）和一个 MemoryManager（在 Task 之间共享）。TaskManager 之间通过 TCP 连接来交互数据。

在一个 TaskManager 中，可能会同时并行运行多个 Task，每个 Task 都在单独的线程中运行。在不同的 TaskManager 中，运行的 Task 之间进行数据传输要基于网络进行通信。一个 TaskManager 和另一个 TaskManager 之间通过网络进行通信，通信是基于 Netty 创建的标准的 TCP 连接，同一个 TaskManager 内运行的不同 Task 会复用网络连接。

数据交换从本质上来说就是一个典型的生产者-消费者模型，Flink 上游算子生产数据到 ResultPartition 中，下游算子通过 InputGate 消费数据。由于不同的 Task 可能在同一个 TaskManager 中运行，也可能在不同的 TaskManager 中运行：对于前者，不同的 Task 其实就是同一个 TaskManager 进程中的不同线程，它们的数据交换就是在本地不同线程间进行的；对于后者，必须要通过网络进行通信。

10.8 阐述 Flink 状态如何实现容错

1. 题目描述

阐述 Flink 状态如何实现容错。

2. 分析与解答

（1）状态（State）产生背景

在 Flink 流处理或批处理的 WordCount 案例中，并没有包含状态的管理，一旦 Task 运行过程中宕机或挂掉，那么 Task 在内存中的状态都会丢失。下次重新运行 Flink 作业时，所有的数据都需要重新计算。为了从容错和消息处理的语义上保证 At Least Once 或 Exactly-Once，Flink 引入了 State 和 Checkpoint（容错）。

（2）什么是 State

State 一般指的是对象的状态，比如 Java 对象 User(name,age,loginnum,logintime,logouttime)，在不同时刻里面的成员变量存储着不同的值，这就是对象的 State。如果一个 Task 在处理过程中挂掉了，那么它在内存中的状态都会丢失，所有的数据都需要重新计算。

Flink 中的状态，一般是指一个具体的 Task/Operator 某时刻在内存中的状态，State 数据默认保存在 Java 的堆内存中。Checkpoint 则表示一个 Flink Job 在一个特定时刻的一份全局 State 快照，它包含了一个 Job 下所有 Task/Operator 某时刻的 State。这里的 Task 表示 Flink 作业执行的基本单位，Operator 表示转换操作（Transformation）。

注意：不要搞混 State 和 Checkpoint，State 代表某个时刻 Operator 的状态；而 Checkpoint 是 Flink 的状态容错机制，代表某个时刻整个 Job 很多个 Operator 的状态。可以理解为 Checkpoint 是对 State 数据进行持久化存储。

（3）State 的作用

1）增量计算。

聚合操作： 比如做某个窗口的 WordCount 统计，先执行 keyBy 分组操作，然后执行 reduce 聚合（1,2,3,4），对 value 值做累加的中间变量 sum 就是 State。

模型：Spark ML、Flink ML 做机器学习模型迭代运算，每次得到的模型需要保存起来，这就需要 State。

2）容错。

Job 故障重启：有了 State 之后，若 Job 故障重启，其还可以基于之前的 State 继续执行。如果没有 State，Job 故障重启之后还需要从头开始处理数据。

代码升级：如果 Flink 应用当前的并行度为 5，此时发现并行度有点低，我们需要增大并行度接着上次的 State 继续运行 Flink 应用，同样需要 State。

（4）Checkpoint 是什么

有了 State 自然就需要状态容错，否则 State 就失去了意义，Flink 状态容错的机制就是 Checkpoint。Checkpoint 是一种周期性绘制数据流状态的机制，该机制可以确保即使 Flink Job 出现故障，最终也将为数据流中的每一条记录提供 Exactly-Once 的语义保证。

Flink Checkpoint 容错包含两个方面的状态。

1）全局快照，持久化保存所有的 Task/Operator 的 State。

2）序列化数据集合。

（5）Checkpoint 的特点

1）Checkpoint 可以异步做快照，不影响线上 Flink 应用的运行。

2）既可以做全量 Checkpoint，又可以做增量 Checkpoint。

3）Flink Job 运行失败情况下，重启 Job 可以回滚到最近一次执行成功的 Checkpoint 位置。

4）Checkpoint 可以周期性地做快照。

（6）Checkpoint 的使用条件

1）数据源在一定时间内可回溯，常见的数据源包含如下。

① 可持久化的消息队列：Kafka、RabbitMQ、Amazon Kinesis、Google PubSub。

② 文件系统：HDFS、S3、GFS、NFS、Ceph。

2）存储 State 的持久化存储系统，常见的存储系统包含文件系统如 HDFS、S3、GFS、NFS。

（7）启用 Checkpoint

Flink Job 启用 Checkpoint 并设置相关参数。

```
StreamExecutionEnvironment env = StreamExecutionEnvironment.getExecutionEnvironment();
//每隔 1000ms 启动一个检查点【设置 Checkpoint 的周期】
env.enableCheckpointing(1000);
//高级选项：
//设置模式为 Exactly-Once（这是默认值）
env.getCheckpointConfig().setCheckpointingMode(CheckpointingMode.EXACTLY_ONCE);
//确保检查点之间有至少 500ms 的间隔【Checkpoint 最小间隔】
env.getCheckpointConfig().setMinPauseBetweenCheckpoints(500);
//检查点必须在一分钟内完成，否则被丢弃【Checkpoint 的超时时间】
env.getCheckpointConfig().setCheckpointTimeout(60000);
//同一时间只允许进行一个检查点
env.getCheckpointConfig().setMaxConcurrentCheckpoints(1);
启用 Checkpoint
//表示一旦 Flink 处理程序被 Cancel 后，会保留 Checkpoint 数据，以便根据实际需要恢复到指定的
```

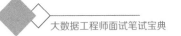
Checkpoint
　　　　env.getCheckpointConfig().enableExternalizedCheckpoints(ExternalizedCheckpointCleanup.RETAIN_O
N_CANCELLATION);

（8）State Backend（状态的后端存储）

默认情况下，Flink State 会保存在 TaskManager 的内存中，执行 Checkpoint 时会把 State 存储在 JobManager 的内存中。State 的存储和 Checkpoint 的位置取决于 State Backend 的配置，Flink 一共包含三种 State Backend。

1）MemoryStateBackend。State 数据保存在 Java 堆内存中，执行 Checkpoint 时会把 State 的快照数据保存到 JobManager 的内存中。基于内存的 State Backend 在生产环境下不建议使用。

2）FsStateBackend。State 数据保存在 TaskManager 的内存中，执行 Checkpoint 时会把 State 的快照数据保存到配置的文件系统中，比如 HDFS。

3）RocksDBStateBackend。RocksDB 会在本地文件系统中维护 State，State 会直接写入本地 RocksDB 中。同时它需要配置一个远端的 FileSystem URI（如 HDFS），Flink 在做 Checkpoint 时会把本地的数据直接复制到 FileSystem 中。当 Flink Job 故障恢复时，会从 FileSystem 中将 State 数据恢复到本地。RocksDB 克服了 State 受内存限制的缺点，同时又能将 State 数据持久化到远端 FileSystem 中，比较适合在生产环境中使用。

10.9　简述 Flink 分布式快照原理

1. 题目描述

简述 Flink 分布式快照原理。

2. 分析与解答

（1）消息精确一次（Exactly-Once）语义保证

Exactly-Once 是实时计算的关键特性之一，这要求作业从失败恢复后的状态以及管道中的数据流要与失败时保持一致，通常这是通过定期对作业状态和数据流进行快照来实现的。

然而传统的快照方式有两点不足。

1）快照进行期间常常要暂停数据流的摄入，造成额外延迟和吞吐量下降。

2）快照会过度谨慎地将管道里正在计算的数据也随着状态保存下来，导致快照过于庞大。

（2）Flink 分布式快照

针对传统快照方式带来的问题，Flink 引入了基于异步数据栅栏（Barrier）的分布式快照技术（Asynchronous Barrier Snapshot，ABS）。

1）ABS 是一种轻量级的分布式快照技术，能以低成本备份 DAG（有向无环图）或 DCG（有向有环图）计算作业的状态，这使得计算作业可以频繁地进行快照并且不会对性能产生明显影响。

2）ABS 的核心思想是通过数据栅栏来标记触发快照的时间点和对应的数据，从而将数据流和快照时间解耦以实现异步快照操作，同时也极大地降低了对管道数据的依赖，减小了随之而来的快照大小。

（3）Barrier（数据栅栏）机制

Flink 通过 Checkpoint 做分布式快照借助于 Barrier 机制，Barrier 机制如图 10-8 所示。

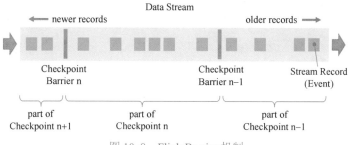

图 10-8　Flink Barrier 机制

1）Barrier 是一种特殊的内部消息，用于将数据流从时间上切分为多个窗口，每个窗口对应一系列连续快照中的一个快照。

2）Barrier 由 JobManager 定时广播给计算任务中所有的 DataSource，其后伴随数据流一起流至下游。

3）每个 Barrier 是当前快照数据与下个快照数据的分割点。

（4）Barrier 多并行度对齐

当一个算子接收了两个数据流，对它们进行 Window Join 操作时，Barrier 会驱使算子对两个数据流进行校准（Aligning），Barrier 多并行度对齐机制如图 10-9 所示。

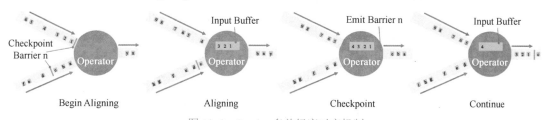

图 10-9　Barrier 多并行度对齐机制

1）当算子从一个上游数据流接收到 Checkpoint Barrier n 标记之后，算子会暂停对该数据流后续数据的处理，直到从另外一个数据流也接收到 Checkpoint Barrier n 标记，算子才会重新开始处理该数据流的后续数据。这种机制避免了两个数据流的效率不一致，导致算子的当前快照窗口包含了不属于当前窗口的数据。

2）算子暂停对数据流中的数据进行处理，但并不会阻塞上游数据流的数据流动，而是将接收到的数据暂时缓存起来，因为这些数据属于 Checkpoint Barrier n+1 窗口，而不是当前的 Checkpoint Barrier n 窗口。

3）当另一个数据流的 Checkpoint Barrier n 也抵达算子时，算子会将所有正在处理的结果发送至下游，随后做快照并将 Checkpoint Barrier n 标记广播给下游所有数据流。

4）算子开始处理属于 Checkpoint Barrier n+1 窗口的数据流，当然此时会优先处理已经缓存且属于 Checkpoint Barrier n+1 窗口的数据。

（5）Barrier 机制实现 Checkpoint

Flink 分布式快照的实现过程如图 10-10 所示, 图中 Master 代表 JobManager, State Backend 代表状态后端。

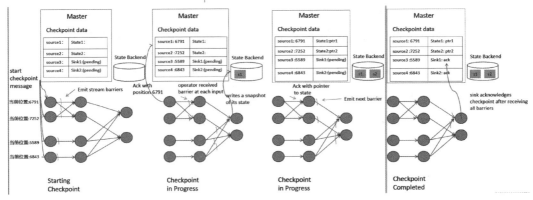

图 10-10 Flink 分布式快照的实现过程

Flink 应用的 Checkpoint 实现过程如下。

1）JobManager 周期性地向 Flink 应用的所有 Source 算子发送 Barrier。

2）当某个 Source 算子收到一个 Barrier 标记时，便会暂停数据处理过程，然后将自己的当前状态制作成快照，并保存到指定的持久化存储中，最后向 JobManager 报告自己快照制作情况，同时向所有下游算子广播该 Barrier 标记，并恢复数据处理。

3）下游算子收到 Barrier 标记之后，会暂停自己的数据处理过程，然后将自身的相关状态制作成快照，并保存到指定的持久化存储中，最后向 JobManager 报告自身快照情况，同时向所有下游算子广播该 Barrier 标记，并恢复数据处理。

4）每个算子按照步骤 3 不断制作快照并向下游广播 Barrier 标记，直到 Barrier 标记传递到 Sink 算子，快照才算制作完成。

5）当 JobManager 收到所有算子的报告之后，认为该周期的快照制作成功。否则，如果在规定的时间内没有收到所有算子的报告，则认为本周期快照制作失败。

10.10 阐述 Flink 如何保证端到端 Exactly-Once 语义

1．题目描述

阐述 Flink 如何保证 Kafka 端到端 Exactly-Once 语义。

2．分析与解答

Exactly-Once 语义是指每个输入事件只影响最终结果一次，即使机器或软件出现故障，数据既不会重复也不会丢失。

（1）Flink 实现应用内部 Exactly-Once 语义

Flink 利用 Checkpoint 机制对整个 Job 提供一次完整的容错。Flink Checkpoint 快照包含如下内容。

1）针对并行输入数据源，快照存储的是消费数据的位置偏移量。

2）针对 Operator 操作，快照存储的是状态指针。

Flink 可以配置一个固定的时间点定期制作 Checkpoint 快照，一般将快照数据持久存储到 HDFS。而且快照数据的持久化存储是异步发生的，这就意味着 Flink 做 Checkpoint 快照时可以继续处理后续数据。Flink 应用宕机重启之后，它会从最新的 Checkpoint 状态恢复并继续处理数据。

总结：在 Flink 应用内部，可以利用 Checkpoint 机制实现 Exactly-Once 语义。

（2）Flink 实现端到端 Exactly-Once 语义

Flink 要想实现 Kafka 端到端 Exactly-Once 语义，需要满足三个条件。

1）Source 端支持重放。Kafka 支持数据重放，因为消费者可以根据 Offset 在 Kafka 中唯一确定一条消息，且在外部只能被 Flink 程序本身感知到，因此 Source 端消除了数据不一致性达到了 Exactly-Once 语义。

2）Flink 实现应用内部 Exactly-Once 语义。在 Flink 应用内部，可以利用 Checkpoint 机制实现 Exactly-Once 语义。

3）Sink 端支持幂等性写入或事务更新。Flink Sink 端要想实现 Exactly-Once 语义，它必须将所有数据通过一个事务提交给 Kafka，这可确保在发生故障时能回滚写入 Kafka 的数据。Flink 使用两阶段提交协议来保证 Sink 端的 Exactly-Once 语义。

Flink 两阶段提交协议包含以下几个步骤。

1）预提交阶段。

① Checkpoint Starts。当 Checkpoint 开始时，Flink JobManager 会将 Checkpoint Barrier 注入数据流，执行流程如图 10-11 所示。

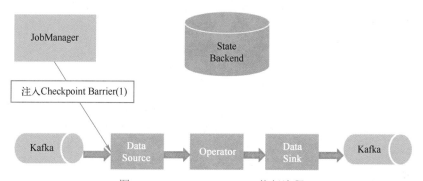

图 10-11　Checkpoint Starts 执行流程

② Checkpoint in Progress。当 Source 算子收到 Barrier 标记时，会将 Kafka 的偏移量 Offset 制作成快照，保存到状态后端，然后将 Barrier 标记传递给下游 Operator 算子，执行流程如图 10-12 所示。

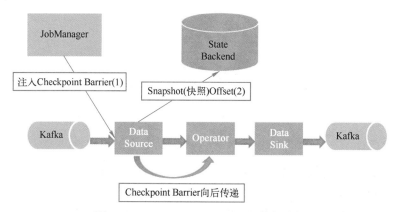

图 10-12　Checkpoint in Progress 执行流程

③ Pre-commit with External State。当下游算子收到 Barrier 标记之后，同样会将自身的相关状态制作成快照，保存到状态后端。当 DataSink 有输出数据时，Flink 应用就具有了外部状态，需要进行额外的处理。为了提供 Exactly-Once 语义，在预提交阶段除了将自身状态写入状态后端，输出数据还必须预先提交外部事务。当 Barrier 在所有算子之间都传递完毕，并且触发的 Checkpoint 回调成功完成时，预提交阶段就结束了。预提交外部事务的执行流程如图 10-13 所示。

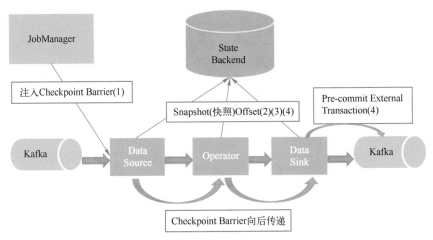

图 10-13　预提交外部事务的执行流程

2）提交阶段。

当预提交阶段完成之后，就会进入提交阶段，此时 JobManager 会通知所有算子 Checkpoint 快照已经成功。由于 DataSource 和 Operator 没有外部状态，因此在事务提交阶段不需要做任何操作。但 DataSink 拥有外部状态，所以需要提交外部事务。提交外部事务的执行流程如图 10-14 所示。

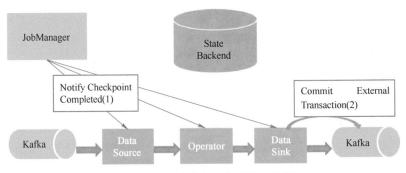

图 10-14　提交外部事务的执行流程

（3）总结

1）一旦所有算子完成预提交，才会进入提交阶段。

2）如果至少有一个预提交快照失败，那么整个预提交阶段就会中止，Flink 应用将回滚到最近一次成功的 Checkpoint 位置。

3）当预提交阶段成功之后，提交阶段需要保证最终成功。如果提交事务失败，Flink 会根据用户设置的重启策略重新启动应用，并再次提交事务。这个过程至关重要，如果提交事务没有执行成功，将会导致数据丢失。

10.11 阐述如何解决 Flink 任务延迟高的问题

1．题目描述

Flink 任务延迟高，想解决这个问题，你会如何入手？

2．分析与解答

Flink 任务延迟高的处理方法如下。

（1）问题定位与分析

首先，需要确定任务延迟的根本原因，可以通过以下几个步骤进行问题定位和分析。

1）**监控与指标分析**：使用 Flink Web UI 或监控工具检查任务的指标，如任务整体延迟、反压情况、数据处理速率等。这可以帮助我们快速定位出现延迟的任务。

2）**日志分析**：检查任务的日志，寻找异常或错误信息，排查是否有资源不足、网络问题、数据倾斜等情况。

3）**数据量与处理逻辑**：检查任务处理的数据量和逻辑，确保处理逻辑没有复杂性能瓶颈。

（2）资源调优

资源调优是解决延迟问题的关键步骤，它涵盖了对任务的运行资源进行合理配置和优化。

1）**并发度调整**：调整任务中各个算子的并发度，使其适应不同的处理速率，确保负载均衡。

2）**资源分配**：根据任务需要，适当分配 CPU 核数和内存。可以使用 Flink Web UI 监控工具来观察各个任务的资源使用情况。

3）**网络优化**：确保任务所在节点之间的网络通信没有瓶颈，尽量避免跨节点数据传输。

（3）作业调优

作业调优是在作业整体层面对延迟问题进行处理。

1）**并行度设置**：合理设置任务的并行度，根据数据处理能力、集群资源以及任务的数据量来调整。

2）**状态设置**：使用不同的状态后端（如 RocksDB 等）来优化状态管理，减少状态的访问延迟。

3）**Checkpoint 设置**：启用定期的 Checkpoint，保证数据的一致性和容错性。根据任务的性质和数据量，调整 Checkpoint 的间隔和参数。

（4）代码与逻辑优化

1）**算子逻辑优化**：优化处理算子的逻辑，避免不必要的计算或重复操作。

2）**数据分区与倾斜处理**：合理的数据分区策略可以减轻数据倾斜带来的延迟。对于数据倾斜问题，可以采取随机前缀、双流 Join 优化等方法。

3）**异步操作**：对于 IO 密集型的操作，可以采用异步操作，提高任务的并发性能。

（5）性能监控与迭代优化

不断监控任务的性能，收集指标信息，定期进行性能分析和调整。通过多次迭代优化，逐步减少任务的延迟，提升整体性能。

总之，解决 Flink 任务延迟高的问题需要综合考虑资源、作业配置和任务逻辑等多个方面。

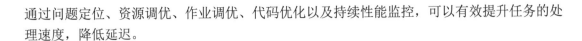

通过问题定位、资源调优、作业调优、代码优化以及持续性能监控，可以有效提升任务的处理速度，降低延迟。

10.12 阐述如何处理 Flink 反压问题

1. 题目描述

阐述如何处理 Flink 反压问题。

2. 分析与解答

（1）什么是反压

反压（Backpressure）是实时计算应用中，特别是流式计算中十分常见的问题。反压意味着数据管道中某个节点成为瓶颈，处理速率跟不上上游发送数据的速率，而需要对上游进行限速。由于实时计算应用通常使用消息队列来进行生产端和消费端的解耦，消费端数据源是 Pull-Based（拉取模式），所以反压通常是从某个节点传导至数据源并降低数据源（比如 Kafka Consumer）的摄入速率。

（2）Flink 反压机制

简单来说，Flink 拓扑中每个节点间的数据都以阻塞队列的方式传输，下游来不及消费导致队列被占满后，上游的生产也会被阻塞，最终导致数据源的摄入被阻塞。

（3）反压的影响

反压并不会直接影响作业的可用性，它表明作业处于亚健康的状态，有潜在的性能瓶颈并可能导致更大的数据处理延迟。通常来说，对于一些对延迟要求不太高或数据量比较小的应用来说，反压的影响可能并不明显，然而对于规模比较大的 Flink 作业来说反压可能会导致严重的问题。

由于 Flink Checkpoint 机制，反压还会影响到两项指标：Checkpoint 时长和 State 大小。

1）因为 Checkpoint Barrier 是不会越过普通数据的，数据处理被阻塞也会导致 Checkpoint Barrier 流经整个数据管道的时长变长，因而 Checkpoint 总体时间变长。

2）因为要保证准确一次语义（Exactly-Once-Semantics，EOS），对于有两个以上输入管道的 Operator，Checkpoint Barrier 需要对齐，接收到较快的输入管道的 Barrier 后，它后面数据会被缓存起来但不处理，直到较慢的输入管道的 Barrier 也到达，这些被缓存的数据会被放到 State 里面，会导致 Checkpoint 变大。

这两个影响对于生产环境的作业来说是十分危险的，因为 Checkpoint 是保证数据一致性的关键，Checkpoint 时间变长有可能导致 Checkpoint 超时失败，而 State 大小同样可能拖慢 Checkpoint 甚至导致 OOM 或物理内存使用超出容器资源（如使用 RocksDBStateBackend）的稳定性问题。因此，我们在生产中要尽量避免出现反压的情况。

（4）定位反压节点

要解决反压首先要做的是定位到造成反压的节点，主要有两种办法。

1）通过 Flink Web UI 自带的反压监控面板。

2）通过 Flink Task Metrics 监控。

Flink Web UI 比较容易上手，适合简单分析。Flink Task Metrics 则提供了更加丰富的信息，适合用于监控系统。因为反压会向上游传导，这两种方式都要求我们从 Source 节点到 Sink 节点的逐一排查，直到找到造成反压的根本原因。

（5）分析反压原因并处理

在生产环境中，多数情况下反压是由于数据倾斜，这点我们可以通过 Web UI 各个 SubTask 的 Records Sent 和 Record Received 来确认，另外，Checkpoint Detail 里面不同 SubTask 的 State Size 也是分析数据倾斜的有用指标。这种情况下，我们按 Flink 数据倾斜问题来解决即可。

此外，最常见的问题可能是用户代码的执行效率问题（如频繁被阻塞或性能问题）。最有用的办法就是对 TaskManager 进行 CPU Profile，从中我们可以分析到 Task Thread 是否跑满一个 CPU 核。如果是的话要分析 CPU 主要花费在哪些函数里面，如果不是的话要看 Task Thread 阻塞在哪里，可能是用户函数本身有些同步的调用，也可能是 Checkpoint 或 GC 等系统活动导致的系统暂停。

当然，性能分析的结果也可能是正常的，只是作业申请的资源不足而导致了反压，这就要求为 Flink 作业分配更多的资源。

另外，TaskManager 的内存以及 GC 问题也可能会导致反压，包括 TaskManager JVM 各区内存不合理导致的频繁 Full GC 甚至失联。此时可以通过给 TaskManager 启用 G1 垃圾回收器来优化 GC，并加上 -XX:+PrintGCDetails 来打印 GC 日志的方式来观察 GC 的问题。

（6）总结

反压是 Flink 应用运行中常见的问题，它不仅意味着性能瓶颈，还可能导致作业的不稳定性。定位反压可以从 Web UI 的反压监控面板和 Task Metrics 两者入手，前者方便简单分析，后者适合深入挖掘。定位到反压节点后我们可以通过数据分布、CPU Profile 和 GC 指标日志等手段来进一步分析反压背后的具体原因并进行针对性的优化。

10.13　阐述 Flink 海量数据如何实现去重

1. 题目描述

阐述 Flink 海量数据如何实现去重。

2. 分析与解答

数据去重在实际业务中是常见的需求。在大数据领域，消除重复数据有助于减少存储需求，并在某些场景下是不可或缺的。例如，对于网站用户访问统计，重复数据会影响准确性。传统离线计算可以使用类似 MapReduce 或 HiveSQL 进行去重统计。而在实时计算中，处理数据的去重需要考虑增量性和长期性。

Flink 中实现数据去重的方法有以下几种。

（1）使用 HashSet

基于内存的 HashSet 可以在 Flink 中实现数据去重。这种方式适用于数据量不大且可以容忍重启时数据丢失的场景。

（2）利用状态后端

使用 Flink 的状态编程，如 ValueState 或 MapState，可以实现数据去重。可以选择内存、文件系统或 RocksDB 作为状态后端。自定义函数可以比较当前数据与状态中的数据，从而实现去重操作。

（3）利用外部数据库

在业务复杂且数据量庞大的情况下，为了避免无限制状态膨胀，可以使用外部存储。Redis 或 HBase 可用于存储数据，只需设计好存储的键。外部数据库存储解决了 Flink 重启状态丢失的问题，但需要注意重启恢复时可能导致数据多次发送，影响结果的准确性。

根据业务需求和场景，选择适当的方法，具体如下。

1）对于小数据量或临时任务，使用内存中的 HashSet 可以快速实现去重。

2）对于中等数据量，状态后端是一个好的选择，可以控制状态大小，但需要注意状态的清理和管理。

3）对于大数据量或长期任务，使用外部数据库存储可以解决状态膨胀和重启问题，但需要处理数据多次发送的情况。

总之，在 Flink 中实现数据去重需要根据数据量、业务场景和性能要求来选择合适的方法。无论选择哪种方法，都需要综合考虑性能、准确性以及对状态管理的要求，以实现高效的数据去重处理。

10.14 阐述 Flink 如何处理迟到的数据

1. 题目描述

阐述 Flink 如何处理迟到的数据。

2. 分析与解答

Flink 在处理迟到数据时采取的策略和机制如下。

（1）Watermark 和 Window 机制

Flink 使用 Watermark 来处理流式数据的乱序和迟到问题。Watermark 是事件时间的度量，用于表示不再有早于特定时间戳的事件。通过 Watermark，Flink 可以确定在特定时间之前的事件已经到达。Window 机制则用于对数据流进行切分和分组，根据时间窗口将事件分类处理。

（2）业务处理基于 Event Time

Flink 强调基于事件时间（Event Time）进行业务处理，即根据事件实际发生的时间戳来处理数据，而不是根据数据进入系统的时间（Processing Time）。这使得迟到数据的处理更为灵活和精确。

（3）处理延迟数据的策略

Flink 针对延迟数据采取了多种策略来保证数据的准确性。

1）**设置允许延迟时间**：可以使用 allowedLateness(lateness: Time) 方法来设置允许的延迟时间。在此时间内的迟到数据仍会被接受和处理，超过这个时间的数据会被丢弃。

2）**保存延迟数据**：通过 sideOutputLateData(outputTag: OutputTag[T]) 方法，可以将延迟数据保存到指定的侧输出标签（OutputTag）。这样，我们可以在后续阶段对这些延迟数据进行特定处理。

3）**获取延迟数据**：使用 getSideOutput(tag: OutputTag[X]) 方法可以获取之前保存的侧输出数据，这样就可以在后续处理中对延迟数据进行必要的分析和操作。

总之，Flink 通过 Watermark 和 Window 机制，基于事件时间的业务处理，以及允许延迟时间的设置、延迟数据的保存和获取等策略，有效地处理了迟到数据问题。这些机制和策略使得 Flink 能够在保证数据准确性的同时，应对数据流中的乱序和延迟情况。

10.15　阐述如何解决 Flink 数据倾斜

1．题目描述

阐述如何解决 Flink 数据倾斜问题。

2．分析与解答

（1）数据倾斜原理

目前我们所知道的大数据处理框架，比如 Flink、Spark、Hadoop 等之所以能处理高达千亿的数据，是因为这些框架都利用了分布式计算的思想，集群中多个计算节点可以并行执行作业，使得数据处理能力能得到线性扩展。

以 Flink 计算框架为例，在 Flink 作业运行的过程中，大部分 Task 任务可以在很短的时间内完成，但仍然有部分 Task 的执行时间远超其他 Task 的运行时间，并且随着数据量的持续增加，导致 Task 所在计算节点挂掉，从而导致整个任务失败重启。

（2）数据倾斜产生原因

Flink 任务出现数据倾斜的直观表现是任务节点频繁出现反压，但是增加并行度并不能解决问题。甚至部分节点出现 OOM 异常，是因为大量的数据集中在某个节点上，导致该节点内存被撑爆，造成任务失败重启。

产生数据倾斜的原因主要有两个。

1）业务上有严重的数据热点，比如滴滴打车的订单数据中北京、上海等几个城市的订单量远远超过其他城市。

2）技术上 Flink 在聚合过程中，大量使用了 keyBy、groupBy 等操作，错误地使用了分组 Key，人为产生数据热点。

（3）数据倾斜产生的影响

Flink 作业出现数据倾斜之后可能会造成以下几个方面的影响。

1）单点问题。数据集中在某些分区上，导致数据严重不平衡。

2）GC 频繁。过多的数据集中在某些 JVM（TaskManager），使得 JVM 的内存资源短缺，导致频繁 GC。

3）吞吐下降、延迟增大。数据热点和频繁 GC 导致吞吐下降、延迟增大。

4）系统崩溃。严重情况下，过长的 GC 导致 TaskManager 失联，系统崩溃。

（4）数据倾斜的定位

数据倾斜的定位分为两步。

1）定位反压。定位反压有两种方式：Flink Web UI 自带的反压监控（直接方式）、Flink Task Metrics（间接方式）。通过监控反压的信息，可以获取到数据处理瓶颈的 SubTask。

2）确定数据倾斜。Flink Web UI 自带 SubTask 接收和发送的数据量。当 SubTask 之间处理的数据量有较大的差距，则该 SubTask 出现数据倾斜。

（5）数据倾斜解决思路

数据倾斜是大家都会遇到的高频问题，解决的方案也比较多。

1）业务上尽量避免热点 Key 的设计，例如，我们可以把北京、上海等热点城市分成不同

的区域，然后单独进行处理。

2）技术上出现热点时，要调整方案打散原来的 Key，避免直接聚合。可以对出现数据热点的 Key 键进行拆分处理，比如之前按照城市（如北京、上海）进行数据聚合，现在可以把北京和上海再次按照地区拆分之后进行聚合。

3）数据源的消费不均匀，需要调整并发度。对于数据源（如 Kafka 数据源）消费不均匀，通过调整数据源算子的并发度来实现，一般是将 Source 的并发度与 Kafka 分区数保持一致，或者 Kafka 分区数是 Source 并发度的整数倍。

（6）总结

解决 Flink 数据倾斜问题既需要业务上的合理设计，也需要技术上的优化策略。在处理热点数据和高并发情况时，应综合考虑分布式架构、数据流转和计算性能等多个因素，以达到更好的处理效果和资源利用率。

10.16 阐述如何解决 Flink Window 中的数据倾斜

1. 题目描述

阐述如何解决 Flink Window 中的数据倾斜。

2. 分析与解答

（1）定义和产生原因

在 Flink Window 中的数据倾斜是指不同窗口内积累的数据量相差巨大。产生这种情况的原因通常是源数据的速率不均匀，导致一些窗口内的数据远多于其他窗口。

（2）解决方案

1）在数据进入 Flink Window 前做预聚合。预聚合是一种有效的方法，它可以在数据进入窗口之前进行初步的聚合操作，从而减小窗口内的数据量。这可以通过使用滑动窗口或滚动窗口等方式来实现。预聚合可以将数据量分散到不同的窗口中，从而缓解数据倾斜问题。

2）重新设计 Flink 窗口聚合的 Key 键。重新设计窗口聚合的 Key 键也是解决数据倾斜问题的方法之一。通过将原始数据按照不同的维度进行拆分，使得数据在窗口中更加均匀地分布。例如，将原本可能造成数据倾斜的字段进行拆分，然后在下游聚合时再次合并。

总之，Flink 中的数据倾斜问题可以通过预聚合和重新设计窗口聚合的 Key 键来解决。这些方法可以有效地减轻数据倾斜带来的影响，确保窗口内数据的均衡分布，从而提高计算效率和结果准确性。在实际应用中，应根据业务情况选择合适的解决方案。

第11章　大数据仓库

在现代数据驱动的商业环境中，数据仓库扮演着核心角色，为企业决策提供有力支持。本章将深入探讨数据仓库的关键概念与技术，帮助您在面试笔试和实际应用中游刃有余。从数据库设计的基本范式，到架构模式的选择与优化，我们将为您解码数据仓库的要点，助您构建智慧决策的基石。

在本章中，我们将一步步剖析数据仓库的核心内容。从数据库的三范式理解，到数仓建模的必要性，您将掌握构建数据仓库的基本概念。通过详细介绍不同类型的事实表和维度表，我们将让您对数据仓库的内部结构有更深入的了解。

除了理论基础，我们还将深入研究数据架构的分层和演化。您将了解离线数仓架构、Lambda 架构和 Kappa 架构的特点，以及它们的应用场景。本章将为您提供丰富的面试笔试话题和实际案例，帮助您更好地理解数据仓库的关键概念。

此外，我们还将为您揭示数据仓库中的常见实际问题与解决方案。从拉链表的实现，到连续登录 7 日用户的查询，再到注册用户留存数与留存率的统计，我们将为您呈现实际应用中的挑战与解决方法。通过本章内容的学习，您将拥有更加深入的数据仓库知识体系，为您的面试笔试和实际工作增添信心与优势。

11.1　谈谈你如何理解数据库三范式

1. 题目描述

谈谈你如何理解数据库三范式。

2. 分析与解答

（1）数据库范式定义

设计关系数据库时，需遵从不同的规范要求，设计出合理的关系型数据库，这些不同的规范要求被称为不同的范式，各种范式呈递次规范，越高的范式数据库冗余越小。

（2）数据库范式分类

常见的数据库范式包含 7 个分类：第一范式（1NF）、第二范式（2NF）、第三范式（3NF）、巴斯范式（BCNF）、第四范式（4NF）、第五范式（5NF）、第六范式（6NF）。

（3）数据库范式优点

设计关系型数据库时，需遵照一定的规范要求，目的在于降低数据的冗余性。

（4）数据库范式的缺点

如果需要完整的数据，表与表之间需要做 Join 操作，才能得到最后需要的数据。

（5）数据库三范式

虽然数据库包含了很多种范式，但是常用的是前三种范式。

1）第一范式。

定义：域都是原子性的，即数据库表的每一列都是不可分割的原子数据项。

示例：商品名称"100 个电风扇"不具有原子性。商品表还可以再进行分割，具体分割过程如图 11-1 所示。

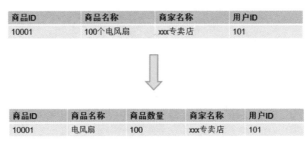

图 11-1　字段分割过程

2）第二范式。

定义：在 1NF 的基础上，实体的属性完全依赖于主关键字，不能存在仅依赖主关键字的部分属性。

示例：分数完全依赖于（学生 ID+所修课程），而系主任部分依赖（学生 ID+所修课程），系主任仅仅依赖学生 ID。学生成绩表还可以再分割，具体分割过程如图 11-2 所示。

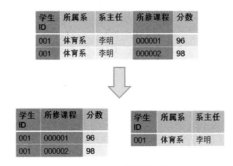

图 11-2　表分割过程 1

3）第三范式。

定义：在 2NF 的基础上，任何非主属性不依赖于其他非主属性。只要非主键内部存在传递依赖，就不满足第三范式。

示例：在学生表中，学号为主键，但系主任传递依赖于系名（学号→系名→系主任），而不是直接依赖于主键学号。学生成绩表还可以再分割，具体分割过程如图 11-3 所示。

学号	姓名	系名	系主任
101	巩丽	艺术系	张艺
102	黄明	艺术系	张艺
103	孙云	美术系	高希

学号	姓名	系名
101	巩丽	艺术系
102	黄明	艺术系
103	孙云	美术系

系名	系主任
艺术系	张艺
艺术系	张艺
美术系	高希

图 11-3　表分割过程 2

11.2　阐述为什么需要数仓建模

1．题目描述

什么是数据仓库建模？为什么需要数据仓库建模？怎样进行数据仓库建模？

2．分析与解答

（1）什么是数据仓库建模

数据模型是抽象描述现实世界的一种工具和方法，是通过抽象的实体及实体之间联系的形式，来表示现实世界中事务相互关系的一种映射。在这里，数据模型表现的抽象是实体和实体之间的关系，通过对实体和实体之间关系的定义和描述，来表达实际业务中具体的业务关系。数据仓库模型是数据模型中针对特定的数据仓库应用系统的一种特定的数据模型。

（2）为什么需要数据仓库建模

一般来说，数据模型主要能够帮助我们解决以下问题。

1）进行全面的业务梳理，改进业务流程。

2）建立全方位的数据视角，消灭信息孤岛和数据差异。

3）解决业务的变动和数据仓库的灵活性。

4）帮助数据仓库系统本身的建设。

5）在无建模的情况下，数据库的拓展性差、业务逻辑混乱，往往一种数据模型只能解决一类业务需求。而数仓建模之后，各个业务系统之间能够互相连通，数据复用性高、系统开发快。

（3）怎样进行数据仓库建模

一般数据仓库建模的方法包含以下几个步骤。

1）梳理全业务过程。根据企业的整体业务，拆分相对独立的业务模块。

2）主题域划分。根据拆分出来的独立业务模块，确认不同的业务流程，确定主题域，如人力域、商品域、门店域、财务域、采购域等。

3）原子派生指标整理。全方面地整理企业内部所涵盖的指标，归类划分。

原子指标：不加任何修饰词的指标就是原子指标。

派生指标：在原子指标上进行计算获得的比率型指标或维度修饰词的限定等。

4）梳理总线矩阵。梳理每个主题域的业务流程，确认粒度、事实、关联维度。

5）DW（数据仓库）层建模。根据总线矩阵梳理出的内容进行底层建模，DWD 层一般是最细粒度的数据，DWS 层是基于 DWD 层进行轻度汇总的数据。

6）ADS 层&报表迁移。以 DW 层为基础，ADS 层为各种统计报表提供汇总数据，然后将结果同步到 OLTP 数据库。

在数据仓库建模过程中，数仓层次划分以及 DW 层的建模设计在后面的题目中会介绍，这里就不再赘述。

（4）数仓建模的优点

数仓建模的优点包含以下几个方面。

1）性能：良好的数据模型能帮助我们快速查询所需要的数据，减少数据 IO 的吞吐量。

2）成本：良好的数据模型能极大地减少不必要的数据冗余，也能实现计算结果复用，极

大地降低大数据系统中的存储和计算成本。

3）效率：良好的数据模型能极大地改善用户使用数据的体验，提高使用数据的效率。

4）质量：良好的数据模型能改善数据统计口径的不一致性，减少数据计算错误的可能性。

因此，在数据仓库建模过程中，要结合实际的业务情况，选择合适的建模方法。

11.3 简述事实表分为哪几类

1. 题目描述

简述事实表分为哪几类。

2. 分析与解答

事实表是数据仓库中存储实际业务指标的表，根据其不同的内容和聚焦点，可以分为事务事实表、周期快照事实表和累积快照事实表。

1）事务事实表：事务事实表也被称为"原子事实表"，记录了事务层面最原子的数据。这类事实表保存的是每个事务事件的详细记录，通常与业务的最基本操作和交易相关。数据的粒度是每个事务记录一条记录，用来描述具体的业务活动，如订单、交易、操作等。

2）周期快照事实表：周期快照事实表以规律性、可预见的时间间隔记录事实数据。它统计的是一段时间内的度量指标，如每天、每周或每月的统计值。这类事实表是在事务事实表的基础上建立的聚集表，用来跟踪事实在固定时间周期内的变化趋势，如每周的销售额、每月的用户活跃度等。

3）累积快照事实表：累积快照事实表记录具有不确定周期的数据，涵盖了一个事务或产品的整个生命周期。它通常包含多个日期字段，用来记录关键的时间点，以便全面展示事务或产品的演变过程。例如，订单累积快照事实表可能会记录订单的付款日期、发货日期、收货日期等时间节点，为分析事务的历程提供全面的视角。

在设计数据仓库时，根据业务需求和分析目标，选择合适的事实表类型能够更好地支持数据的分析和决策。不同类型的事实表在反映业务过程和趋势方面具有独特的优势，可以帮助构建更全面、准确的数据分析体系。

11.4 简述维度建模包含哪些常用的模型

1. 题目描述

在数据仓库建设过程中，维度建模常用模型有哪些？

2. 分析与解答

维度建模通常又分为星型模型、雪花模型、星座模型。

（1）星型模型

当所有维表都直接连接到"事实表"上时，整个图解就像星星一样，故将该模型称为星型模型。星型架构是一种非正规化的结构，多维数据集的每一个维度都直接与事实表相连接，不存在渐变维度，所以数据有一定的冗余。星型模型架构如图 11-4 所示。

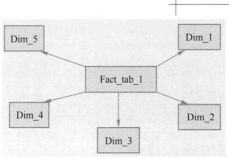

图 11-4　星型模型架构

（2）雪花模型

当有一个或多个维表没有直接连接到事实表上，而是通过其他维表连接到事实表上时，其图解就像多个雪花连接在一起，故称雪花模型。雪花模型是对星型模型的扩展，它对星型模型的维表进一步层次化，原有的各维表可能被扩展为小的事实表，形成一些局部的"层次"区域，这些被分解的表都连接到主维度表而不是事实表。雪花模型架构如图 11-5 所示。

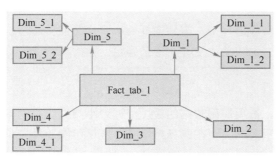

图 11-5　雪花模型架构

星型模型和雪花模型的主要区别就是对维度表的拆分。对于雪花模型，维度表的设计更加规范，一般符合 3NF；而星型模型，一般采用降维的操作，利用冗余来避免模型过于复杂，提高易用性和分析效率。

（3）星座模型

星座模型是由星型模型延伸而来的，星型模型是基于一张事实表，而星座模型是基于多张事实表而且共享维度表信息。在业务发展后期，绝大部分维度建模都采用的是星座模型。星座模型架构如图 11-6 所示。

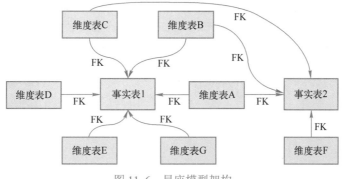

图 11-6　星座模型架构

无论星型模型、雪花模型还是星座模型，都是针对维度上的区别而来，星座模型实质上还是星型模型，只是共用了维度。

在项目维度建模过程中，一般是多个模型组合并存，星型模型性能更高，而雪花模型维度更细、更灵活。从整体性能考虑，星型模型要远远高于雪花模型，生产环境中更倾向于选择星型模型。

11.5 简述维度建模实现过程

1. 题目描述

简述维度建模实现过程。

2. 分析与解答

维度建模是数据仓库设计的一种常用方法，以业务过程为基础，通过声明粒度、确定维度和事实，来构建适用于分析的数据模型。

（1）选择业务过程

首先，在维度建模实现过程中，需要选择一个具体的业务过程进行建模。这个选择可以根据业务需求、可用数据源和关注度等因素来确定。例如，对于智慧社区项目，可以选择门禁业务作为建模对象。

（2）声明粒度

在确定业务过程后，需要明确数据的粒度，即最小数据记录的单位。粒度声明定义了事实表中每一行数据所表示的含义。在选择粒度时，应尽可能选择最小粒度，以满足不同粒度的分析需求。

（3）确定维度

在确定粒度后，需要确定维度，这些维度用于描述事实表中的业务过程。主维度通常围绕事实表的粒度展开，辅助维度则为补充维度，用于提供更多上下文信息。维度有"谁""何时""何地""做了什么事"等。

（4）确定事实

最后，根据业务过程确定事实，这些事实是事实表中的度量值。事实用于度量业务活动的数量或度量，如刷卡次数、进出次数等。在确定事实时，可能需要调整前面阶段的粒度声明或维度选择。

通过按照上述步骤进行维度建模，可以创建出适合分析的数据模型，帮助企业更好地理解业务、支持决策和发现洞察。维度建模是数据仓库设计的重要基础，能够使数据仓库更加灵活、可维护，并满足各种分析需求。

11.6 谈谈你对元数据的理解

1. 题目描述

谈谈你对元数据的理解。

2. 分析与解答

从狭义上讲，元数据是用来描述数据的数据。从广义上讲，除了业务逻辑直接读写处理的业务数据外，所有其他用来维护整个系统运转所需要的数据，都可以称为元数据。

（1）元数据定义

元数据（Metadata）是关于数据的数据，是描述数据仓库内部数据的建立方法的数据。在数仓系统中，元数据可以帮助数据仓库管理员和数据仓库开发人员方便地找到他们所关心的数据。

（2）元数据分类

按照用途，元数据可分为技术元数据和业务元数据。

1）技术元数据。技术元数据是关于数据仓库技术细节的数据，用于开发和管理数据仓库使用的数据，它主要包括以下信息。

① 数据仓库结构的描述，包括数据模式、视图、维、层次结构、导出数据的定义以及数据集市的位置和内容。

② 业务系统、数据仓库和数据集市的体系结构和模式。

③ 汇总用的算法，包括度量和维定义算法，数据粒度、主题领域、聚集、汇总、预定义的查询与报告。

④ 由操作环境到数据仓库环境的映射，包括源数据和它们的内容、数据分割、数据提取、清理、转换规则和数据刷新规则、安全等。

2）业务元数据。从业务角度描述了数据仓库中的数据，它提供了介于使用者和实际系统之间的语义层，使不懂计算机技术的业务人员也能读懂数仓中的数据，它主要包含以下信息。

① 企业概念模型：它表示企业数据模型的高层信息、整个企业业务概念和相互关系。以这个企业模型为基础，不懂数据库技术和 SQL 语句的业务人员对数据仓库中的数据也能做到心中有数。

② 多维数据模型：它告诉业务分析人员在数据集市中有哪些维、维的类别、数据立方体以及数据集市中的聚合规则。

③ 业务概念模型和物理数据之间的依赖：它表示业务视图与实际的数据仓库或数据库、多维数据库中的表、字段、维、层次等之间的对应关系。

（3）元数据的作用

在数据仓库系统中，元数据机制主要支持以下五类系统的管理功能。

1）描述哪些数据在数据仓库中。

2）定义要进入数据仓库中的数据和从数据仓库中产生的数据。

3）记录根据业务事件发生而随之进行的数据抽取工作时间安排。

4）记录并检测系统数据一致性的要求和执行情况。

5）衡量数据质量。

11.7　谈谈数仓架构如何分层

1. 题目描述

谈一谈数仓架构如何分层。

2. 分析与解答

（1）数仓分层的背景与优势

在数据架构中引入分层的概念有助于更好地组织和管理数据，提高数据处理效率以及支持多种业务需求，数仓分层具有以下优势。

1）简化复杂问题：通过将复杂任务分解成多个层次，每个层次只关注特定任务，有助于简化问题的定位并解决问题。

2）减少重复开发：分层规范数据流，可以减少重复计算，提高计算结果的复用性，从而节省开发时间和资源。

3）隔离数据源：分层结构能够将原始数据与加工后的数据分隔开，方便进行异常检测、数据脱敏等操作。

（2）数据仓库分层结构

1）原始数据（Operational Data Store，ODS）层：这是最接近数据源的层次，存储原始数据。通过 ETL 过程将数据从源系统加载到 ODS 层，数据结构与源保持一致。

2）明细数据（Data Warehouse Detail，DWD）层：在 DWD 层，对 ODS 层的数据进行清洗、维度建模、脱敏等操作，得到干净、完整的明细数据，为后续层次提供基础数据。

3）汇总数据（Data Warehouse Service，DWS）层：DWS 层将 DWD 层的明细数据按天或其他时间维度进行轻度汇总，生成宽表，为业务分析提供更高效的数据支持。

4）应用数据（Application Data Store，ADS）层：在 ADS 层，根据 DWS 层的数据生成各种业务报表和结果，支持数据应用和决策。

（3）整体数据架构

整体数据架构通常如图 11-7 所示，源数据经过 ETL 进入 ODS 层，然后按照分层结构从 DWD 到 ADS 逐层进行数据加工与处理。上层应用可以基于数据仓库进行 BI 分析、数据应用、报表生成等任务，从而更好地支持业务需求。

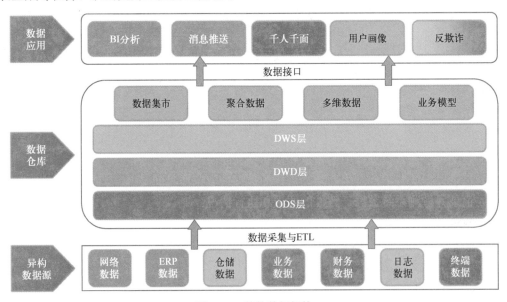

图 11-7　整体数据架构

通过这样的分层架构，数据在不同层次进行加工和处理，使得数据仓库更加有组织、高效，并且能够更好地满足不同层次的数据需求。

11.8 谈谈你对离线数仓架构的理解

1. 题目描述

谈谈你对离线数仓架构的理解。

2. 分析与解答

离线数仓架构是一种数据处理体系，其中数据源通过离线方式导入到数据仓库中，采用离线计算引擎进行数据处理和加工，最终提供数据服务供上层应用使用。离线数仓的整体架构如图 11-8 所示。

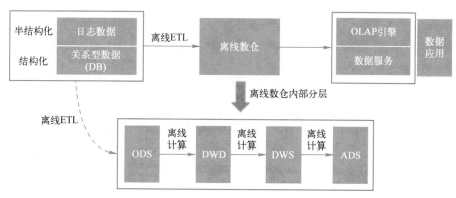

图 11-8　离线数仓的整体架构

以下是离线数仓架构的关键要点。

（1）数据源采集

离线数仓的数据源常为数据库和日志文件。数据库数据可以通过工具（如 Sqoop 或 DataX）进行采集，而日志数据则可以借助 Flume 等技术进行采集。数据采集的目的是将原始数据从不同来源整合到数据仓库中。

（2）数据处理和加工

采用离线计算引擎（如 MapReduce、Hive、Spark SQL 等）对数据仓库中的数据进行处理和加工，包括清洗、转换、聚合等操作，将原始数据转化为有意义的业务数据。

（3）数据分层

离线数仓数据一般按照不同的层次进行存储和加工，如 ODS 层、DWD 层、DWS 层、ADS 层。这种分层使得数据处理更加有组织、高效，并满足不同层次的业务需求。

（4）数据服务和应用

基于数据仓库处理后的数据，可以通过 OLAP 引擎（如 Kylin、Druid）进行多维分析，也可以封装为数据服务供上层应用（如 BI 分析、报表生成）调用，为业务决策提供支持。

（5）整体调度

整个离线数仓的处理过程可以通过调度框架（如 Azkaban、Oozie）进行自动化管理，确保数据的定期更新和加工流程的稳定运行。

离线数仓架构的优势如下。

1）离线处理充分利用资源，适用于大规模数据处理。

2）数据分层使得数据处理更具层次性和灵活性。

3）OLAP 引擎和数据服务满足不同层次的分析和应用需求。

4）自动化调度提高数据处理流程的可靠性和稳定性。

通过离线数仓架构，企业能够将散乱的数据整合、加工，得到有价值的业务数据，进而支持更好的业务决策。

11.9 谈谈你对 Lambda 架构的理解

1. 题目描述

谈谈你对 Lambda 架构的理解。

2. 分析与解答

Lambda 架构是一种数据处理架构，旨在解决实时性和数据准确性的平衡问题。它通过将数据处理流程分为实时处理和离线处理两个层次，以满足不同业务需求的数据分析和处理。

（1）整体架构

Lambda 架构由实时处理和离线处理两个主要层次组成。实时层使用流式计算引擎（如 Storm、Flink）对数据进行实时处理，产生实时指标和结果。离线层使用批处理引擎（如 Hadoop、Spark）对大量历史数据进行离线计算，生成完整的批处理结果。最终，实时和离线计算的结果通过合并层进行整合，以提供一致且综合的数据服务。Lambda 整体架构如图 11-9 所示。

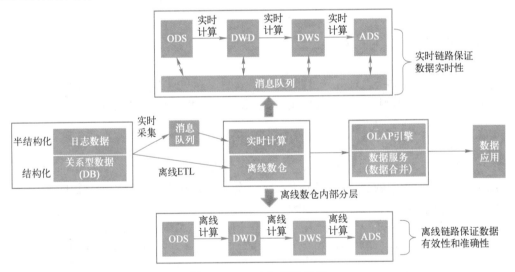

图 11-9 Lambda 整体架构

（2）优点

Lambda 架构的主要优点在于平衡了实时性和准确性。

实时性保证：实时处理层能够迅速响应并生成实时指标，适用于需要快速分析和决策的场景。

数据准确性：离线处理层处理历史数据，确保数据的准确性和完整性，适用于需要全面分析和长期趋势的场景。

资源分离：实时和离线计算分开，避免了资源冲突和性能问题。

（3）缺点

Lambda 架构也存在一些挑战和缺点。

系统复杂性：需要同时维护实时和离线两套系统，增加了开发、维护和运维的复杂性。

代码重复：针对相同需求需要开发两套不同的处理逻辑，增加了开发工作量。

资源占用：需要分配额外的计算资源用于实时处理，可能导致资源占用增多。

（4）应用场景

Lambda 架构适用于需要同时满足实时性和数据准确性的场景，如金融交易监控、实时风险评估、在线广告投放等。同时，也适用于需要处理大量历史数据的业务，如业务报表、趋势分析等。

通过 Lambda 架构，企业能够在实时处理和离线计算之间找到平衡，为不同层次的业务需求提供合适的数据处理解决方案。

11.10　谈谈你对 Kappa 架构的理解

1. 题目描述

谈谈你对 Kappa 架构的理解。

2. 分析与解答

Kappa 架构是一种数据处理架构，旨在通过统一流式处理和批处理，简化系统设计和维护。Kappa 架构由 LinkedIn 的 Jay Kreps 提出，以解决 Lambda 架构中不同计算流程的问题，实现更简化、统一的数据流处理。

（1）整体架构

Kappa 架构集成了流式计算和实时处理，将数据处理过程整合为一个流处理链。数据通过流式计算引擎（如 Flink、Kafka Stream）进行实时处理，无须再进行离线批处理。这种架构避免了 Lambda 架构中批处理和实时处理两套代码的问题。Kappa 整体架构如图 11-10 所示。

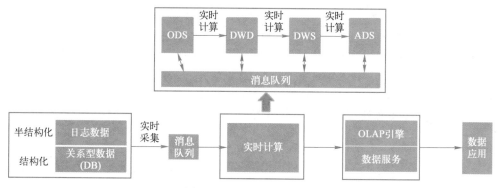

图 11-10　Kappa 整体架构

（2）优点

Kappa 架构的优点在于简化和统一。

一致性：Kappa 架构消除了 Lambda 架构中批处理和实时处理不一致的问题，保证了数据处理的一致性。

开发简化：开发人员只需面对一个数据流处理框架，降低了开发、测试和维护的复杂性。

实时性：Kappa 架构适用于实时性要求较高的场景，能够满足客户对实时事件的快速响应。

（3）缺点

Kappa 架构也有一些局限性。

历史数据处理：由于数据流式处理的特性，Kappa 架构仍需解决历史数据的处理需求，如数据重新计算或补充。

吞吐能力：相比批处理，流式处理可能在大规模历史数据处理时吞吐能力较低。

（4）应用场景

Kappa 架构适用于对实时性要求较高、需要快速响应实时事件的应用场景。例如，实时监控系统、实时风险评估、实时预测等。Kappa 架构通过简化架构设计，更好地满足了现代实时数据处理的需求。

通过 Kappa 架构，企业能够在更简化的架构下实现流式数据处理，降低了复杂性，并能够更好地满足实时性要求。

11.11 阐述字段频繁变更的数仓架构如何设计

1．题目描述

在面对数据量巨大、字段频繁变更、数据频繁刷新等挑战时，如何设计一个适应性强、稳定高效的大数据数仓架构？

2．分析与解答

在处理数据量巨大、字段频繁变更、数据频繁刷新等复杂情况下，一个合理的大数据架构设计至关重要。以下是针对该问题的分析和解答，涵盖架构思路、数据处理流程、存储方案等关键点。

1）架构的复杂度与简洁性平衡：考虑到业务的复杂性，不宜设计过于复杂的架构，以免增加维护难度。但也不能过于简单，需要有适度的分层结构来降低耦合度，确保系统的扩展性和可维护性。

2）灵活的数据存储方案：由于字段频繁变化，应选择能够动态添加、删除字段且成本较低的存储方式。Kappa 架构是一个适用的选择，它支持在数据流中不断变化数据模式，不受严格的固定模式约束。

3）流式处理与实时性：使用流式处理来应对数据频繁刷新的问题。源系统数据可以通过流处理平台（如 Flink、Kafka Stream 等）实时同步到数据湖或数据仓库，以确保数据的实时性和准确性。

4）数据清洗与加工：利用流处理平台进行数据清洗、转换和加工操作，将原始数据转化为规整的格式，并将其同步到数据仓库中。这可以在 ODS 层实现。

5）数据湖作为核心存储层：数据湖（如 HDFS）是一个强大的存储层，能够容纳大规模的数据，同时不限制数据的结构。将 ODS 层的数据存储到数据湖中，可作为数据仓库的核心存储。

6）分层数据处理：使用分层数据处理模式，将数据从 ODS 层落入数据湖，然后通过流处理或批处理对数据进行加工，形成 DWD 层和 DWS 层。

7）数据湖中间层：在 DWD 层和 DWS 层之间，考虑引入一个数据湖中间层，如 Iceberg。Iceberg 支持变更数据的粒度从表级扩展到文件级，方便对数据进行局部变更、删除和更新，同时支持 ACID 操作。

8）实时 OLAP 分析：将 DWS 层的数据通过 OLAP 引擎（如 Presto、Doris 等）进行实时分析，这些引擎能够支持 SQL 查询和复杂数据分析操作，为业务分析和决策提供支持。

9）流批一体的实时数仓：构建一个结合了流处理和批处理的实时数仓。对于需要实时处理的数据，通过流处理进行；而对于复杂分析和 OLAP 操作，通过批处理实现。

10）选择适合的计算引擎：根据实际业务需求，选择适合的计算引擎，如流式计算引擎和 OLAP 引擎，以保障数据处理的高效性和准确性。

最终，一个适应性强、稳定、高效的大数据数仓架构应当综合考虑上述因素，根据具体业务场景和技术选型做出相应的设计和调整，以确保数据流畅、处理高效、分析准确，从而支持业务发展和决策。那么基于以上因素考虑的典型的实时数仓架构如图 11-11 所示。

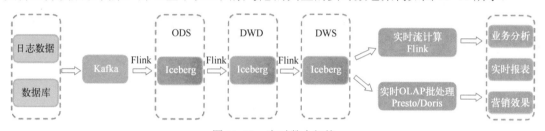

图 11-11　实时数仓架构

11.12　阐述如何实现拉链表

1. 题目描述

什么是拉链表？拉链表如何实现？

2. 分析与解答

（1）拉链表定义

拉链表是一种用于维护历史状态和最新状态数据的表结构。它根据拉链粒度的不同，实际上相当于对表做了一种快照，同时通过一定的优化方式去除了部分不变的记录。拉链表的主要作用是方便还原特定时点的历史记录，特别适用于记录缓慢变化维度的数据。

（2）拉链表形成过程

以用户维表为例，当每日的用户数据既可能新增又可能修改时，可以使用拉链表来存储用户维度数据。在这个过程中，拉链表会记录每个用户的不同状态，如新增、修改以及结束状态。每次有新数据产生时，将新数据与旧数据进行比较，若有变化，则将旧数据的结束时间更新为当前时间，将新数据插入作为最新数据。这样，在拉链表中每个用户的状态都可以追溯到不同时间点的历史记录。用户拉链表具体形成过程如图 11-12 所示。

1.2022-01-01的全量用户表

编号	姓名	性别
101	张三	男
102	李四	男
103	王五	男
104	赵六	女
105	小七	女

2.2022-01-01的初始拉链表

编号	姓名	性别	开始时间	结束时间
101	张三	男	2022-01-01	9999-99-99
102	李四	男	2022-01-01	9999-99-99
103	王五	男	2022-01-01	9999-99-99
104	赵六	女	2022-01-01	9999-99-99
105	小七	女	2022-01-01	9999-99-99

4.用户变化数据与现有拉链表合并为新拉链表

编号	姓名	性别	开始时间	结束时间
101	张三	男	2022-01-01	9999-99-99
102	李四	男	2022-01-01	9999-99-99
103	王五	男	2022-01-01	2022-01-02
103	小吴	男	2022-01-02	9999-99-99
104	赵六	女	2022-01-01	2022-01-02
105	小七	女	2022-01-01	9999-99-99
106	八爷	男	2022-01-02	9999-99-99
107	九爷	男	2022-01-02	9999-99-99

3.2022-01-02修改和添加用户数据

编号	姓名	性别
103	王五	男
103	小吴	男
104	赵六	女
106	八爷	男
107	九爷	男

图 11-12　用户拉链表具体形成过程

（3）拉链表制作过程

制作拉链表的过程一般包括以下步骤。首先，将当前时间的用户数据与前一天的用户变化数据进行合并，形成一个新的临时拉链表。然后，使用这个临时拉链表覆盖原有的用户拉链表数据，从而实现拉链表的更新。这样，通过拉链表，可以轻松地还原出特定时间点的用户历史记录。拉链表的制作过程如图 11-13 所示。

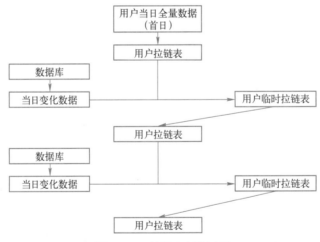

图 11-13　拉链表制作过程

总的来说，拉链表是一种有效管理历史状态和最新状态数据的方法，适用于维护缓慢变化的维度数据，帮助数据分析和追溯。

11.13　阐述如何查询连续 7 日登录的用户

1. 题目描述

阐述如何使用 Hive SQL 查询连续 7 日登录的用户。

2．分析与解答

（1）准备数据集

用户登录日志文件 user.log 中的部分测试数据集如下所示。

```
1,2022-05-11,1
1,2022-05-12,1
1,2022-05-13,1
1,2022-05-14,1
1,2022-05-15,1
1,2022-05-16,1
1,2022-05-17,1
1,2022-05-18,1
2,2022-05-11,1
2,2022-05-12,1
2,2022-05-13,0
2,2022-05-14,1
2,2022-05-15,1
2,2022-05-16,0
2,2022-05-17,1
2,2022-05-18,0
3,2022-05-11,1
3,2022-05-12,1
3,2022-05-13,1
3,2022-05-14,0
3,2022-05-15,1
3,2022-05-16,1
3,2022-05-17,1
3,2022-05-18,1
```

在用户登录日志数据格式中，第一列（uid）表示用户 ID，第二列（dt）表示登录时间，第三列（status）表示用户状态。

（2）创建 Hive 表

在 Hive CLI 客户端中创建 ulogin 表，用来存储用户登录日志。

```
DROP TABLE IF EXISTS 'ulogin';
CREATE TABLE 'ulogin' (
    uid int,
    dt string,
    status int
)ROW FORMAT DELIMITED FIELDS TERMINATED BY ',' STORED AS    TEXTFILE ;
```

（3）导入测试数据集

在 Hive CLI 客户端中，使用如下命令将用户登录日志文件 user.log 加载到 ulogin 表中。

```
load data inpath '/web/user.log' overwrite into table ulogin;
```

（4）统计连续 7 日登录的用户

使用 Hive SQL 统计连续 7 日登录的用户列表，完整的语句如下所示。

```
select uid,count(gid)from (select uid, dt, date_sub(dt, row_number()over (partition by uid order by dt))
gid from ulogin where status=1)as u group by uid,gid having count(gid)>=7;
```

11.14 **阐述如何统计注册用户的留存数与留存率**

1．题目描述

现在有一个用户登录表（user_active_log），里面有两个字段：userId（用户 ID）和 createdTime（登录时间戳），需要统计近 1、2、3、5、7、30 日留存用户数量及留存率。

2．分析与解答

要想统计近 1、2、3、5、7、30 日留存用户数量及留存率，其核心条件就是统计时间距离（留存天数），实现思路就是使用登录日期减去第一次登录的日期，计算差值。

（1）准备数据集

用户登录日志文件 user_active_log.txt 中的部分测试数据集如下所示。

```
1,2022-06-01
1,2022-06-02
1,2022-06-03
1,2022-06-04
1,2022-06-05
1,2022-06-06
1,2022-06-07
1,2022-06-08
1,2022-06-09
2,2022-06-01
2,2022-06-02
2,2022-06-03
2,2022-06-04
2,2022-06-05
3,2022-06-01
3,2022-06-02
4,2022-06-01
4,2022-06-02
4,2022-06-03
4,2022-06-04
4,2022-06-05
4,2022-06-06
4,2022-06-07
4,2022-06-08
5,2022-06-01
5,2022-06-02
5,2022-06-03
5,2022-06-04
6,2022-06-01
6,2022-06-02
6,2022-06-03
```

在用户登录日志数据格式中，第一列（userId）表示用户 ID，第二列（createdTime）表示登录日期。

（2）创建 Hive 表

在 Hive CLI 客户端中创建 user_active_log 表，用来存储用户登录日志。

```
DROP TABLE IF EXISTS 'user_active_log';
CREATE TABLE 'user_active_log' (
    userId int,
    createdTime string
) ROW FORMAT DELIMITED FIELDS TERMINATED BY ',' STORED AS    TEXTFILE ;
```

（3）导入测试数据集

在 Hive CLI 客户端中，使用如下命令将用户登录日志文件 user_active_log.txt 加载到 user_active_log 表中。

```
load data local inpath '/home/hadoop/shell/data/user_active_log.txt' overwrite into table user_active_log;
```

（4）根据用户 ID 和登录日期去重

```
select
        userId,
        createdTime
from user_active_log
group by userId,createdTime;
```

（5）添加 first_time 新字段，存储每个 userId 下的最早登录日期

```
select userId,createdTime,first_value(createdTime)over(partition by userId order by createdTime)first_time from
(
select userId,createdTime
from user_active_log
group by userId,createdTime
)t0;
```

（6）添加 keep_time 新字段，使用登录日期列减去最早登录日期 first_time 得到留存天数

```
select
        userId,
        createdTime,
        first_value(createdTime)over(partition by userId order by createdTime) first_time,
        datediff(createdTime, first_value(createdTime)over(partition by userId order by createdTime )) keep_time
from
(
select userId,createdTime
from user_active_log
group by userId,createdTime
)t0;
```

（7）按登录日期统计不同留存天数对应的次数即为某日的近 N 日留存数

```
select
t1.first_time,
sum(case when t1.keep_time = 1 THEN 1 ELSE 0 END)day1,
sum(case when t1.keep_time = 2 THEN 1 ELSE 0 END)day2,
sum(case when t1.keep_time = 3 THEN 1 ELSE 0 END)day3,
sum(case when t1.keep_time = 5 THEN 1 ELSE 0 END)day5,
sum(case when t1.keep_time = 7 THEN 1 ELSE 0 END)day7,
```

```
            sum(case when t1.keep_time = 30 THEN 1 ELSE 0 END)day30
            from (
            select
                userId,
                createdTime,
                first_value(createdTime)over(partition by userId order by createdTime )first_time,
                datediff(createdTime, first_value(createdTime)over(partition by userId order by createdTime))
keep_time
            from
            (
            select userId,createdTime
            from user_active_log
            group by userId,createdTime
            )t0
            )t1 group by t1.first_time order by t1.first_time;
```

（8）使用某日的近 N 日留存数除以首日登录人数即为留存率

```
            select
            t1.first_time,
            sum(case when t1.keep_time = 1 THEN 1 ELSE 0 END)/ count(DISTINCT t1.userId)day1,
            sum(case when t1.keep_time = 2 THEN 1 ELSE 0 END)/ count(DISTINCT t1.userId)day2,
            sum(case when t1.keep_time = 3 THEN 1 ELSE 0 END)/ count(DISTINCT t1.userId)day3,
            sum(case when t1.keep_time = 5 THEN 1 ELSE 0 END)/ count(DISTINCT t1.userId)day5,
            sum(case when t1.keep_time = 7 THEN 1 ELSE 0 END)/ count(DISTINCT t1.userId)day7,
            sum(case when t1.keep_time = 30 THEN 1 ELSE 0 END)/ count(DISTINCT t1.userId)day30
            from (
            select
                userId,
                createdTime,
                first_value(createdTime)over(partition by userId order by createdTime )first_time,
                datediff(createdTime, first_value(createdTime)over(partition by userId order by createdTime))
keep_time
            from
            (
            select userId,createdTime
            from user_active_log
            group by userId,createdTime
            )t0
            )t1 group by t1.first_time order by t1.first_time;
```

第 12 章　大数据项目

在大数据领域，项目的实际应用和实战经验是至关重要的。本章将引领您深入探索大数据项目的方方面面，从团队分工到技术选型，从挑战解决到优化策略，为您展示一个真实而充满活力的大数据项目世界。

通过多个维度剖析大数据项目的内部构造，包括团队协作、角色职责、数据规模和类型，以及核心因素如业务需求和技术架构。通过案例分析，您将了解项目的背景、目标，以及所选取的技术栈。从项目启动到完工，了解每个阶段的主要任务和关键时间节点。本章的内容将为您构建一个全面的大数据项目认知框架，为您的面试笔试准备和实际项目工作提供有价值的参考和指导。无论您是想要深入了解大数据项目，还是希望在面试笔试中表现出色，本章都将帮助您在大数据领域获得更深入的了解和更多的信心。

12.1　谈谈大数据项目组如何分工与协作

1. 题目描述

谈谈你们公司大数据项目组是如何分工与协作的？

2. 分析与解答

在企业项目开发过程中，一个完整的项目需要各个部门的分工与协作。针对项目中的大数据模块，同样需要大数据部门每个人的参与和协作才能完成。

大数据部门一般由高端技术人才组成，一般人数不会太多，大多数企业中是十几个人的团队。一般情况下，大数据部门会包含离线计算组、实时计算组、算法组和平台组，企业规模越大，划分的越细，如果是中小企业，一个大数据部门可能就由几个人组成。

大数据部门常见的分工与协作方式如下。

（1）分工

可以根据项目的需求和团队成员的技能，将任务分配给不同的人员。例如，可以将数据采集任务分配给数据工程师，数据清洗任务分配给 ETL 工程师，数据建模任务分配给数据仓库工程师，大数据平台搭建任务分配给大数据运维工程师等。在大数据项目中，有时工作有交叉，工作的划分也不是那么明确，在部门人手较少的情况下，一个人可能身兼多职。

（2）协助

在项目中，团队成员之间应该保持紧密协作，相互协助，共同推进项目进展。可以采取以下几种方式来协助。

1）交流沟通：团队成员之间应该保持良好的沟通，及时解决问题和协调工作进度。

2）知识分享：团队成员可以分享自己的经验和技能，互相学习和提高。

3）任务协作：一些任务可能需要多个人员协同完成，可以通过协作工具，如 Git 代码管理工具，共同完成任务。

4）代码审查：为了保证代码的质量，可以实行代码审查制度，团队成员之间相互审查代码，提出意见和建议。

项目管理：可以使用一些项目管理工具，如 Jira、Asana 等，对项目进展进行管理和跟踪，及时发现并解决问题。

12.2 谈谈你在项目中扮演什么角色

1. 题目描述

谈谈你在公司大数据项目中扮演什么角色？

2. 分析与解答

面试官问你在大数据项目中扮演什么角色，其实主要是想了解你在项目中做了哪些工作，或者说你在项目中的主要工作职责。由于大数据项目工作链条比较长，包含数据采集与清洗、数据存储与管理、数据分析与挖掘、数据可视化和报告，一般不太可能由一个人去完成。对于大公司来说，一般分工比较细，每个人的工作职责专注于某一个环节；对于中小公司来说，大数据部门人员较少，每个人身兼多职，负责项目多个环节。所以每个人根据自己的情况灵活解答。

接下来，我依据大数据项目部分环节的具体工作职责来介绍，仅供大家参考。

1）数据收集和清洗：我负责从各种数据源中收集数据，并对其进行清洗和预处理，以确保数据的准确性和完整性。这包括处理缺失值、异常值和重复数据，并进行数据转换和格式化，以便后续的分析和建模工作。

2）数据存储和管理：我负责设计和维护数据存储和管理系统，以满足项目需求。这可能涉及选择合适的数据库或数据仓库，建立数据表结构，制定数据存储策略，确保数据的安全性和可靠性，并处理数据的备份和恢复操作。

3）数据分析和挖掘：我利用各种数据分析和挖掘技术，对大规模数据进行探索和分析，以发现潜在的模式、趋势和关联性。我使用统计分析、机器学习和数据挖掘算法，构建预测模型、分类模型和聚类模型，以帮助企业做出数据驱动的决策。

4）数据可视化和报告：我将分析结果以可视化的方式呈现，使用图表、仪表盘和报告等工具，将复杂的数据转化为易于理解和沟通的形式。这有助于业务部门和管理层更好地理解数据，并基于数据洞察做出相应的决策和战略规划。

12.3 简述你所在或曾任职公司的大数据集群规模

1. 题目描述

简述一下你所在或曾任职公司的大数据集群规模。

2. 分析与解答

该题目一般需要结合具体项目的数据规模来进行解答，因为数据规模直接影响公司大数据各组件的集群规模。

假设公司业务数据量每天新增 50TB，保留周期为 30 天，每台机器有 10 块硬盘，每块硬盘大小为 4TB，我们可以以此为条件来回答公司大数据集群规模。

（1）HDFS 集群规模

基于假定的数据规模，那么 HDFS 存储容量的计算公式为：50TB×30 天×3 副本×2 倍=9000TB=8.79PB。

参数解释：

50TB：表示每天新增 50TB 数据总量。

30：表示公司业务数据保留周期为 30 天。

3：表示 HDFS 数据副本默认为 3。

2：表示原始数据经过清洗加工会生产中间结果，加上原始数据本身数据量一般会翻倍。

基于假定的机器配置，那么每台机器的可用存储容量的计算公式为：4TB×10×0.75=30TB。

参数解释：

4TB：表示每块硬盘大小为 4TB。

10：表示每台机器有 10 块硬盘。

0.75：表示每台机器的最大可用容量一般只能用 75%，因为机器还需要存储其他数据文件，如日志文件等，不能等到磁盘空间用满才进行集群扩容，否则会造成机器会被撑爆。

基于上面的计算结果，HDFS 集群规模计算公式为：9000TB/30TB=300 个节点。

（2）YARN 集群规模

根据数据量、任务量和性能很难评估 YARN 的集群规模，一般情况下，YARN 集群的 NodeManager 节点数跟 DataNode 节点保持一致即可。如果 YARN 集群的算力负载过高，公司可以依据实际情况动态扩容。

（3）HBase 集群规模

HBase 是建立在 HDFS 之上的分布式数据库系统，HBase 使用 HDFS 作为其底层存储，因此 HBase 集群规模与 HDFS 集群的规模直接相关。一般情况下，HBase 集群的节点数可以与 HDFS 集群的节点数保持相同，为了保持数据本地性，提高 HBase 集群性能，HBase 集群一般需要跟 HDFS 集群共用节点。

生产环境中，一般 HBase 集群中的一个 RegionServer 节点的并发度可以达到 5000～20000，经过优化之后其并发度可能更高。当 HBase 集群遇到瓶颈时，我们可以依据实际业务的总并发情况来预估 HBase 集群节点数量，从而考虑增加 HBase 集群节点数来提高并发处理能力和读写性能。

（4）Kafka 集群规模

Kafka 集群由多个 Broker 节点组成，每个 Broker 负责存储和处理消息。在规划 Kafka 集群节点时，需要考虑多个因素，包括可用资源、负载需求、容错性和可伸缩性等。

从硬件资源来看，依据每天业务数据量以及每台机器配置，Kafka 集群规模计算公式为：4TB×10 块×0.75×N=50TB×3 副本×1 天，即 N=150T/(4TB×10×0.75)=5（节点）。生产环境中，如果资源充足，Kafka 集群节点适当大于 5 即可满足业务需求。

参数解释：

4TB×10 块×0.75：表示每台机器总的可用磁盘大小。

50TB×3 副本×1 天：表示每天 Kafka 集群需要存储的总数据量。Kafka 分区一般默认 3 副本，存储周期为 1 天，具体数值根据实际情况来设置。

从集群性能来看，一般一个 Kafka Broker 节点的并发度为 5 万，经过优化之后的并发度会更高，此时可以根据业务总的并发度（可以通过测试或监控工具获取），除以每个 Broker 节点的最大并发度，来预估 Kafka 集群节点规模。

12.4 简述你所在或曾任职公司的项目数据类型及规模

1．题目描述

简述你所在或曾任职公司的大数据项目中的数据类型及规模。

2．分析与解答

该题目一方面考查你的数据理解和分析能力、数据规模评估能力，另一方面也考查你的项目真实性。你可以通过以下几个步骤来回答。

1）确定数据源：首先，你需要确定大数据项目涉及的数据源。这可能包括结构化数据（如关系数据库）、半结构化数据（如 XML、JSON）和非结构化数据（如文本、图像、视频）等。确定数据源后，你可以进一步评估每个数据源每天产生的数据量。

2）数据量评估：对于每个数据源，你可以评估每天产生的数据量。这可以通过了解数据源的特性、数据记录的数量和大小以及数据生成频率来进行估计。如果数据源是实时流数据，你可能需要考虑每秒或每分钟的数据量，并将其转换为每天的数据量。

3）数据增长率：在回答数据量时，还需要考虑数据增长率。大数据项目中的数据量通常会随着时间的推移而增长。因此，你可以尝试估计每天数据的增长率，以提供一个更全面的答案。

根据以上评估，你可以提供一个大致的数据量范围。例如，你可以回答说："根据我们对数据源的评估，我们的大数据项目每天产生 100～500GB 的数据。此外，我们预计数据量随着时间的推移会逐渐增长，预计增长率为每月 10%左右。"

通过以上回答，你可以向面试官展示你对大数据项目数据量评估的能力，同时也表明你考虑到了数据源和数据增长率等因素。记得在回答时要保持准确性和合理性，并尽量提供具体的数据范围和增长率，以展示你的分析能力和对项目需求的理解程度。

12.5 简述你所在或曾任职公司的项目产生的表及数据量

1．题目描述

简述一下你所在或曾任职公司的大数据项目产生多少张表，每张表每天新增数据量有多大。

2．分析与解答

该题目重点考查你是否真正做过大数据项目，你可以结合最熟悉的一个项目来回答。

一般来说，大数据项目通常包含数十甚至数百张表，每张表都承载着特定的数据。对于每张表每天新增数据的量，这通常取决于表的用途和数据源的数量。某些表可能会每天产生大量的新增数据，而其他表可能仅有少量或不会有新增数据。此外，数据的增长速度也取决于公司的业务需求和数据的采集频率。因此，每张表每天新增数据的量在不同的项目中会有所不同。

为了体现项目的真实性，这里以手机运营商的大数据项目为例进行回答。

在我们公司的大数据项目中，有几十张表用于存储不同类型的数据。这些表包括用户信息表、通话记录表、短信记录表、网络流量表、基站信息表等。

每张表每天新增数据的量会根据表的用途和数据源的不同而有所差异。举例来说，用户信息表用于存储用户的基本信息和资料，每天的新增数据量相对较小，大约在几百到几千用户之间，取决于新用户的注册和现有用户信息的更新。

通话记录表用于存储用户的通话记录，每天的新增数据量可能会非常大。考虑到每个用户的通话频率和通话时长，通话记录表可能每天新增数百万条甚至更多的通话记录。

类似地，短信记录表存储用户的短信发送和接收记录。每天的新增数据量可能在数十万到数百万条之间，具体取决于用户发送和接收短信的活动水平。

网络流量表用于记录用户的上网行为和流量消耗。由于越来越多的用户使用手机上网，每天的新增数据量可能非常大，可能达到数千 GB 甚至更多。

此外，基站信息表存储了手机基站的位置和状态等数据。每天的新增数据量相对较小，大约在数十到数百个基站之间，取决于基站的安装和调整情况。

需要注意的是，实际情况可能因公司和项目而异。在面试笔试时，您可以根据您的公司和项目实际情况来定制您的答案，以展示您对大数据项目的理解和经验。

12.6　简述你所在或曾任职公司的大数据项目业务需求

1．题目描述

简述你所在或曾任职公司的大数据项目业务需求。

2．分析与解答

该题目一般需要结合具体项目案例来进行解答，面试官一方面想考查你对公司项目业务需求的理解，并判断你在项目中主要负责哪些模块；另一方面想在你阐述业务需求过程中，进一步深入提问，考查你对项目的熟悉程度，从而可以辨别你所做项目的真实性。

当你谈到大数据项目的整体业务需求时，有许多因素需要考虑，包括具体行业、项目的目标和可用数据。以下是一个电子商务企业的大数据项目的整体业务需求，可以供读者参考。

1）业务需求概述：公司希望利用大数据技术来提高销售业绩、提高客户满意度以及改善运营效率。他们希望通过收集、存储和分析大规模的数据来获得有关产品销售、客户行为和市场趋势的洞察，以便制定更明智的决策并实施相关的业务策略。

2）销售增长分析：该公司希望了解产品销售的趋势、季节性变化和地理分布，以便优化库存管理、供应链和营销策略。通过收集和分析交易数据、产品信息和客户反馈，他们希望识别热门产品、最佳销售渠道和销售推动因素。

3）客户行为分析：公司对客户行为的深入了解至关重要。他们希望通过分析网站浏览数据、购买历史和用户反馈来了解客户的偏好、兴趣和购买习惯。这样可以提供个性化的产品推荐、定制营销策略，并增强客户忠诚度和留存率。

4）市场趋势分析：公司需要跟踪行业趋势、竞争对手的动态和市场需求的变化。他们希望通过分析社交媒体数据、市场报告和在线论坛等来源的数据，了解市场反应和用户观点。这将有助于公司制定市场推广策略、开发新产品和发现新的商机。

5）运营效率改进：大数据项目还可以帮助公司提高运营效率和降低成本。通过分析供应链数据、仓储数据和物流数据，公司可以优化库存管理、减少物流时间和成本，并提高整体的运营效率。此外，通过监测和预测需求，公司可以实施精确的采购计划，避免库存积压和供应短缺的问题。

6）数据安全和隐私保护：在进行大数据分析时，保护客户数据的安全和隐私是至关重要的。公司需要确保他们收集的数据符合法规和政策要求，并采取适当的安全措施来保护数据免受未经授权的访问和滥用。

这些业务需求概括了一个电子商务公司大数据项目的整体目标。通过利用大数据分析技术，公司可以获得关键的业务洞察，改进运营和销售策略，并更好地满足客户需求，从而提高竞争力和业绩。读者可以以此为模版，结合具体的行业和业务需求来回答。

12.7 简述项目整体架构及技术选型

1. 题目描述

结合当前项目，简述一下项目整体架构以及技术选型。

2. 分析与解答

该题目主要考查面试人员的综合能力、技术深度、架构设计能力、问题解决能力、沟通能力和实践经验等方面的能力，因此需要结合具体项目案例来解答，这里以实时计算项目案例来阐述项目整体架构与技术选型。

大数据实时计算项目的整体架构和技术选型，有几个关键方面需要考虑，包括数据源、数据处理、实时计算引擎和数据存储。图 12-1 所示为一个完整示例，描述了一个在线广告平台的大数据实时计算项目的整体架构。

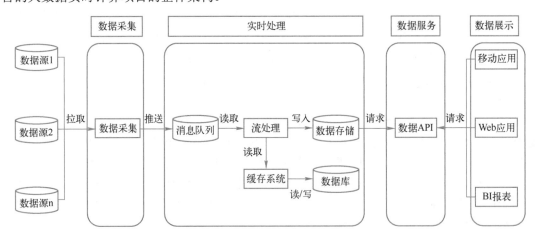

图 12-1　大数据实时计算项目整体架构

在线广告平台希望利用大数据实时计算来处理海量的实时广告请求，进行实时竞价和个性化广告投放。广告平台需要一个高效、可扩展和容错的架构，以处理数十亿条广告请求，并在毫秒级别内做出实时决策。

1）数据源：广告平台的数据源包括广告请求、用户信息、广告库存和实时竞价数据等。

这些数据源可能来自实时流数据（如 Kafka 消息队列）和批处理数据（如 Hadoop 集群）。

2）数据处理：在大数据实时计算项目中，需要进行数据的预处理和转换，以准备数据供实时计算引擎使用。这可能包括数据清洗、过滤、聚合和转换等操作。常用的工具和技术包括 Apache Spark、Apache Flink 和 Apache Kafka Stream 等。

3）实时计算引擎：实时计算引擎是大数据实时计算项目的核心组件。它负责接收和处理实时数据流，并执行实时计算和决策。在广告平台的例子中，实时计算引擎需要能够处理海量的广告请求，并在毫秒级别内进行竞价和决策。常用的实时计算引擎包括 Apache Flink、Apache Storm 和 Spark Streaming 等。

4）数据存储：大数据实时计算项目需要一个可靠的数据存储系统，用于存储实时计算结果、中间状态和持久化数据。常用的数据存储技术包括 Apache Hadoop（HDFS）、Apache HBase、Apache Kafka 和 ElasticSearch 等。选择适当的数据存储技术取决于具体的需求，如数据的一致性、可扩展性和查询性能等。

5）可视化与应用：实时计算的结果可以通过可视化工具展示给相关的利益相关者，如实时监控仪表盘、报表和图表。此外，实时计算结果还可以用于触发实时应用程序，如实时个性化推荐、广告投放和反欺诈系统等。

在技术选型方面，具体的选择取决于项目的要求和预算。以下是一些常用的技术选型。

- 实时计算引擎：Apache Flink、Apache Storm、Spark Streaming。
- 数据存储：Apache Hadoop（HDFS）、Apache HBase、Apache Kafka、ElasticSearch。
- 数据处理与转换：Apache Spark、Apache Flink、Apache Kafka Stream。
- 可视化与应用：Kibana、Tableau、Power BI。

综上所述，大数据实时计算项目的架构和技术选型需要根据具体业务需求来确定，从数据源到数据处理、实时计算引擎和数据存储，以及可视化和应用层面都需要考虑。选用适当的技术和工具将有助于构建高效、可扩展和可靠的大数据实时计算系统。

12.8　简述大数据项目遇到过的难点及解决方案

1．题目描述

大数据项目中遇到过哪些难点？这些难点问题是如何解决的？

2．分析与解答

该题目一方面考查你的项目经验的真实性，另一方面了解你在项目中积累了哪些经验。

在大数据项目中，可能会遇到多种难点。以下是一些常见的难点和相应的解决方法，您可以根据您的实际经验选择适合的难点和解决方法来回答。

（1）数据采集丢失

难点：

1）不完整的数据源：数据源可能因为各种原因导致数据不完整，如网络故障、传感器故障或数据采集系统错误等。

2）数据传输问题：在数据传输过程中，数据包可能丢失或发生错误，导致部分数据丢失。

3）数据提供方问题：数据提供方可能意外中断数据供应，导致数据丢失。

解决方案：

1）实时监控和告警：建立监控机制，实时检测数据源的状态和数据传输过程中的异常，及时发出告警并采取相应措施。

2）冗余备份：通过多个数据源采集相同数据，建立冗余备份，确保即使某个数据源发生故障，仍能保留数据。

3）数据缓存和重试机制：在数据传输过程中，采用数据缓存和重试机制，确保即使出现传输错误，数据仍然能够重新传输和恢复。

（2）数据采集重复

难点：

1）数据源重复发送：由于网络或数据采集系统的问题，数据源可能会重复发送相同的数据。

2）并发数据采集：如果多个采集器同时从同一数据源获取数据，可能会导致重复数据的产生。

3）数据合并问题：在数据聚合过程中，不同数据源的数据可能重叠，导致重复数据。

解决方案：

1）唯一标识符：为每条数据分配唯一标识符，通过标识符进行数据去重处理。

2）去重算法：使用合适的去重算法，如哈希算法或基于时间窗口的去重算法，识别和消除重复数据。

3）数据合并策略：在数据合并过程中，采用合适的策略，如选择最新的数据、合并相同数据源的数据等，确保数据的准确性和一致性。

（3）HBase 热点问题

难点：

1）单一 Region Server 负载过高：在大规模数据存储和读写的情况下，某个 Region Server 可能会承载较多的读写请求，导致热点负载。

2）数据倾斜：如果某个列族或行键的数据分布不均衡，会导致某个 Region Server 负责处理大部分的数据请求。

3）高并发写入：当有大量的写入请求涌入时，可能会导致某个 Region Server 成为瓶颈。

解决方案：

1）行键设计优化：通过优化行键设计，将数据均匀地分布到不同的 Region 中，避免某个特定行键的数据集中在一个 Region Server 上。可以使用散列、分段、预分区等方法来实现均衡的数据分布。

2）列族设计优化：合理设计列族，将常用的列族放在不同的 Region 中，避免过多的读写请求集中在一个 Region Server 上。

3）预分区：在创建表时进行预分区，将数据分散到多个 Region Server 上，平衡负载。可以根据数据的分布情况和预估的数据访问模式来确定预分区的数量和划分策略。

4）动态负载均衡：使用 HBase 提供的负载均衡功能，自动将 Region 在不同的 Region Server 之间重新分配，以平衡负载。

5）Region Server 水平扩展：根据负载情况和系统需求，增加更多的 Region Server 节点，通过水平扩展来分担负载压力。

6）数据缓存优化：通过适当调整 Region Server 的缓存设置，如 Memstore 大小、BlockCache 大小等，优化数据的读取性能，减轻 Region Server 的负载。

（4）Spark 消费数据丢失与重复问题

难点：

1）数据源故障或传输问题：数据源可能由于各种原因，如网络故障、数据提供方中断或数据传输错误等导致数据丢失。

2）任务失败或重启：如果 Spark 任务在消费数据的过程中失败或被重启，可能会导致数据的重复消费。

3）数据分区和并行处理：数据分区和并行处理在 Spark 中是常见的机制，但如果处理不当，可能会导致数据重复消费或消费不完整。

解决方案：

1）数据源监控和健壮性处理：建立监控机制，实时监测数据源的状态，并进行健壮性处理。例如，使用心跳检测来检测数据源是否正常运行，并在发现数据源异常或不可用时采取相应的恢复措施，如切换到备用数据源或重启数据源。

2）数据消费的事务性保证：在数据消费过程中，使用事务性的机制来保证数据的一致性和可靠性。例如，使用 Kafka 的消费者组，结合提交偏移量的机制，确保数据在被消费后正确提交，避免重复消费。

3）幂等性处理：针对可能产生重复数据的场景，实现幂等性处理机制，确保重复消费的数据不会对最终结果产生影响。可以通过唯一标识符或消息序列号来判断数据的重复性，并在处理过程中进行过滤或合并。

4）数据持久化和检查点机制：在 Spark 应用中，使用持久化和检查点机制，确保在异常情况下能够恢复数据处理的状态。通过将中间结果或处理进度定期地持久化到可靠的存储介质（如分布式文件系统或数据库）中，可以在任务失败后重新加载并继续处理，避免数据重复消费或数据丢失的问题。

5）监控和日志记录：建立全面的监控和日志记录系统，实时跟踪 Spark 任务的状态和数据处理进度。通过监控指标和日志信息，可以快速发现任务失败、重启以及数据处理异常等情况，便于及时采取措施进行修复。

6）合理的数据分区设计：在 Spark 中，合理的数据分区设计能够提高任务的并行性和效率，同时减少重复消费或不完整消费的可能性。根据数据特点和业务需求，选择适当的分区策略，避免分区过细或过粗导致的问题。

7）监测和容错：利用 Spark 提供的监测和容错机制，如 Spark Streaming 中的窗口操作和容错语义，来处理数据流的丢失和重复问题。设置适当的检查点和窗口大小，以便在数据丢失时进行恢复，或在数据重复时保证处理的幂等性。

8）定期维护和优化：定期审查 Spark 应用的消费逻辑和数据处理流程，及时发现并修复潜在的数据丢失或重复问题。根据实际情况进行性能优化，提高 Spark 应用的稳定性和可靠性。

总之，解决 Spark 消费数据丢失与重复问题需要综合考虑数据源监控、事务性保证、幂等性处理、持久化、监控日志、数据分区设计、容错机制等多个方面。通过合理的架构设计和技术手段，可以有效地降低数据丢失和重复的风险，保障数据处理的准确性和可靠性。

12.9 简述大数据项目遇到的瓶颈及优化方法

1．题目描述

大数据项目中遇到过哪些瓶颈？这些瓶颈如何优化？

2．分析与解答

该题目一方面考查你的项目经验的真实性，另一方面了解你在项目中积累了哪些经验。

在大数据项目中，一般数据量巨大而集群资源有限，所以难免会遇到项目瓶颈问题。以下是针对实时计算项目中的一些常见瓶颈和相应的优化方法，您可以根据实际经验选择适合的瓶颈和优化方法来回答问题。

（1）Kafka 吞吐量瓶颈

Kafka 作为一种高吞吐量的分布式消息队列系统，可能会遇到吞吐量瓶颈的问题。

瓶颈问题：

1）网络带宽限制：Kafka 的吞吐量可能受到网络带宽的限制，特别是在跨数据中心或远程机器之间进行数据传输时。

2）磁盘性能限制：Kafka 的性能可能受到磁盘的读写性能限制，特别是在高写入负载下，磁盘的延迟和吞吐量可能成为瓶颈。

3）分区和副本配置：错误的分区和副本配置可能导致负载不均衡，从而限制了整体吞吐量的提高。

调优方法：

1）增加分区数：增加 Kafka 主题的分区数，以提高并行性和吞吐量。通过分布数据到更多的分区，可以让多个消费者并行处理数据，从而增加整体吞吐量。

2）调整副本配置：合理设置 Kafka 主题的副本数和复制因子，确保数据的冗余和可靠性，同时避免过多的副本导致性能下降。

3）网络优化：优化网络带宽和延迟，特别是对于跨数据中心的部署。可以使用专用网络连接、网络优化协议、多播等方式来改善网络性能。

4）磁盘优化：使用高性能的磁盘设备，如 SSD，以提高读写性能和降低磁盘访问延迟。同时，确保适当的磁盘容量和合理的磁盘分区，以避免磁盘空间不足导致的性能下降。

5）批量发送和压缩：使用批量发送机制和消息压缩功能，减少网络传输的开销和消息的大小，从而提高吞吐量。

6）合理的消费者配置：确保消费者组的消费者数量和消费线程数与 Kafka 主题的分区数量匹配，以充分利用并行性和增加吞吐量。

7）监控和性能调优：使用 Kafka 提供的监控工具和指标，定期监测吞吐量、延迟等指标，进行性能调优并及时发现潜在的问题。

（2）Spark 数据消费延迟瓶颈

数据消费延迟是指数据从输入源到 Spark Streaming 应用程序进行处理和输出的时间，延迟高可能会导致实时性降低和数据处理的滞后。

解决方案：

1）批处理时间窗口调优。

减小批处理时间窗口：通过减小批处理时间窗口的大小来降低延迟。较小的窗口将减少每个批次中的数据量，使数据更快地被处理，但需要注意过小的时间窗口可能增加系统开销。

调整批处理间隔：根据应用的实时性需求，调整批处理间隔。较短的间隔将使数据更快地被处理，但也可能增加系统开销。

2）并行度和资源分配调优。

增加并行度：通过增加 Spark Streaming 应用程序的并行度，如增加 Executor 数量或并行读取数据源的消费者，来提高数据处理的并行性和吞吐量。

资源分配：根据数据量和处理需求，合理分配资源，包括 Executor 的数量和内存分配。提供足够的资源可以减少延迟。

3）数据接收和缓冲区调优。

增加数据接收缓冲区大小：调整 Spark Streaming 的接收器缓冲区大小，使其能够容纳更多的数据，减少数据的排队等待时间。

提高数据接收速率：通过增加数据源的并行读取或使用高吞吐量的数据传输协议，如使用零拷贝技术，来提高数据接收速率。

4）数据本地化和预取数据。

数据本地化：尽可能将计算任务分配到数据所在的节点上，减少数据的网络传输，以降低延迟。

预取数据：使用 Spark Streaming 的预取数据机制，在计算节点上缓存数据，减少网络延迟和数据传输的时间。

5）算法和逻辑优化。

算法选择：选择合适的算法和操作来实现数据处理逻辑，避免低效的操作和不必要的计算。

窗口操作优化：对窗口操作进行优化，如滑动窗口操作中的窗口重叠、窗口合并等，以减少计算和数据传输的开销。

（3）Flink 状态管理瓶颈

Flink 状态管理在大规模流处理项目中可能会面临一些瓶颈，特别是在处理具有大量和频繁状态更新的任务时。

瓶颈问题：

1）状态大小：状态的大小可能会影响内存使用和传输开销。当状态较大时，会增加网络传输的延迟和内存的压力，降低整体系统的性能。

2）状态访问和检索：频繁的状态访问和检索可能导致高延迟和额外的计算开销。特别是在具有大量状态的任务中，状态访问可能成为性能瓶颈。

3）状态恢复：在发生故障或重启时，状态的恢复可能需要花费较长的时间，影响应用程序的可用性和恢复速度。

调优方法：

1）状态分区：将状态划分为多个分区，以减小每个分区的大小。可以使用 Flink 提供的 Keyed State 和 Operator State 的分区功能来实现状态分区，确保每个分区的状态规模可控。

2）状态后端选择：选择适合应用程序需求的状态后端。Flink 提供了多种状态后端实现，如内存、RocksDB。

12.10 简述大数据项目开发周期及安排

1. 题目描述

简述大数据项目开发周期及安排。

2. 分析与解答

该题目重点考查你的项目经验的真实性，大数据项目的开发周期和安排可以根据具体项目的规模、需求和团队情况而有所不同。以下是一个完整示例，展示了一个典型大数据项目的开发周期和安排。

（1）需求分析阶段

1）确定项目的目标和范围。

2）收集业务需求和数据要求。

3）与利益相关者沟通，明确项目需求和期望结果。

4）完成需求文档和规格说明书。

（2）数据采集和准备阶段

1）确定数据来源和数据集成方案。

2）开发和配置数据采集管道，包括数据提取、转换和加载（ETL）过程。

3）数据清洗、处理和转换，以满足后续分析和处理的需求。

4）数据质量评估和验证。

（3）数据存储和管理阶段

1）设计和实施数据存储方案，如选择数据库、数据仓库或分布式文件系统。

2）构建数据管理架构，包括数据模型设计、数据分区和索引等。

3）数据安全和权限管理设置。

（4）数据处理和分析阶段

1）开发和实施数据处理和分析算法，如批处理、流处理、机器学习或图形分析等。

2）使用适当的大数据处理框架，如 Hadoop、Spark 或 Flink，进行数据处理和分析。

3）开发数据可视化和报告工具，以展示分析结果。

（5）测试和优化阶段

1）进行单元测试、集成测试和性能测试，确保系统的正确性和稳定性。

2）优化数据处理和分析流程，提高系统的性能和吞吐量。

3）进行负载测试和压力测试，验证系统在高负载情况下的稳定性和可扩展性。

（6）部署和上线阶段

1）部署大数据平台和相关组件。

2）将数据流程和应用程序部署到生产环境。

3）监控和管理系统运行状态。

4）提供培训和文档，以支持用户的使用和维护。

（7）运维和维护阶段

1）监控和管理系统的运行状态和性能。

2）进行故障排查和问题解决。

3）进行系统维护和升级。

4）根据业务需求进行功能扩展和优化。

在实际项目中，需要根据具体项目的情况和团队的能力来调整开发周期和安排。同时，合理的项目管理和团队协作也是确保项目按时交付的关键因素。

第 13 章　大数据运维

本章将深入探讨大数据运维的关键议题，为求职者带来解决复杂挑战的实际方法。无论你是初涉大数据领域还是经验丰富的专家，以下三个方面将帮助你构建稳健的大数据生态系统。

首先，我们关注节点故障与恢复。从 ZooKeeper、DataNode 到 NameNode，我们详细探讨了它们的宕机应对策略和紧急恢复方案，以确保系统连续稳定运行。其次，我们聚焦于性能优化与监控。通过解析如何加速 NameNode 启动、保障数据写入时效性，以及实现自动化扩容和有效监控，你将了解如何优化大数据处理的效率和可靠性。最后，我们关注数据安全与集群维护。了解如何防止数据丢失、预防误删数据，以及如何应对硬盘损坏、数据不均衡等情况，将有助于你构建一个稳固的大数据生态环境。

无论你的目标是在大数据运维领域取得突破，还是为即将到来的面试笔试做好准备，本章的内容都将为你提供实用指导和深入见解。通过掌握这些关键问题的处理方法，你将能够在实际工作中更自信地应对各种挑战，确保大数据项目的成功运行。

13.1　请问 ZooKeeper 节点宕机如何处理

1．题目描述

在大数据分布式系统中，当 ZooKeeper 节点发生宕机情况时，你将如何处理？

2．分析与解答

ZooKeeper 在大数据分布式系统中担任着重要的角色，它的高可用性对整个系统的稳定性至关重要。为了应对 ZooKeeper 节点宕机的情况，以下是相应的分析与解答。

ZooKeeper 集群通常由多个服务器组成，推荐的最小配置是 3 个节点，以保障高可用性。在配置 ZooKeeper 集群时，需要保证不少于半数的节点正常工作，才能维持整个集群的可用性。以下是对节点宕机情况的处理方式。

（1）Follower 节点宕机

如果一个 Follower 节点宕机，集群仍然可以继续工作。因为 ZooKeeper 数据在多个副本之间复制，数据不会丢失。客户端仍然可以与其他正常运行的节点进行通信，以获取所需的数据。系统的可用性不会受到太大影响。

（2）Leader 节点宕机

当 Leader 节点宕机时，ZooKeeper 会自动进行 Leader 选举，选举出一个新的 Leader 来继续处理客户端请求。Leader 选举的过程基于 ZooKeeper 的投票机制，会确保选举出一个具备数据一致性的节点作为新的 Leader。这种机制保证了系统在 Leader 宕机的情况下仍能维持正常运行。

（3）集群节点宕机情况

对于集群节点宕机，ZooKeeper 遵循的是"半数原则"。在一个具有 3 个节点的集群中，只要有 2 个节点正常工作，集群仍然可用。在 2 个节点的集群中，所有节点都需要正常工作，以维持系统的可用性。

综上所述，保障 ZooKeeper 集群的高可用性是至关重要的，通过多节点部署、自动 Leader 选举机制和"半数原则"，即使在节点宕机的情况下，系统也能保持稳定运行。在设计和部署大数据分布式系统时，需要充分考虑 ZooKeeper 的架构和特性，以确保系统的可靠性和稳定性。

13.2　阐述多次修改 HDFS 副本数如何计算数据总量

1．题目描述

在一个 Hadoop 集群中，HDFS 的副本数配置为 3。首先存储了 1GB 的数据。接着，修改 HDFS 配置文件将副本数设置为 2，然后重新启动 Hadoop 集群。此时再存储 1GB 的数据。请问，现在 HDFS 集群上一共存储了多少数据？

2．分析与解答

首先，让我们逐步分析每个步骤。

1）存储 1GB 数据时，根据原始的副本数 3，实际上存储了 3GB 的数据（1GB×3 副本）。

2）修改 HDFS 配置文件，将副本数设置为 2。这个配置变更只会影响到后续写入的数据，已经存储的数据副本数不会受到影响。

3）重新启动 Hadoop 集群后，存储 1GB 数据时，根据新的副本数为 2，实际存储了 2GB 的数据（1GB×2 副本）。

因此，总数据量为之前的 3GB（第一次存储的数据）加上现在的 2GB（第二次存储的数据），总共为 5GB。虽然配置变更后重启集群对已存储数据的副本数没有影响，但它会影响到后续写入数据时的副本数。所以，在计算总数据量时，需要计算两次存储的数据总和。

13.3　阐述如何估算 HDFS 需要的内存大小

1．题目描述

在 Hadoop 分布式文件系统（HDFS）中，HDFS 的元数据存储在 NameNode 的内存中，因此 NameNode 的内存大小直接影响了集群支持的最大容量。在这样的背景下，如何进行估算以确定 NameNode 所需的内存大小？以一个包含 200 个节点的集群为例，每个节点具有 24TB 的磁盘存储，每个数据块大小为 128MB，每个块有 3 个副本。那么，在这种场景下，需要为 NameNode 分配多大内存？

前提条件：通常情况下，1GB 内存可以管理 100 万个数据块文件。

2．分析与解答

为了进行内存估算，我们可以按照以下步骤计算。

首先，计算总共有多少数据块。每个节点有 24TB 的磁盘存储，而每个数据块的大小是 128MB，所以每个节点最多能存储多少个数据块呢？这可以通过节点磁盘大小除以每个块的大小来计算：24TB/128MB=196608（块）。然后，将每个节点的块数乘以集群的节点数 200，

得到总共的块数：196608×200=39321600 个数据块。

然后，我们需要考虑副本的因素。每个块有 3 个副本，所以实际上数据块的总数需要除以副本数：39321600/3=13107200 个副本块。

最后，根据前提条件，每 1GB 内存可以管理 100 万个数据块文件，因此需要的内存大小可以通过将总的副本块数除以每个内存管理的数据块数得到：13107200/1000000≈13.1072GB。

因此，在这个特定的场景下，大约需要 13GB 的内存来管理 HDFS 集群的元数据。在实际应用中，为了保障性能和容错性，通常会选择比估算值稍大的内存容量。

13.4 请问 DataNode 节点宕机如何恢复

1．题目描述

在一个 HDFS 中，如果某个 DataNode 节点宕机，你将如何进行恢复？

2．分析与解答

当一个 DataNode 宕机后，我们需要考虑两种情况来进行恢复操作。

（1）短暂宕机情况

如果 DataNode 宕机是短暂的，可能是由于网络问题或其他临时性原因造成的，你可以考虑采取如下措施来恢复。

编写脚本或使用监控工具，定期检测 DataNode 的状态。一旦监测到宕机状态，可以尝试重新启动 DataNode，使其恢复正常工作。

（2）长时间宕机情况

如果 DataNode 宕机时间较长，我们需要考虑宕机期间的数据恢复。HDFS 的数据是有多个副本的，因此在宕机期间，其他正常运行的 DataNode 会保持数据的多个副本，确保数据不会丢失。在这种情况下，你可以采取如下步骤来恢复。

1）重新启动：首先，将宕机的 DataNode 标记为不可用，然后删除其数据文件和状态文件。

2）数据自动恢复：一旦 DataNode 重新启动并加入集群，HDFS 会自动检测数据块的复制情况，如果有副本缺失，HDFS 会在其他正常的 DataNode 上创建新的副本，以确保数据冗余和可用性。

总之，根据 DataNode 宕机的持续时间和原因，你可以选择合适的恢复方法。在短暂宕机的情况下，通过监控和脚本可以很快恢复；在长时间宕机的情况下，HDFS 的数据冗余机制会确保数据的安全性和可用性。

13.5 请问 NameNode 节点宕机如何恢复

1．题目描述

如果一个 HDFS 中的 NameNode 节点宕机，你将如何进行恢复？

2．分析与解答

面对 NameNode 节点的宕机，我们需要采取一系列措施来确保集群的稳定性和数据的安全性。

（1）分析损失

首先，需要分析 NameNode 宕机后造成的损失。宕机会导致客户端无法访问文件系统，同时内存中的元数据也会丢失。但是，硬盘上的元数据仍然存在。这意味着已经存储在硬盘中的文件系统的信息是可恢复的。

（2）节点重启

如果仅仅是 NameNode 节点挂了，你可以尝试简单地重新启动节点，看是否能够使其恢复正常运行。

（3）修复机器问题

如果 NameNode 所在的机器宕机，可以尝试重启机器，查找并修复可能导致机器宕机的问题。如果机器无法重启，需要调查根本原因，可能需要硬件修复或更换。

（4）设计高可用（HA）方案

然而，在系统设计的初期就应该考虑高可用性。HDFS 提供了多种方式来提高 NameNode 的容错性。

1）本地文件系统备份：对持久化存储在本地硬盘上的文件系统元数据进行备份，以防止元数据的损失。

2）辅助 NameNode：运行一个辅助的 NameNode（Secondary NameNode）来定期合并编辑日志，保障数据的一致性和完整性。

3）ZooKeeper 提供的高可用性机制：借助 ZooKeeper 提供的高可用（HA）机制，实现 NameNode 的自动故障转移和故障恢复。

综上所述，面对 NameNode 节点的宕机，可以根据实际情况采取适当的恢复措施，同时在系统设计阶段考虑高可用性方案，以确保系统的稳定性和可靠性。

13.6　阐述晚高峰期 DataNode 节点不稳定如何处理

1．题目描述

在晚高峰期 HDFS 集群会出现某些 DataNode 不稳定的情况，频繁有 DataNode 脱离节点，该如何处理呢？

2．分析与解答

面对晚高峰期 HDFS 集群中 DataNode 频繁脱离的情况，需要采取一系列的分析和处理步骤，以确保集群的稳定性和可靠性。

（1）定位问题

首先需要详细记录脱离节点的 DataNode 的相关信息，包括时间、节点名称、错误日志等，以便后续分析。

（2）查看日志

检查 DataNode 的日志，查找是否有异常报错信息，尤其是涉及网络、磁盘、内存等方面的错误。

（3）检查硬件资源

确保 DataNode 所在的机器拥有足够的硬件资源，包括内存、磁盘空间和 CPU 资源。特别关注内存是否充足。

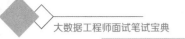

（4）检查网络情况

确认网络是否稳定，避免网络故障导致 DataNode 无法正常通信。

（5）检查 GC 情况

GC 问题可能会导致 DataNode 性能下降甚至脱离集群。检查 GC 日志，如果发现 GC 频繁、时间过长，可以适当调整 JVM 参数。

（6）调整资源限制

检查操作系统对进程数、文件打开数等的限制是否合理，根据集群规模适当调整，确保不会因资源不足而导致 DataNode 脱离。

（7）调整 DataNode 参数

根据集群的具体情况，调整 DataNode 的参数，如心跳间隔、网络超时等，以减少误判和脱离情况。

（8）监控和报警

部署合适的监控和报警系统，实时监测 DataNode 的健康状态，及时发现并采取措施。

（9）软件版本升级

如果发现是特定版本的软件问题导致的 DataNode 脱离，可以考虑对软件版本进行升级或降级。

（10）负载均衡

如果部分 DataNode 的负载过重，可以考虑进行负载均衡操作，将数据在各个 DataNode 之间平衡分布。

（11）故障排查和持续优化

根据问题的具体情况，进行深入的故障排查和持续优化，确保 DataNode 的稳定性和高可用性。

总之，解决 HDFS 集群中晚高峰期 DataNode 不稳定的问题需要综合考虑硬件资源、网络、GC、配置参数等多个方面，通过分析日志和监控数据，找到根本原因并采取相应的措施，以保障集群的正常运行。

13.7 阐述如何调优才能加快 NameNode 启动速度

1．题目描述

生产环境中，重启 HDFS 集群时花费了约 40 分钟才能成功，想要加快 NameNode 成为 Active 状态的速度，需要进行哪些参数调优？为什么对这些参数进行调优会加快 NameNode 的启动速度？

2．分析与解答

1）降低 BlockReport 数据规模：NameNode 处理 BlockReport 的效率受到每次 BlockReport 所带的 Block 数量影响较大。若 Block 数量过大，会影响 NameNode 的处理效率。为了加快启动速度，可以调整 Block 数量阈值，将单次 BlockReport 分成多个部分分别上报。这样可提高 NameNode 的处理效率。你可以通过调整参数 dfs.blockreport.split.threshold 来实现，将其默认值 1000000 调整为适当的值，比如 500000。

2）控制 DataNode 重启数量：当需要对整个集群的 DataNode 进行重启操作，尤其是在集群规模较大且数据量巨大的情况下，建议在重启 DataNode 进程之后再重启 NameNode。这样可以避免因大规模 DataNode 重启引发的"雪崩"问题，从而提高启动速度。

3）滚动重启控制：如果需要对大规模 DataNode 进行重启，可以采用滚动方式，即每次重启一小批 DataNode 实例，然后等待一段时间再重启下一批。这样有助于控制集群的稳定性，避免短时间内大量 DataNode 的重启对集群造成过大的压力。你可以适当调整一次重启的实例个数和间隔时间，比如每次重启 15 个实例，间隔 1 分钟。

通过以上参数调优和控制策略，可以有效减少 NameNode 启动过程的时间，避免集群因大规模 DataNode 重启引发的问题，从而提高 HDFS 集群的稳定性和性能。

13.8　请问 Hadoop 出现文件块丢失如何处理

1. 题目描述

如果在 Hadoop 中出现了文件块丢失，你将如何处理？

2. 分析与解答

面对文件块丢失的情况，我们需要采取一系列措施来确保数据的完整性和可靠性。

（1）定位丢失块

首先，需要通过查看 Hadoop 集群的日志来定位丢失的数据块。日志可以提供有关数据丢失的相关信息，帮助你定位问题的根源。

（2）检查和排除问题

在定位问题之后，需要检查可能导致数据块丢失的原因。这可能涉及硬件故障、网络问题、数据传输错误等。通过排除问题，你可以确定文件块确实丢失。

（3）处理文件不重要的情况

如果丢失的文件块不是非常重要，可以考虑直接删除这部分数据，并将文件重新复制到 Hadoop 集群，确保数据的完整性。这适用于那些不关键或可以重新生成的数据。

（4）恢复备份

在一些情况下，Hadoop 集群会对数据进行备份。如果数据丢失且文件较为重要，你可以尝试从备份中恢复数据。这通常涉及从备份的副本中将数据块复制到丢失的位置。

（5）数据丢失后的修复

如果没有备份或备份也受到影响，可以考虑重新运行作业，重新生成数据块，或者与数据源重新同步以获取缺失的数据。

总之，处理 Hadoop 中出现的文件块丢失需要结合定位问题、排除原因、备份恢复等措施来保障数据的完整性。具体的处理方式将取决于文件的重要性、数据备份策略以及集群的实际情况。在处理过程中，需要权衡可行性和数据完整性，以选择最合适的解决方案。

13.9　请问文件写入 HDFS 是先全部写入再备份吗

1. 题目描述

在将一个大小为 180MB 的文件写入 HDFS 时，应该先写入 128MB 的数据并完成复制备

份,然后再写入剩余的 52MB 呢?还是应该等到 180MB 的内容全部写入 HDFS 后再进行复制备份?

2.分析与解答

在 HDFS 中,数据的写入和复制备份是紧密相连的过程,下面是解析这个问题的一些要点。

(1) HDFS 数据块

HDFS 将大文件切分成数据块进行存储,典型的块大小是 128MB(或其他配置的大小)。这意味着一个 180MB 的文件会被切分成多个块。

(2) 写入数据

在向 HDFS 写入数据时,数据会被逐个块写入。写入一个块的数据不需要等到整个文件写完,但是每个块的数据要保证完整性和一致性。

(3) 复制备份

HDFS 会在写入数据的同时进行复制备份,以保障数据的可靠性。默认情况下,每个块会有 3 个副本存储在不同的 DataNode 上。当一个块的数据写入成功后,其副本会在后台进行复制。

根据上述要点,回到题目中的情况。

1) 如果先写入 128MB 的数据并完成复制备份,然后再写入剩余的 52MB。这种方式会导致第一个块的写入和复制先完成,但还没有开始写入剩余的 52MB。使得第一个块的数据提前被复制,但整个文件的复制备份会稍微延后。

2) 如果等到 180MB 的内容全部写入 HDFS 后再进行复制备份,会在整个文件写入完毕后开始进行所有块的复制备份。这会导致整个文件的写入和复制备份都相对集中,但确保了整个文件的完整性和一致性。

综上所述,为了保障数据的完整性和一致性,更合适的做法是等到整个 180MB 的文件写入 HDFS 后再进行复制备份。这样可以确保每个数据块都被正确写入和复制,以达到 HDFS 设计的可靠性要求。

13.10 请问如何查看 HDFS 目录下的文件数及位置

1.题目描述

在一个 HDFS 目录中,我们希望了解目录下的文件数量以及这些文件存储在哪些 DataNode 节点上。

2.分析与解答

1) 查看文件数量:使用 HDFS 命令 count 可以查看目录下文件的数量。例如,如果想查看目录/ops 下的文件数量,可以执行命令:

```
hdfs dfs -count /ops
```

这将返回目录下的子目录数、文件数以及总的文件大小等信息。

2) 查看文件存储位置:如果想了解目录下文件的存储位置,可以使用 HDFS 命令 fsck。该命令提供了有关文件块、位置和机架信息的详细报告。例如,我们想查看目录/ops/test 下文件的存储位置,可以执行命令:

```
hdfs fsck /ops/test -files -blocks -locations -racks
```

这将返回文件块信息、副本位置以及数据块所在的机架信息。

综合使用这些命令，您可以获取有关 HDFS 目录下文件数量和存储位置的详细信息。这对于监控和管理 HDFS 中的数据分布以及数据存储情况非常有用。

13.11　阐述集群硬盘损坏后的详细处理流程

1．题目描述

某一台 CDH 物理机有 12 块 RAID 0 硬盘，如果其中有 4 块 RAID 0 硬盘同时损坏，请问接下来大数据运维人员的详细处理流程是什么？

2．分析与解答

在面对多块硬盘同时损坏的情况下，大数据运维人员需要迅速采取措施来保障数据的完整性和系统的稳定性，详细的处理流程如下。

（1）停止 DataNode 服务

首要任务是停止受影响的 DataNode 节点上的服务，以防止进一步的数据损坏。

（2）检查硬盘状态

使用适当的硬盘健康检查工具，确认哪些硬盘已经损坏。

（3）备份数据

如果数据仍然可访问，尝试备份可以恢复的数据，以防后续操作造成数据丢失。

（4）替换损坏硬盘

将损坏的硬盘逐个替换为健康的硬盘。确保新硬盘的品质可靠。

（5）修改 HDFS 配置

进入 HDFS 的配置文件（hdfs-site.xml），找到参数 dfs.datanode.failed.volumes.tolerated，将其值适当增加，以允许更多的硬盘损坏。

（6）重启 DataNode 服务

重启 DataNode 服务，使配置生效。

（7）监控和报警

设置硬盘状态的监控和报警机制，以便在将来出现类似问题时及时采取行动。

（8）数据再平衡

如果数据副本已经损坏，需要进行数据再平衡，以确保数据的冗余性和平衡性。

（9）磁盘修复和报修

对损坏的硬盘进行修复或更换。启动磁盘报修流程，根据公司的标准操作流程更换磁盘。

（10）更新 HDFS 配置

在更换硬盘后，需要更新 HDFS 配置，将新硬盘路径添加到配置中。

（11）启动 DataNode 服务

启动 DataNode 服务，确保新硬盘被正确识别和使用。

总之，处理多块 RAID 0 硬盘同时损坏的情况需要停止服务、替换硬盘、修改配置并重启服务，同时保持监控和报警机制，以确保大数据集群的稳定性和数据可靠性。

13.12 阐述集群扩容后如何处理数据不均衡的现象

1．题目描述

CDH 集群扩容 10 台机器后，新加入的 DataNode 角色数据相对较少，如何处理 HDFS 的数据分布不均衡的现象？

2．分析与解答

在 CDH 集群扩容后，可能会出现新加入的 DataNode 节点数据相对较少，导致 HDFS 中的数据分布不均衡问题。为了解决这个问题，可以使用 HDFS 自带的数据均衡工具来进行操作。

HDFS 提供了一个称为 Balancer 的工具，可以实现数据的均衡分布，使得各个 DataNode 上的数据量尽可能接近。下面是处理数据分布不均衡问题的详细步骤。

（1）启动 Balancer 工具

在其中一台 DataNode 节点上启动 Balancer 工具，可以使用以下命令。

```
hdfs balancer -threshold 5
```

这里的"-threshold 5"参数表示设置数据均衡的阈值，意味着只有当某个 DataNode 上的数据量与集群平均值的差异超过 5%时，才会触发数据均衡操作。

（2）等待数据均衡完成

Balancer 工具会自动计算需要迁移的数据块，然后在后台进行数据迁移操作。这个过程可能需要一些时间，取决于集群规模和数据量。可以通过 HDFS 日志来监控 Balancer 的状态和进度。

（3）监控和调整

监控 Balancer 的进度，确保数据均衡操作正常进行。如果发现 Balancer 在迁移数据时出现问题，可以终止 Balancer 进程，并尝试调整阈值等参数来优化数据均衡的效果。

总之，通过启动 HDFS 的 Balancer 工具，可以在 CDH 集群中处理数据分布不均衡的问题。这样可以确保各个 DataNode 节点上的数据量相对均衡，提高集群的整体性能和容错能力。

13.13 阐述运维人员如何避免开发人员误删数据

1．题目描述

HDFS 的数据被删除后很难直接进行监控，那么在企业环境中，如何避免开发人员误删除数据，以免运维团队承担不必要的责任？

2．分析与解答

确保数据的安全和减少误删的风险对于企业非常重要。以下方法可以用来避免开发人员误删除数据，保障数据的完整性。

1）访问控制和权限管理：通过严格的访问控制和权限管理，确保只有授权人员才能进行删除操作。将不同角色的权限分开，只允许必要人员访问和修改敏感数据。

2）数据备份和恢复：定期对重要的数据进行备份，以便在误删除时能够恢复数据。备份可以放在不同的存储位置，避免单点故障。

3）版本控制：对于重要数据，考虑使用版本控制系统。这样即使数据被误删除，也可以通过版本历史进行恢复。

4）审计和日志监控：开启审计功能，记录所有对数据的操作，包括删除操作。将审计日志集中收集并存储在安全的地方，确保可以追踪和检查每一次操作。

5）数据生命周期管理：对不再需要的数据进行合理的生命周期管理，包括设置过期时间、归档等。将不再需要的数据从活跃环境中移除，降低误删除的风险。

6）培训和文档：向开发团队提供充分的培训，让他们了解数据的重要性以及操作的后果。提供清晰的文档，说明删除操作的步骤和注意事项。

7）数据恢复测试：定期进行数据恢复测试，模拟误删除的情况，验证备份和恢复过程，确保在发生问题时能够迅速有效地恢复数据。

综合采取上述措施，可以大大降低误删除数据的风险，保障数据的安全和可靠性，同时减少运维团队承担不必要责任的情况。

13.14　阐述大数据集群如何自动化扩容

1．题目描述

在大数据集群线上进行扩容时，如何实现自动化？大规模的扩容任务，尤其是当集群规模达到 10 台以上时，纯人工操作将耗费巨大的时间和资源，效率不高。面对这个问题，我们需要探讨如何实现自动化的线上扩容方案。

2．分析与解答

对于大数据集群的自动化线上扩容，我们可以考虑以下方案，以提高效率和资源利用。

（1）基础设施自动化管理

引入基础设施即代码（Infrastructure as Code，IaC）的思想，使用工具（如 Terraform、Ansible 等）实现服务器的自动化申请、配置和部署。通过定义清晰的配置模板，可以自动创建服务器、设置网络、安装系统镜像等。

（2）统一镜像管理

创建一个定制化的系统镜像，包含大数据集群的通用设置和配置，如操作系统参数、网络设置、防火墙规则等。这样在新服务器上部署时，只需要基于统一的镜像进行启动，避免重复设置。

（3）集群管理工具

使用像 Apache Ambari、Cloudera Manager 等集群管理工具，通过 API 或 CLI 来实现自动扩容。这些工具提供了对集群组件的管理、监控和自动化操作的功能。

（4）脚本化自动化操作

对于一些通用的操作，如关闭防火墙、同步配置文件、自动化设置等，可以编写脚本进行自动化。使用 SSH 等通信方式，批量执行脚本来快速配置和准备服务器。

（5）云资源自动化扩展

如果集群运行在云平台上，如 AWS、Azure、阿里云等，可以利用云服务提供的自动扩展功能，根据负载情况自动增加服务器。使用云平台的 API 和自动化脚本，可以根据需求动态扩展资源。

（6）监控和预警

在自动化扩容的过程中，及时设置监控和预警机制。通过监控系统来监测集群资源使用情况、性能指标等，一旦出现异常情况，及时触发预警，从而能够快速响应并采取相应的自动化措施。

总之，实现大数据集群的自动化线上扩容需要综合考虑基础设施管理、集群管理工具、脚本化操作和云资源自动化扩展等方面的技术和工具，以实现高效、可靠的扩容过程，从而降低人力成本，提高生产力。

13.15　阐述如何对大数据集群进行有效监控

1．题目描述

如何对大数据集群进行有效监控？并且，如何实现预警和报警功能？

2．分析与解答

有效地对大数据集群进行监控是确保系统稳定性和性能的关键。以下是监控大数据集群的方法以及如何实现预警和报警功能。

（1）监控大数据集群的方法

1）使用集成监控工具：集成监控工具（如 Ambari、Cloudera Manager 等）可以帮助用户监控集群的各个组件和性能指标。它们提供了图形化界面和仪表盘，使监控变得更加直观和方便。

2）使用第三方监控工具：有许多第三方监控工具可以用来监控大数据集群，如 Prometheus、Ganglia 等。这些工具可以根据特定需求进行定制和配置。

3）自定义监控脚本：用户可以编写自己的监控脚本，通过 SSH、API 等方式获取集群的状态和性能数据，并进行分析和展示。

（2）实现预警和报警功能

1）阈值设置：针对每个指标，设置合适的阈值，超过阈值时触发预警和报警。

2）集成告警系统：集成告警系统如 Prometheus Alertmanager、Zabbix 等，可以根据阈值和规则配置，自动触发告警并发送通知，如邮件、短信、Slack 消息等。

3）集成日志和事件系统：将监控数据和事件集成到日志和事件管理系统中，可以更好地分析问题并触发报警。

4）使用脚本和自动化工具：结合脚本和自动化工具，如 Shell 脚本、Python 脚本，可以编写定制化的告警逻辑和处理流程。

5）集成监控平台 API：一些监控平台提供 API，可以通过 API 编写自定义的告警逻辑和通知方式。

总之，监控大数据集群需要综合使用工具、脚本、自动化和集成，以确保集群的稳定性和可靠性。实现预警和报警功能可以让你在问题出现前及时采取措施，降低风险和损失。

13.16　阐述如何保证海量数据写入 HBase 的及时性

1．题目描述

每天要存储百亿条数据到 HBase 中，如何确保数据的存储准确无误，并且在规定的时间内全部写入完毕，不留下任何残余数据？

2．分析与解答

分析：

这个问题涉及大规模数据的高效写入、数据准确性和写入时间的保证。

1）数据量巨大：每天百亿条数据意味着庞大的数据量，需要考虑高效的写入方式和数据结构设计。

2）HBase 存储：问题指出数据存入 HBase，因此需要考虑 HBase 的特性和最佳实践。

3）数据准确性：确保数据的存储正确性，包括数据完整性和一致性。

4）规定时间内写入：在限定的时间内完成数据写入，需要考虑写入速度和批量处理。

解决方案：

1）分析写入速度需求：首先，明确写入的速度要求。百亿数据可能需要并行写入以满足时间要求，因此可以考虑增加写入节点数量。

2）数据预处理：确保源数据的质量，包括数据清洗、转换和格式化。在数据入库之前，进行数据预处理有助于避免不准确的数据。

3）适当的数据结构：根据业务需求和查询模式，设计适当的数据表结构、行键（Row Key）、列族等。合理的数据结构可以提高写入性能和查询效率。

4）合理分区和预分区：根据业务特点，在设计表时考虑分区策略。预先建好分区有助于均匀分布数据，提高查询效率。

5）批量写入和 BulkLoad：使用批量写入技术，如 HBase 的 BulkLoad，可以显著提高写入效率。BulkLoad 允许将数据以块的形式直接导入 HBase，减少写入过程中的开销。

6）监控与优化：实时监控写入进度和性能，及时发现并解决性能瓶颈。可以通过监控指标和日志来优化写入过程。

7）故障容忍和重试机制：考虑到网络故障或其他异常情况，实现写入的故障容忍和重试机制，以确保数据不会遗失。

总之，解决这个问题需要综合考虑高效的写入策略、数据质量控制、数据结构设计、分区策略等多方面因素。同时，持续的监控和优化也是保证百亿数据准确写入的关键。

13.17　简述哪些情况会导致 HBase Master 发生故障

1．题目描述

简述哪些情况会导致 HBase 的 Master 节点发生故障。

2．分析与解答

HBase 的 Master 节点在集群中扮演着关键的角色，负责整个集群的管理和调度。以下是一些可能导致 HBase Master 节点故障的情况。

（1）ZooKeeper 异常

1）ZooKeeper 连接超时：HBase 与 ZooKeeper 通信时，如果长时间无法连接或通信超时，可能导致 Master 节点不可用。

2）删除 Split 节点时的 ZooKeeper 操作异常：在 Region 分裂（Split）过程中，如果删除 Split 节点时出现异常，可能影响 Master 节点的正常工作。

3）Active Master 节点变更：ZooKeeper 中记录了活跃的 Master 节点信息，如果发生变更或异常，可能影响 Master 的选举和切换。

（2）.META.表信息异常

在 Region 分配（assign）过程中，如果 Master 无法从.META.表中读取正确的 Region 信息，可能导致 Region 无法正确分配。

（3）新节点加入集群异常

当新的 HBase 节点加入正在运行的集群时，如果 ZooKeeper 中的/hbase/unassigned 节点没有正确的数据，可能影响 Region 的分配和调度。

（4）Master 服务线程异常

在 Master 节点的服务线程启动过程中，如果出现异常，可能导致 Master 节点无法正常运行。

为了应对 HBase Master 节点故障，可以考虑以下措施。

1）监控与预警：建立监控系统，实时监测 Master 节点的状态和性能，一旦出现异常，能够及时发出预警通知。

2）自动故障转移：配置自动故障转移机制，确保在 Master 节点故障时能够自动选举出新的 Master 节点。

3）ZooKeeper 健壮性：确保 ZooKeeper 集群的稳定性和高可用性，避免 ZooKeeper 出现异常影响 HBase 的正常运行。

总之，理解可能导致 HBase Master 节点故障的情况，并采取相应的监控、预警和自动化措施，有助于提高 HBase 集群的稳定性和可靠性。

13.18　简述哪些情况会导致 HBase RegionServer 发生故障

1. 题目描述

简述哪些情况会导致 HBase 的 RegionServer 发生故障。

2. 分析与解答

HBase 的 RegionServer 是 HBase 集群中的重要组件之一，负责管理和服务 Region（数据分片）。以下是一些可能导致 HBase RegionServer 故障的情况。

（1）HDFS 读写异常

如果在读写 HDFS 时出现 IOException 等异常，会触发 HDFS 的文件系统检查（checkFileSystem），可能导致 RegionServer 宕机。

（2）服务线程出现未捕获异常

RegionServer 中的服务线程如果出现未捕获的异常，可能会导致 RegionServer 不稳定甚至崩溃。

（3）启动异常

在启动 HRegionServer 时，如果发生异常，可能导致 RegionServer 无法正常初始化和启动。

（4）HLog 回滚异常

HBase 使用 HLog（Write Ahead Log）记录操作，如果在 HLog 回滚过程中出现异常，可能会影响 RegionServer 的稳定性。

（5）持久化失败

在进行 Memstore 的 Flush（持久化）时，如果失败，可能会导致 RegionServer 重启，并尝试将 HLog 中的内容重新加载到 Memstore 中。

（6）ZooKeeper 异常

如果与 ZooKeeper 通信发生异常，可能会影响 RegionServer 的正常运行，因为 ZooKeeper 在 HBase 中扮演着重要角色。

（7）关闭 Region 异常

在关闭 Region 时，如果发生异常，如无法成功 Flush Memstore，可能会影响 RegionServer 的正常操作。

为了应对 HBase RegionServer 故障，可以考虑以下措施。

1）监控与预警：建立监控系统，实时监测 RegionServer 的状态和性能，一旦出现异常，能够及时发出预警通知。

2）自动故障转移：配置自动故障转移机制，确保在 RegionServer 故障时能够自动重新分配 Region 到其他健康的 RegionServer 上。

3）异常处理机制：编写适当的异常处理代码，能够捕获并处理服务线程的异常，避免整个 RegionServer 崩溃。

总之，了解可能导致 HBase RegionServer 故障的情况，以及如何监控和应对这些情况，有助于提高 HBase 集群的稳定性和可靠性。

13.19　阐述 Kafka 如何选择适当的分区数量

1. 题目描述

在设计 Kafka 集群时，如何选择适当的分区数量？

2. 分析与解答

确定 Kafka 集群中的分区数量是一个关键的决策，它会影响到集群的性能、可伸缩性和负载均衡。以下是关于选择适当分区数量的一些要点。

（1）吞吐量需求

分区数量会影响集群的总体吞吐量。通常情况下，更多的分区意味着更高的并行处理能力，从而能够支持更高的吞吐量。可以根据业务需求，考虑需要支持的总体消息量，确定是否需要更多的分区。

（2）生产者和消费者的并行度

生产者端和消费者端的并行度受分区数量限制。更多的分区会允许更多的生产者和消费者线程并行处理数据，从而提高系统的并发性能。

（3）硬件资源的利用率

在生产者和 Broker 之间，每个分区都可以并行写入，从而充分利用硬件资源，如 CPU 和网络带宽。可以考虑硬件资源的利用率，确定是否需要增加分区数量。

（4）文件句柄和资源消耗

每个分区都会对应文件系统中的一个目录，这意味着更多的分区会占用更多的文件句柄和磁盘空间。确保操作系统能够支持足够的文件句柄数量，并考虑集群资源的消耗。

（5）管理复杂性

分区数量增加会增加集群的管理和维护复杂性。需要考虑运维成本和系统的易管理性。

（6）不可用性风险

更多的分区意味着更多的分区需要重新分配和管理。在分区再平衡期间，可能会导致某些分区不可用，影响到系统的可用性。

（7）端到端延迟

增加分区数量可能会导致更多的网络传输和数据复制，从而可能增加端到端的延迟。需要权衡分区数量和延迟之间的关系。

总之，选择适当的分区数量需要综合考虑吞吐量需求、硬件资源、管理复杂性、不可用性风险等多个因素。需要根据业务需求和实际情况，进行测试和调优，以找到最佳的分区数量配置。

13.20 简述 Kafka 分区是否可以增加或减少

1．题目描述

Kafka 分区数量可以增加或减少吗？为什么？

2．分析与解答

Kafka 的分区数量可以增加，但是不能直接减少。这涉及 Kafka 的设计和数据保障机制。

（1）增加分区数量

在 Kafka 中，可以通过使用 kafka-topics.sh 命令或 API 来增加分区数量。增加分区数量可以带来更高的并行性和吞吐量，以满足日益增长的数据需求。新增分区会分布在已有的 Broker 上，从而充分利用集群资源。

（2）为什么不能减少分区数量

减少 Kafka 分区数量涉及一些复杂的问题和保障机制，包括数据一致性、有序性以及数据丢失的风险。具体原因如下。

1）数据一致性和有序性：Kafka 的分区内的消息是有序的，消费者依赖于这种有序性。如果减少分区数量，可能会破坏分区内的消息有序性，导致消费者无法正确处理消息。

2）数据迁移和保留：如果减少分区数量，就需要将多个分区的数据合并到少数分区中。这可能需要进行数据迁移和合并，而合并的过程需要保证数据的一致性，同时要考虑如何处理已经被消费的数据和未被消费的数据。这个过程非常复杂，容易导致数据丢失。

3）消费者的影响：减少分区数量可能会导致消费者重置消费位置，从而影响已经消费的消息，引发重新消费。

4）管理和维护复杂性：减少分区数量涉及集群管理和维护的复杂性。需要考虑分区重分配、数据迁移等问题，这可能会增加操作风险。

因此，为了保证数据的一致性、有序性和可靠性，Kafka 不直接支持减少分区数量。如果需要调整分区数量，通常的做法是创建一个新的 Topic，然后逐步迁移数据，最终停用原来的 Topic。这个过程需要谨慎规划和操作，以确保不影响已有的数据和消费者。

第 14 章　大数据+人工智能

在人工智能的蓬勃发展中，大数据扮演着举足轻重的角色，其与人工智能之间的关系也越发密不可分。在本章中，我们将深入探讨大数据与人工智能的交叉点，探究它们是如何相互促进、共同推动技术进步和商业应用的。从数据的角度出发，剖析大数据在人工智能模型训练中的关键作用，探讨数据质量对模型性能的影响，并针对当前流行的大型语言模型展开讨论，揭示其如何借助大数据实现训练的过程与技术特点。

此外，我们将深入探讨一系列融合大数据与人工智能的项目，如 AIGC、Sora 等，探索它们在不同领域的应用场景和技术特点，以便读者全面了解大数据与人工智能相结合的具体实践。随着数据驱动型人工智能的兴起，阐述数据在人工智能中的核心地位，以及数据驱动型方法对人工智能技术发展具有重要意义。

除此之外，我们将涵盖人工智能开发工具和平台在大数据环境中的应用、人工智能（AI）基本概念的解释、数据预处理的作用以及人工智能模型性能评估等内容，为读者构建起一个全面而深入的大数据与人工智能知识框架。

最后，我们还将探讨伦理和隐私等方面的问题，以及在大数据环境中如何有效地管理和处理大规模数据集的方法与工具，为读者呈现出一个全面而深入的视角，帮助他们更好地理解和应用大数据与人工智能技术。

14.1　如何解释大数据与人工智能之间的关系

1. 题目描述

如何解释大数据与人工智能之间的关系？

2. 分析与解答

当解释大数据与人工智能之间的关系时，可以从以下几个方面来阐述。

（1）定义和概念解释

1）大数据指的是海量的、高速的、多样的数据集，这些数据通常难以使用传统的数据处理工具进行捕获、管理和处理。

2）人工智能是指利用计算机科学的方法，使计算机系统能够模拟人类智能的各种功能，如学习、推理、感知、理解和交流。

（2）关系解释

1）大数据和人工智能之间存在密切的关系。大数据为人工智能提供了数据支撑和源泉，为其算法和模型的训练、优化及验证提供了庞大的数据集。

2）人工智能依赖于大数据来进行模式识别、预测分析和决策制定等任务。人工智能系统的性能和准确性往往受制于所使用的数据质量和数量。

（3）大数据对人工智能的重要性

1）大数据是人工智能的重要基石，因为在许多情况下，人工智能系统的性能和效果取决于其训练和运行时所使用的数据。

2）大数据为人工智能系统提供了丰富的、真实的、多样的数据样本，这些数据样本可以用于训练模型、验证算法和评估性能。

3）通过大数据，人工智能系统可以从数据中学习模式、规律和趋势，从而更好地理解和解决各种复杂的现实问题。

（4）案例或实例说明

1）许多深度学习模型，如神经网络，在训练时需要大量的数据样本来调整模型参数，提高模型的准确性和泛化能力。

2）在自然语言处理领域，大规模的语料库数据可以用于训练机器翻译模型、文本生成模型等，从而提高翻译和生成的质量。

3）在医疗领域，利用大数据和人工智能技术可以对医学影像进行分析和诊断，辅助医生进行疾病诊断和治疗规划。

综上所述，大数据和人工智能之间相辅相成，大数据为人工智能提供了必要的数据基础，使得人工智能系统能够更加智能地处理和分析数据，从而实现更加复杂和高级的功能及应用。

14.2 阐述数据采集的作用以及数据质量对人工智能模型性能的影响

1．题目描述

在模型训练过程中，数据采集的作用是什么？能否谈谈数据质量对人工智能模型性能的影响？

2．分析与解答

当谈论模型训练过程中数据采集的作用以及数据质量对人工智能模型性能的影响时，可以从以下几个方面进行回答。

（1）数据采集的作用

1）数据采集是模型训练的第一步，它涉及收集、获取、整理和准备训练所需的数据集。

2）数据采集的目的是获取足够多样化、代表性和真实性的数据样本，以便模型能够学习到数据中的规律和模式。

3）通过数据采集，可以确保训练数据的完整性、准确性和可靠性，从而提高模型在真实场景中的泛化能力。

（2）数据质量对模型性能的影响

1）数据质量是影响人工智能模型性能的关键因素之一。低质量的数据会导致模型训练过程中出现偏差或误导，从而影响模型的准确性和可靠性。

2）数据质量不佳可能包括数据缺失、数据噪声、数据不平衡等问题。这些问题可能导致模型在训练过程中学习到错误的模式或规律，进而影响模型在实际应用中的表现。

3）正确处理数据质量问题是确保模型性能的关键步骤之一。例如，可以通过数据清洗、数据预处理、特征工程等方法来提高数据质量，从而改善模型的性能。

（3）应对低质量数据的策略

1）对于低质量数据，可以采取多种策略来改善模型性能，如数据清洗、异常值处理、数据平衡、特征选择等。

2）同时，也可以通过增加数据量、采用更高质量的数据源、改进数据采集和标注方法等来提高数据质量，从而提升模型性能。

综上所述，数据采集在模型训练过程中起着至关重要的作用，而数据质量则直接影响着模型的性能和表现。因此，在进行模型训练时，需要重视数据采集和数据质量管理，以确保模型能够在真实场景中取得良好的性能。

14.3　当前流行的大型语言模型如何利用大数据进行训练

1. 题目描述

当前流行的大型语言模型（如 LLM 和 ChatGPT）如何利用大数据进行训练？请举例说明。

2. 分析与解答

当谈论当前流行的大型语言模型如何利用大数据进行训练时，我们可以从以下几个方面进行回答，并结合实际例子进行说明。

（1）数据收集

1）大型语言模型的训练通常需要海量的文本数据，这些数据可以从互联网上的各种来源进行收集，包括网页文本、新闻文章、社交媒体帖子、电子书等。

2）语言模型开发者会通过网络爬虫或合作伙伴机构来获取这些数据，并进行清洗和去重处理，以确保数据的质量和多样性。

（2）数据预处理

1）在将数据输入到模型中进行训练之前，通常需要进行一些预处理步骤，如分词、标记化、去除停用词等，以便模型更好地理解和处理文本数据。

2）预处理过程还可能包括数据的标注或标记，以便模型能够学习到更丰富的语言结构和语义信息。

（3）分布式训练

1）由于大型语言模型的规模巨大，通常需要利用分布式计算资源进行训练。这意味着数据会被分成多个部分，并在多台计算机上并行处理。

2）使用分布式训练技术可以加速训练过程，并允许处理更大规模的数据集。

（4）示例说明

1）以 OpenAI 的 GPT 系列模型为例，它们利用了大量的公开可用文本数据进行训练，包括维基百科、互联网论坛、新闻网站等。通过在这些数据上进行大规模的自监督学习，模型可以学习到丰富的语言知识和模式。

2）Google 的 BERT 模型也是利用了大规模的文本数据进行训练，包括来自网页、书籍和新闻文章的大量文本。BERT 模型通过自监督学习的方式，在海量的文本数据上进行预训练，从而学习到通用的语言表示。

3）Facebook 的 RoBERTa 模型在训练时也使用了大量的文本数据，其中包括来自不同领域和语言的数据。通过在这些数据上进行预训练，RoBERTa 模型可以学习到更加通用和多样的语言表示。

综上所述，当前流行的大型语言模型利用大数据进行训练的过程涉及数据的收集、预处理和分布式训练等多个环节。这些模型通过在海量的文本数据上进行预训练，从而学习到丰

富的语言知识和模式，为各种自然语言处理任务提供了强大的基础。

14.4 AIGC、Sora 等项目是如何将大数据与人工智能相结合的

1. 题目描述

AIGC、Sora 等项目是如何将大数据与人工智能相结合的？能否介绍其应用场景和技术特点？

2. 分析与解答

当谈论 AIGC、Sora 等项目如何将大数据与人工智能相结合时，我们可以从以下几个方面进行回答，并介绍其应用场景和技术特点。

（1）数据采集和整合

1）这些项目通常会利用大数据技术从多个来源收集数据，包括结构化数据（如数据库中的数据）、半结构化数据（如日志文件、XML 文件）和非结构化数据（如文本、图像、音频等）。

2）数据采集后，项目会对数据进行整合和清洗，以确保数据的一致性和质量，为后续的分析和建模提供可靠的数据基础。

（2）数据存储和管理

1）为了有效地存储和管理海量的数据，这些项目通常会采用分布式存储系统（如 Hadoop、HDFS）和大数据处理框架（如 Spark、Flink）。

2）数据存储和管理的技术特点包括高可扩展性、高吞吐量、容错性和实时性，以满足大规模数据处理和分析的需求。

（3）数据分析和挖掘

1）利用人工智能技术（如机器学习、深度学习）对大数据进行分析和挖掘，以发现数据中的模式、规律和趋势。

2）这些项目可能会使用监督学习、无监督学习、半监督学习等技术，对数据进行分类、聚类、预测、异常检测等任务。

（4）应用场景

AIGC、Sora 等项目的应用场景非常广泛，涵盖了各个领域。例如，在金融领域，可以利用大数据和人工智能技术进行风险管理、信用评分、交易分析等；在医疗领域，可以利用大数据分析医疗影像数据、患者病历数据等，辅助医生进行诊断和治疗决策；在零售领域，可以利用大数据分析消费者行为数据，进行个性化推荐、精准营销等。

（5）技术特点

1）这些项目的技术特点包括数据的高效采集、存储和管理、强大的数据分析和挖掘能力、灵活的应用场景适配性等。

2）项目通常会采用先进的人工智能算法和技术，如深度学习模型、自然语言处理技术、计算机视觉技术等，以实现更高效、更精确的数据分析和应用。

综上所述，AIGC、Sora 等项目通过将大数据与人工智能相结合，实现了对海量数据的高效处理和分析，为各个领域提供了强大的数据驱动的智能解决方案。这些项目在数据采集、存储、分析和应用方面具有丰富的经验和技术积累，为推动人工智能与大数据的融合发展做

出了重要贡献。

14.5　请解释什么是数据驱动的人工智能

1．题目描述

请解释什么是数据驱动的人工智能？为什么说数据是人工智能的核心？

2．分析与解答

（1）数据驱动的人工智能

1）数据驱动的人工智能是指利用大量数据作为输入，通过人工智能算法和技术对这些数据进行分析、挖掘和学习，以实现智能决策、预测和行为的一种方法。

2）在数据驱动的人工智能中，数据起到了至关重要的作用，它是训练和优化模型的主要来源，也是模型推断和决策的基础。

（2）数据是人工智能的核心

数据被认为是人工智能的核心，主要有以下几个原因。

1）训练模型：人工智能模型需要大量的数据作为训练样本，通过学习这些数据，模型可以发现数据中的模式和规律，从而实现各种智能任务。

2）优化模型：通过收集和分析数据，可以不断优化人工智能模型的参数和结构，提高模型的性能和准确性。

3）模型推断：在模型部署和应用阶段，数据被用于模型的推断和决策过程中，模型根据输入数据进行预测、分类或生成输出结果。

4）迭代改进：通过不断收集和分析实时数据，可以对人工智能模型进行迭代改进，使其能够适应不断变化的环境和需求。

（3）数据驱动的人工智能的优势

数据驱动的人工智能具有以下优势。

1）高效决策：通过分析大量数据，模型可以做出更准确、更智能的决策和预测。

2）个性化服务：基于个体用户的数据特征，可以提供个性化的推荐、建议和服务。

3）持续优化：通过不断收集和分析实时数据，可以对模型进行持续优化和改进，使其能够适应变化的环境和需求。

综上所述，数据驱动的人工智能是利用大量数据作为输入，通过人工智能技术实现智能决策和行为的一种方法。数据被认为是人工智能的核心，因为它是训练、优化和部署模型的关键来源，也是模型推断和决策的基础。

14.6　介绍一下常用的人工智能开发工具和平台

1．题目描述

介绍一下常用的人工智能开发工具和平台。

2．分析与解答

（1）TensorFlow

1）TensorFlow 是由 Google 开发的开源机器学习框架，被广泛应用于深度学习任务。

2）在大数据环境中，TensorFlow 可以与分布式计算框架（如 Apache Spark、Apache Flink）集成，实现在大规模数据集上的分布式深度学习训练和推断。

（2）PyTorch

1）PyTorch 是由 Facebook 开发的开源深度学习框架，具有动态计算图和易用性等特点。

2）在大数据环境中，PyTorch 也可以与分布式计算框架集成，支持在大规模数据集上进行分布式深度学习训练和推断。

（3）Apache Spark

1）Apache Spark 是一个快速、通用的大数据处理引擎，提供了丰富的数据处理和分析功能。

2）在人工智能开发中，Spark 可以用于大规模数据集的预处理、特征工程和模型评估等任务。

（4）Apache Flink

1）Apache Flink 是一个流式处理引擎，具有低延迟、高吞吐量和 Exactly-Once 语义等特点。

2）在人工智能开发中，Flink 可以用于流式数据的实时处理和分析，如实时推荐、欺诈检测等任务。

（5）Databricks

1）Databricks 是一个基于 Apache Spark 的托管式分析平台，提供了完整的数据科学和机器学习工作流。

2）在大数据环境中，Databricks 可以用于数据的探索性分析、模型训练和部署等任务。

（6）Hadoop

1）Hadoop 是一个开源的分布式存储和计算框架，适用于处理大规模数据。

2）在人工智能开发中，Hadoop 可以用于数据的存储和管理，为人工智能模型提供数据支持。

（7）Kafka

1）Apache Kafka 是一个分布式流处理平台，用于处理高吞吐量的实时数据流。

2）在人工智能开发中，Kafka 可以用于实时数据的采集、传输和处理，支持流式数据分析和实时预测等任务。

这些人工智能开发工具和平台在大数据环境中的应用，可以帮助开发者利用分布式计算和存储技术，处理海量数据，并实现复杂的人工智能任务和应用场景。通过与大数据技术的集成，可以提高数据处理和分析的效率和性能，为人工智能模型的开发和部署提供更强大的支持。

14.7 阐述 AI 中的基本概念及其区别与联系

1. 题目描述

阐述 AI 中的基本概念及其区别与联系。

2. 分析与解答

（1）基本概念

人工智能（AI）：人工智能是模拟人类智能的理论和技术，旨在使计算机系统能够执行类似于人类的认知和决策任务。它涵盖了多个子领域，如机器学习、知识表示、自然语言处理等。

机器学习（Machine Learning）：机器学习是人工智能的一个分支，它研究如何通过数据和经验来改进计算机系统的性能。机器学习算法允许计算机系统自动学习并改进其性能，而无须明确编程。

深度学习（Deep Learning）：深度学习是机器学习的一个子领域，它涉及使用具有多个层次的神经网络模型来学习复杂的表示和特征。深度学习通过层层抽象和表示学习来解决问题，并在图像识别、自然语言处理等领域取得了显著的成就。

强化学习（Reinforcement Learning）：强化学习是一种机器学习范式，它涉及代理在与环境的交互中学习如何做出决策，以最大化预期的长期回报。强化学习通常涉及代理通过试错来学习，根据其行为所导致的奖励或惩罚来调整其行为。

（2）区别与联系

1）机器学习 vs 深度学习。

区别：深度学习是机器学习的一个子领域，专注于使用深度神经网络来学习复杂的表示和特征。而机器学习更广泛，包括许多不同的算法和技术，不仅限于神经网络。

联系：深度学习是机器学习的一种方法，通过学习多层次的表示来解决问题。因此，深度学习可以被视为机器学习的一种特定范例。

2）机器学习 vs 强化学习。

区别：机器学习涉及从数据中学习模式和规律，以进行预测或决策。而强化学习涉及代理通过与环境的交互来学习如何做出决策以最大化长期回报。

联系：强化学习可以被视为机器学习的一种范例，但它专注于学习通过与环境的交互来做出决策。在某些情况下，强化学习也可以使用机器学习中的技术和算法来解决问题。

3）深度学习 vs 强化学习。

区别：深度学习专注于使用深度神经网络来学习复杂的表示和特征，通常通过监督学习或无监督学习来训练模型。而强化学习涉及代理通过与环境的交互来学习做出决策。

联系：深度学习可以与强化学习结合使用，例如，用于强化学习中的函数近似。深度学习可以用来学习价值函数或策略，以便代理可以在强化学习中做出更好的决策。

（3）总结

1）机器学习、深度学习和强化学习是人工智能领域的核心概念，它们在不同的任务和场景中发挥着重要作用。

2）机器学习是从数据中学习模式和规律的方法。深度学习是机器学习的一种特定范例，使用多层神经网络来学习复杂的表示和特征。强化学习则是通过与环境的交互学习如何做出决策以最大化长期回报的方法。

3）这些方法之间存在联系，也有各自的特点和适用范围，可以根据具体任务和需求来选择合适的方法。

14.8　数据预处理在人工智能中的作用是什么

1．题目描述

数据预处理在人工智能中的作用是什么？可以谈谈常用的数据预处理技术和方法。

2．分析与解答

（1）数据预处理的作用

数据预处理在人工智能中扮演着至关重要的角色，其作用主要包括以下几个方面。

1）数据清洗：清除数据中的噪声、异常值和不一致性，以提高数据的质量和可靠性。

2）数据集成：将来自不同数据源的数据合并到一个统一的数据集中，以便进行分析和建模。

3）数据转换：将数据转换为适合模型训练的格式和表示形式，如数值化、标准化、归一化等。

4）特征选择：选择最相关和最具信息量的特征，以提高模型的性能和泛化能力。

5）特征提取：从原始数据中提取新的特征或表示形式，以更好地描述数据的特性和模式。

6）数据降维：减少数据的维度和复杂度，以节省计算资源和提高模型训练效率。

7）数据平衡：解决类别不平衡问题，以防止模型偏向于多数类别而忽略少数类别。

（2）常用的数据预处理技术和方法

1）数据清洗。

缺失值处理：删除缺失值、插补法填充缺失值（均值、中位数、众数填充等）。

异常值处理：删除异常值、平滑法（如平均值、中位数平滑）。

重复值处理：删除重复值或合并重复值。

2）数据集成。

数据合并：使用连接、拼接等方法将不同数据源的数据合并。

3）数据转换。

数值化：将非数值型数据转换为数值型数据，如独热编码、标签编码。

标准化：将数据转换为均值为 0、标准差为 1 的标准正态分布。

归一化：将数据缩放到 0 和 1 之间，使得不同特征具有相同的尺度。

4）特征选择。

过滤法：基于统计指标（如方差、相关系数）或信息论方法（如互信息、信息增益）选择特征。

包裹法：通过尝试不同特征子集来选择最优特征组合，如递归特征消除。

嵌入法：在模型训练过程中自动选择最优特征，如基于模型的特征选择方法。

5）特征提取。

主成分分析（PCA）：通过线性变换将原始特征空间映射到低维子空间。

t-分布邻域嵌入（t-SNE）：通过非线性映射将高维数据映射到低维空间，以保留样本之间的局部结构。

6）数据降维。

主成分分析（PCA）：通过保留主要特征方差的方式减少数据维度。

t-分布邻域嵌入（t-SNE）：将高维数据降维到二维或三维空间进行可视化。

综上所述，数据预处理在人工智能中的作用是提高数据的质量和可用性，为模型训练和分析提供更好的数据基础。常用的数据预处理技术和方法包括数据清洗、数据集成、数据转换、特征选择、特征提取和数据降维等。

14.9　如何评估人工智能模型的性能

1．题目描述

如何评估人工智能模型的性能？请介绍一些常用的性能评估指标和方法。

2．分析与解答

（1）性能评估的重要性

在人工智能领域，评估模型的性能是至关重要的，因为它直接影响到模型在实际应用中的有效性和可靠性。一个好的性能评估方法可以帮助我们了解模型的优势、局限性以及改进的方向。

（2）常用的性能评估指标和方法

1）分类任务。

准确率（Accuracy）：分类正确的样本数占总样本数的比例，用于类别平衡的情况。

精确率（Precision）：预测为正类别且预测正确的样本数占所有预测为正类别的样本数的比例，用于衡量模型预测的准确性。

召回率（Recall）：预测为正类别且预测正确的样本数占真实正类别的样本数的比例，用于衡量模型识别正类别的能力。

F1 Score：精确率和召回率的调和平均值，综合考虑了模型的精确性和召回率。

ROC 曲线和 AUC 值：ROC 曲线是以假阳率（False Positive Rate）为横坐标、真阳率（True Positive Rate）为纵坐标的曲线，AUC 值为 ROC 曲线下的面积，用于衡量模型在不同阈值下的性能。

2）回归任务。

均方误差（Mean Squared Error，MSE）：预测值与真实值之间差值的平方的平均值。

均方根误差（Root Mean Squared Error，RMSE）：MSE 的平方根，用于衡量预测值与真实值之间的平均偏差。

平均绝对误差（Mean Absolute Error，MAE）：预测值与真实值之间平均绝对偏差。

3）聚类任务。

轮廓系数（Silhouette Score）：用于衡量聚类的紧密度和分离度，取值范围为[-1, 1]，越接近 1 表示聚类效果越好。

4）时序预测任务。

均方根误差（RMSE）：用于衡量预测值与真实值之间的平均偏差。

平均绝对误差（MAE）：用于衡量预测值与真实值之间的平均绝对偏差。

（3）交叉验证

交叉验证是一种常用的性能评估方法，通过将数据集划分为多个子集，轮流使用其中一部分作为验证集，其余部分作为训练集，以评估模型的性能。常见的交叉验证方法包括 k 折交叉验证和留一交叉验证。

（4）混淆矩阵

混淆矩阵是一种以表格形式呈现模型预测结果的方法，其中行表示真实类别，列表示预测类别。通过混淆矩阵可以直观地了解模型在不同类别上的预测情况，从而计算出各种性能指标。

（5）目标检测任务

对于目标检测任务，常用的性能评估指标包括准确率、召回率、平均精确率（Average Precision，AP）、IoU（Intersection over Union）等。

综上所述，人工智能模型的性能评估涉及多个方面的指标和方法，根据任务的不同选择合适的评估指标和方法非常重要，可以帮助我们全面、客观地评估模型的性能表现。

14.10 阐述过拟合和欠拟合现象在机器学习中的含义及如何解决

1．题目描述

阐述过拟合和欠拟合现象在机器学习中的含义及如何解决。

2．分析与解答

（1）过拟合和欠拟合的含义

过拟合（Overfitting）：过拟合指的是模型在训练数据上表现很好，但在未见过的测试数据上表现很差的现象。过拟合发生时，模型过度学习了训练数据中的噪声和随机变化，导致模型过于复杂，无法泛化到新的数据。

欠拟合（Underfitting）：欠拟合指的是模型在训练数据和测试数据上表现都不好的现象。欠拟合发生时，模型过于简单或未能捕捉到数据中的真实模式和结构，导致模型无法进行有效的学习和预测。

（2）解决过拟合和欠拟合的方法

1）解决过拟合。

增加数据量：增加训练数据可以帮助模型更好地学习数据的真实模式和结构，降低过拟合的风险。

降低模型复杂度：通过减少模型的参数数量、降低模型的复杂度（如降低神经网络的层数、节点数），可以防止模型过度拟合训练数据中的噪声。

正则化：正则化技术（如 L1 正则化、L2 正则化）通过在损失函数中增加惩罚项来限制模型参数的大小，防止模型过拟合训练数据。

交叉验证：使用交叉验证来评估模型的性能，选择最佳的模型参数，可以避免模型在训练数据上过拟合。

2）解决欠拟合。

增加模型复杂度：增加模型的复杂度，如增加神经网络的层数、节点数，可以使模型更好地捕捉数据中的复杂模式和结构。

特征工程：通过增加更多的特征或者提取更多的特征，可以帮助模型更好地拟合数据。

选择更复杂的模型：选择更适合问题的复杂模型，如使用深度学习模型来解决复杂的非线性问题。

集成学习：使用集成学习技术（如随机森林、梯度提升树）来组合多个简单模型，可以提高模型的泛化能力和性能。

（3）综合应对过拟合和欠拟合

早停法：在模型训练过程中，监控模型在验证集上的性能，当验证集性能不再提升时停止训练，避免模型在训练集上过拟合。

数据增强：通过对训练数据进行一系列的随机变换（如旋转、平移、缩放等），生成更多的训练样本，可以有效减少过拟合。

Dropout：在训练过程中随机丢弃神经网络中的部分节点，以减少神经网络的复杂度，避免模型过拟合训练数据。

综上所述，过拟合和欠拟合是机器学习中常见的问题，需要采取相应的方法来解决。通过增加数据量、减少模型复杂度、正则化、交叉验证等方法可以有效地解决过拟合问题；而增加模型复杂度、特征工程、选择更复杂的模型等方法则可以解决欠拟合问题。同时，早停法、数据增强、Dropout 等综合方法也可以有效地应对过拟合和欠拟合问题。

14.11　阐述在大数据环境中人工智能项目的伦理和隐私问题

1. 题目描述

阐述在大数据环境中人工智能项目的伦理和隐私问题，应该如何应对这些挑战？

2. 分析与解答

（1）伦理和隐私问题的重要性

在大数据环境中开展人工智能项目时，涉及众多个人数据的收集、处理和使用，因此伦理和隐私问题尤为重要。不合理的数据使用可能导致个人隐私泄露、歧视性行为、信息滥用等问题，甚至可能对社会造成严重影响，因此必须认真对待和有效应对。

（2）伦理和隐私问题

个人隐私保护：大数据环境中收集的海量数据可能包含个人敏感信息，如姓名、地址、健康记录等。如果这些信息被滥用或泄露，可能会对个人隐私造成侵犯。

歧视性算法：人工智能算法可能在不经意间产生歧视性行为，如在招聘、贷款审批等方面对某些特定人群进行歧视性评价，进而加剧社会不公平。

透明度和可解释性：一些复杂的人工智能模型可能缺乏透明度和可解释性，导致用户无法理解模型的决策原理，增加了误解和不信任的可能性。

数据安全性：大数据环境中的数据往往规模庞大且多样化，因此容易成为黑客攻击的目标，一旦数据泄露可能导致严重的安全问题。

（3）应对挑战的方法

加强法律法规和政策监管：政府和相关部门应加强对数据隐私和伦理问题的监管力度，制定相关法律法规和政策，明确数据收集、处理和使用的规范和限制。

数据匿名化和脱敏：在收集和处理个人数据时，应采取有效措施对数据进行匿名化和脱敏处理，以降低个人隐私泄露的风险。

加强数据安全保护：采取严格的数据安全措施，包括加密传输、访问控制、安全审计等，确保数据在存储和传输过程中的安全性。

提高算法的公平性和可解释性：设计和开发人工智能算法时应考虑公平性和可解释性，确保算法的决策过程公正、透明，避免产生歧视性行为。

加强用户教育和意识提升：加强用户对数据隐私和伦理问题的教育和意识提升，引导用户更加理性地对待个人数据的分享和使用。

采用隐私保护技术和方法：使用各种隐私保护技术和方法，如同态加密、安全多方计算等，保护用户的个人数据不被滥用和泄露。

（4）持续监测和评估

在人工智能项目的整个生命周期中，需要持续监测和评估项目的伦理和隐私风险，及时发现和解决潜在问题，保障人工智能应用的合法性、公正性和可信度。

综上所述，伦理和隐私问题在大数据环境中的人工智能项目中至关重要，需要政府、企业和个人共同努力，加强监管、采取有效措施，保护个人隐私，维护社会公平和正义。

14.12 阐述数据可视化的作用并介绍一些常用的工具和技术

1．题目描述

阐述数据可视化在人工智能中的作用是什么。请介绍一些常用的数据可视化工具和技术。

2．分析与解答

（1）数据可视化的作用

数据可视化在人工智能中扮演着至关重要的角色，其作用主要包括以下几个方面。

1）洞察数据：通过可视化技术，将抽象的数据转化为图形、图表等可视化形式，使人们能够更直观地理解和分析数据，发现数据中的模式、趋势和异常。

2）交流沟通：数据可视化为数据分析结果提供了直观、清晰的表达方式，使得不具备专业技能的人员也能够理解和参与数据分析过程，促进团队之间的沟通和合作。

3）决策支持：数据可视化可以帮助决策者更快速、准确地理解数据背后的含义，从而做出基于数据的决策，提高决策的准确性和效率。

4）故事叙述：通过数据可视化技术，可以将数据分析结果以故事的形式呈现，使得数据背后的故事更具吸引力和说服力。

（2）常用的数据可视化工具和技术

1）数据可视化工具。

Matplotlib：Matplotlib 是 Python 中最常用的数据可视化库之一，提供了丰富的绘图功能，包括折线图、散点图、直方图等。

Seaborn：Seaborn 是建立在 Matplotlib 之上的高级数据可视化库，提供了更加简洁、美观的可视化风格，适用于统计数据可视化。

Plotly：Plotly 是一款交互式数据可视化工具，支持多种绘图类型和动态交互功能，适用于创建交互式图表和仪表板。

ggplot2：ggplot2 是 R 语言中常用的数据可视化包，基于图形语法理论，提供了高度定制化的绘图功能，支持快速创建各种图表。

2）数据可视化技术。

折线图和散点图：用于展示数据的趋势和关联关系，适用于时间序列数据和多变量关系的可视化。

直方图和箱线图：用于展示数据的分布情况和离群值，适用于单变量和多变量数据的分布可视化。

热力图：用于展示数据的矩阵形式，适用于矩阵数据的可视化和关联性分析。

地理地图：用于展示地理空间数据，适用于地理信息可视化和空间分析。

网络图：用于展示复杂网络结构和关系，适用于社交网络分析和网络拓扑可视化。

总之，数据可视化在人工智能中起着重要作用，能够帮助人们更直观地理解和分析数据，促进团队之间的沟通和合作，支持数据驱动的决策和故事叙述。常用的数据可视化工具包括Matplotlib、Seaborn、Plotly、ggplot2 等，常用的可视化技术包括折线图、散点图、直方图、箱线图、热力图、地理地图、网络图等。通过合理选择和应用数据可视化工具和技术，可以更好地实现数据的洞察、交流、决策和故事叙述。

14.13 阐述什么是监督学习、无监督学习和半监督学习

1. 题目描述

阐述什么是监督学习、无监督学习和半监督学习？可以举例说明它们的应用场景。

2. 分析与解答

（1）监督学习

1）定义：监督学习是一种机器学习范式，其中算法从标记的训练数据中学习输入和输出之间的映射关系，即学习从输入数据到输出数据的映射函数。

2）特点：在监督学习中，训练数据集包含了带有标签（或类别）的样本，模型根据这些标签进行学习，以便在给定新的输入数据时预测其相应的输出。

3）应用场景：监督学习广泛应用于各种领域，示例如下。

垃圾邮件过滤：根据已标记的邮件样本（垃圾邮件和非垃圾邮件），构建模型来自动识别垃圾邮件。

图像分类：根据带有标签的图像数据集，训练模型来自动识别图像中的对象或场景，如猫、狗、汽车等。

房价预测：根据房屋的特征（如面积、位置、楼层等）和对应的价格标签，训练模型来预测房屋的价格。

（2）无监督学习

1）定义：无监督学习是一种机器学习范式，其中算法从未标记的数据中学习数据的结构和特征，而不需要任何关于数据的先验信息。

2）特点：在无监督学习中，训练数据集通常不包含标签或类别信息，模型通过发现数据之间的潜在关系和结构来学习。

3）应用场景：无监督学习的应用场景如下。

聚类分析：将数据样本划分为相似的组别或簇，如市场细分、社交网络分析等。

降维：将高维数据映射到低维空间，以便于可视化或模型训练，如主成分分析（PCA）等。

异常检测：识别数据中的异常点或异常行为，如信用卡欺诈检测、工业设备故障检测等。

（3）半监督学习

1）定义：半监督学习是介于监督学习和无监督学习之间的一种学习范式，其中算法利用少量的标记数据和大量的未标记数据来进行学习。

2）特点：在半监督学习中，模型同时利用带有标签的训练数据和未标记的训练数据，以提高模型的泛化能力和性能。

3）应用场景：半监督学习在以下情况下非常实用。

图像分类：当获取标记数据成本较高时，可以利用少量标记数据和大量未标记数据进行图像分类。

语音识别：通过利用少量标记的语音数据和大量未标记的语音数据来训练语音识别模型，提高识别准确率。

推荐系统：利用用户行为数据（如单击、购买等）进行半监督学习，提高推荐系统的个性化效果。

综上所述，监督学习、无监督学习和半监督学习是机器学习中常用的学习范式，它们具有不同的特点和应用场景，可根据具体任务的要求选择合适的学习方法。

14.14　谈谈数据安全的挑战和解决方案

1．题目描述

在大数据与人工智能领域，数据安全的重要性是如何体现的？谈谈数据安全的挑战和解决方案。

2．分析与解答

（1）数据安全的重要性

数据安全在大数据与人工智能领域中至关重要，其重要性体现在以下几个方面。

隐私保护：大数据与人工智能应用通常涉及海量用户数据的收集、处理和分析，如个人身份信息、健康数据、财务信息等，保护用户的隐私安全至关重要。

知识产权保护：人工智能模型和算法是企业和研究机构的核心资产，泄露或被盗用可能导致商业机密泄露和知识产权侵权。

数据完整性：数据完整性是指数据在传输、存储和处理过程中没有被篡改或损坏，保障数据的完整性对于确保数据的可信度和准确性至关重要。

业务安全：大数据与人工智能应用涉及的数据通常具有重要的业务价值，数据泄露、损坏或被篡改可能导致企业业务受损，甚至造成重大经济损失和声誉损害。

（2）数据安全的挑战

数据泄露：数据在传输、存储和处理过程中可能会受到黑客攻击、内部员工失误等因素的影响，导致数据泄露。

数据篡改：黑客攻击者可能会对数据进行篡改，以改变数据的内容或影响数据的完整性和可信度。

隐私侵犯：个人敏感信息的泄露可能导致用户隐私权受损，造成不良社会影响和法律责任。

模型攻击：对人工智能模型进行攻击可能导致模型输出错误，从而影响模型的可信度和性能。

（3）数据安全的解决方案

加密技术：采用加密技术对数据进行加密存储和传输，保障数据在传输和存储过程中的安全性。

访问控制：建立严格的访问控制策略和权限管理机制，限制用户对数据的访问和操作权限。

安全审计：实施安全审计机制，对数据访问和操作进行监控和审计，及时发现和应对异常行为。

数据脱敏：对敏感数据进行脱敏处理，以保护用户隐私安全，如使用数据匿名化技术、数据掩蔽技术等。

多层防御：建立多层次的安全防御体系，包括网络安全、主机安全、应用程序安全等，提高系统整体的安全性。

持续监测和更新：持续监测数据安全状况，及时发现和解决安全问题，并及时更新安全防御措施，以应对新的安全威胁和攻击。

员工教育和培训：加强员工对数据安全意识的培训和教育，提高员工对安全风险的识别和应对能力。

综上所述，数据安全在大数据与人工智能领域中具有重要意义，面临着诸多挑战，但通过采取适当的安全措施和技术手段，可以有效地保障数据的安全性和可信度，保护用户的隐私权和企业的知识产权。

14.15 如何有效地管理和处理大规模的数据集

1. 题目描述

如何有效地管理和处理大规模的数据集？请介绍一些常用的大数据处理工具和技术。

2. 分析与解答

（1）有效管理和处理大规模数据集的重要性

大规模数据集的管理和处理是现代数据驱动应用中至关重要的一环。有效地管理和处理大规模数据集可以带来以下好处。

1）高效的数据分析：通过有效处理大规模数据集，可以从中获取更多的洞察和价值，支持数据驱动的决策和业务发展。

2）资源优化：合理管理大规模数据集可以节省存储和计算资源，并提高资源利用率，降低数据处理成本。

3）快速响应需求：有效处理大规模数据集可以提高数据分析和处理的速度和效率，满足业务需求的快速响应。

（2）常用的大数据处理工具和技术

1）Hadoop：Hadoop 是一种开源的分布式计算框架，主要用于存储和处理大规模数据集。其核心组件包括 Hadoop 分布式文件系统（HDFS）和 MapReduce 计算框架，可用于并行处理大规模数据集。

2）Spark：Spark 是一种快速、通用的大数据处理引擎，支持多种数据处理模式，包括批处理、实时流处理和机器学习。Spark 提供了丰富的 API 和库，适用于各种大数据处理场景。

3）Hive：Hive 是建立在 Hadoop 之上的数据仓库工具，提供类似 SQL 的查询语言 HiveQL，可以将结构化数据映射到 Hadoop 上进行查询和分析。

4）HBase：HBase 是 Hadoop 生态系统中的分布式列式数据库，用于存储大规模结构化数据。它提供了高可用性、高性能的数据访问和管理能力。

5）Flink：Flink 是一种流式计算框架，支持精确一次处理语义和低延迟的流式处理，适用于实时数据处理和分析。

6）Kafka：Kafka 是一种分布式消息队列系统，用于高吞吐量的消息发布和订阅。它可用于构建实时数据管道，将数据从源头传输到目的地。

7）Presto：Presto 是一种分布式 SQL 查询引擎，可用于在多个数据源上进行交互式查询和分析，支持实时查询和大规模数据处理。

（3）其他常用的大数据处理工具和技术

1）Dask：Dask 是一个用于并行计算的 Python 库，提供类似于 Pandas 和 NumPy 的 API，适用于处理大规模数据集。

2）Cassandra：Cassandra 是一种分布式 NoSQL 数据库，用于高可扩展性和高可用性的数据存储和管理。

3）Snowflake：Snowflake 是一种云原生的数据仓库平台，提供弹性、可扩展的数据存储和处理能力，支持多种数据处理工作负载。

4）Amazon EMR：Amazon EMR 是亚马逊 AWS 提供的一种托管的 Hadoop 和 Spark 服务，可用于在云端快速部署和管理大数据处理集群。

5）Google BigQuery：Google BigQuery 是 Google Cloud 提供的一种托管的大数据分析服务，支持高性能、可扩展的数据查询和分析。

总之，通过合理选择和使用上述大数据处理工具和技术，可以有效地管理和处理大规模数据集，提高数据分析和处理的效率和效果，为数据驱动的应用提供有力支持。同时，随着技术的不断发展，还会出现更多、更先进的大数据处理工具和技术，为数据处理领域带来更多可能性和机遇。

14.16 阐述深度学习的应用及其在大数据环境中的挑战和解决方案

1．题目描述

阐述深度学习在自然语言处理领域的应用，以及其在大数据环境中的挑战和解决方案。

2．分析与解答

（1）深度学习在自然语言处理领域的应用

1）文本分类：深度学习模型如卷积神经网络（CNN）和循环神经网络（RNN）被广泛用于文本分类任务，如情感分析、垃圾邮件识别等。

2）命名实体识别：通过深度学习模型，可以识别文本中具有特定意义的命名实体，如人名、地名、组织机构名等。

3）语义理解：深度学习模型如词嵌入、注意力机制等技术被应用于语义理解任务，包括自然语言推理、问答系统等。

4）机器翻译：深度学习模型在机器翻译领域取得了显著进展，如基于编码-解码结构的神经机器翻译模型（如 Seq2Seq 模型）。

5）文本生成：深度学习模型如循环神经网络（RNN）和变换器模型（Transformer）等被用于文本生成任务，如机器写作、对话生成等。

（2）深度学习在大数据环境中的挑战

1）数据稀缺性：深度学习模型通常需要大量的标记数据进行训练，但在某些领域（如医疗、法律）中，获取大规模标记数据往往是一项挑战。

2）计算资源需求：深度学习模型通常需要大量的计算资源进行训练，包括高性能的 GPU 或 TPU，以及大规模分布式计算框架，这对于一些小规模组织来说是不可承受的成本。

3）模型泛化能力：在大数据环境中，深度学习模型往往面临过拟合问题，即在训练数据上表现良好，但在测试数据上泛化能力差的情况。

4）模型解释性：深度学习模型通常是黑盒模型，难以解释其决策过程和内部机制，这在一些应用场景中是不可接受的。

（3）解决方案

1）数据增强：通过数据增强技术，可以利用已有数据生成更多的训练样本，以增加模型的训练数据量，提高模型的泛化能力。

2）迁移学习：利用预训练的深度学习模型，在新领域中进行微调，以减少对大规模标记数据的依赖，提高模型的效果。

3）分布式计算：利用分布式计算框架（如 Apache Spark、TensorFlow 等），可以充分利用集群中的计算资源，加速深度学习模型的训练过程。

4）模型压缩：通过模型压缩技术（如剪枝、量化、模型蒸馏等），可以减少深度学习模型的参数量和计算量，降低模型的复杂度，提高模型的训练和推理效率。

5）解释性增强：研究人员也在努力提高深度学习模型的解释性，如引入可解释性的注意力机制、生成可解释的对抗性样本等方法，以增强模型的可解释性。

综上所述，深度学习在自然语言处理领域有着广泛的应用，但在大数据环境中仍面临一些挑战。通过合理选择和应用解决方案，可以克服这些挑战，提高深度学习模型的效果和应用价值。

14.17　阐述强化学习的基本原理及其应用场景和优劣势

1. 题目描述

阐述强化学习的基本原理，以及其在人工智能中的应用场景和优劣势。

2. 分析与解答

（1）强化学习的基本原理

定义：强化学习是一种机器学习范式，其目标是通过观察环境、采取行动以及获得反馈来学习行为策略，以使智能体能够在某个环境中获得最大的累积奖励。

基本组成：强化学习系统通常包括智能体（Agent）、环境（Environment）、行动（Action）、奖励（Reward）和策略（Policy）等组成部分。智能体根据环境的状态选择行动，环境根据行动的结果给予奖励反馈，智能体根据奖励反馈来更新策略，以优化累积奖励。

学习方式：强化学习通常采用试错的学习方式，智能体通过与环境的交互不断尝试不同的行动，根据奖励反馈来调整策略，从而逐步学习到最优的行为策略。

（2）强化学习在人工智能中的应用场景

游戏：强化学习在游戏领域有着广泛的应用，如 AlphaGo 使用强化学习技术在围棋领域取得了突破性的成果。

机器人控制：强化学习可以用于机器人控制领域，例如，训练机器人学会在复杂环境中

执行任务，如导航、操纵和操作等。

自动驾驶：强化学习可以用于自动驾驶系统中，训练车辆学会在不同的交通环境下做出安全和有效的驾驶决策。

金融交易：强化学习可以用于金融交易领域，训练智能体学会在不同的市场情境下做出优化的交易决策，以获取最大的利润。

资源分配：强化学习可以应用于资源分配问题，如能源管理、网络调度等领域，训练智能体学会在有限资源下做出最佳的分配决策。

（3）强化学习的优劣势

1）优势。

适应性强：强化学习能够适应不同的环境和任务，并在不断的交互中学习到最优策略。

无需标记数据：与监督学习相比，强化学习不需要大量的标记数据，而是通过与环境的交互进行学习。

适用范围广：强化学习适用于多种复杂的决策问题，并在许多领域取得了显著的成果。

2）劣势。

训练时间长：强化学习通常需要大量的试错和训练时间来找到最优策略，训练过程可能比较耗时。

可解释性差：强化学习模型通常是黑盒模型，难以解释其决策过程和内部机制。

对环境敏感：强化学习模型的性能受环境变化的影响较大，可能需要重新调整策略来适应新的环境。

综上所述，强化学习是一种重要的机器学习范式，在人工智能领域有着广泛的应用场景，但也面临一些挑战，如训练时间长、可解释性差等。随着技术的不断发展，强化学习将在更多的领域中发挥重要作用。

14.18 如何利用大数据和人工智能技术来优化企业的运营和决策

1. 题目描述

如何利用大数据和人工智能技术来优化企业的运营和决策？请举例说明。

2. 分析与解答

（1）数据收集和整合

利用大数据技术：企业可以利用大数据技术从内部和外部获取各种类型的数据，包括销售数据、客户数据、供应链数据、社交媒体数据等。

整合多源数据：通过数据整合技术，将不同来源和不同格式的数据整合到一个统一的数据平台中，以便后续的分析和应用。

（2）数据分析和挖掘

利用人工智能技术：企业可以利用人工智能技术如机器学习、深度学习等对大数据进行分析和挖掘，发现数据之间的潜在关联和规律。

预测和优化：基于对大数据的分析，企业可以预测未来的趋势和模式，并针对性地优化运营和决策。

（3）个性化推荐和服务

利用机器学习：通过机器学习模型对客户行为和偏好进行分析，为客户提供个性化的产品推荐和服务，提高客户满意度和忠诚度。

实时决策：利用实时数据和机器学习模型，企业可以做出实时的决策和调整，以应对市场变化和客户需求的变化。

（4）风险管理和预防

利用数据分析：通过对大数据的分析，企业可以识别潜在的风险和问题，并采取相应的措施进行预防和应对。

提高效率和准确性：利用人工智能技术，企业可以提高风险管理和预测的效率和准确性，降低风险带来的损失。

（5）案例示例

电子商务平台：电子商务平台可以利用大数据和人工智能技术对用户行为及购买偏好进行分析，实现个性化推荐和营销策略，提高用户转化率和销售额。

智慧城市：可以利用大数据和人工智能技术对城市交通、能源、环境等数据进行分析和优化，提高城市的运行效率和居民生活质量。

制造业：制造业可以利用大数据和人工智能技术对生产流程与设备运行状态进行监测和预测，实现智能制造和故障预防，提高生产效率和产品质量。

综上所述，利用大数据和人工智能技术可以帮助企业优化运营和决策，提高效率、降低成本、提升竞争力。通过充分利用大数据和人工智能技术，企业可以更加精准地洞察市场、满足客户需求，并实现可持续发展。